はじめに

JN085096

『1対1対応の演習』シリーズは，入試問題から基本的あるいは典型的だけど重要な意味を持っていて，得るところが大きいものを精選し，その問題を通して

　　　　入試の標準問題を確実に解ける力

をつけてもらおうというねらいで作った本です.

　さらに，難関校レベルの問題を解く際の足固めをするのに最適な本になることを目指しました.

　そして，入試の標準問題を確実に解ける力が，問題を精選してできるだけ少ない題数（本書で取り上げた例題は83題です）で身につくように心がけ，そのレベルまで，

　　　　効率よく到達してもらうこと

を目標に編集しました.

　以上のように，受験を意識した本書ですが，教科書にしたがった構成ですし，解説においては，高2生でも理解できるよう，分かりやすさを心がけました. 学校で一つの単元を学習した後でなら，その単元について，本書で無理なく入試のレベルを知ることができるでしょう.

　なお，教科書レベルから入試の基本レベルの橋渡しになる本として『プレ1対1対応の演習』シリーズがあります. また，数ⅠAⅡBを一通り学習した大学受験生を対象に，入試の基礎を要点と演習で身につけるための本として「入試数学の基礎徹底」（月刊「大学への数学」の増刊号として発行）があります.

　問題のレベルについて，もう少し具体的に述べましょう. 入試問題を10段階に分け，易しい方を1として，

　　　　1～5の問題……A（基本）

　　　　6～7の問題……B（標準）

　　　　8～9の問題……C（発展）

　　　　10の問題………D（難問）

とランク分けします. この基準で本書と，本書の前後に位置する月刊「大学への数学」の増刊号

　　「入試数学の基礎徹底」（「基礎徹底」と略す）

　　「新数学スタンダード演習」（「新スタ」と略す）

　　「新数学演習」（「新数演」と略す）

のレベルを示すと，次のようになります.（濃い網目のレベルの問題を主に採用）

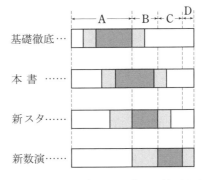

　本書を活用して，数Ⅱの入試への足固めをしていってください.

　皆さんの目標達成に本書がお役に立てれば幸いです.

本書の構成と利用法

坪田三千雄

本書のタイトルにある'1対1対応'の意味から説明しましょう．

まず例題(四角で囲ってある問題)によって，例題のテーマにおいて必要になる知識や手法を確認してもらいます．その上で，例題と同じテーマで1対1に対応した演習題によって，その知識，手法を問題で適用できる程に身についたかどうかを確認しつつ，一歩一歩前進してもらおうということです．この例題と演習題，さらに各分野の要点の整理（4ページまたは2ページ）などについて，以下，もう少し詳しく説明します．

要点の整理： その分野の問題を解くために必要な定義，用語，定理，必須事項などをコンパクトにまとめました．入試との小さくはないギャップを埋めるために，一部，教科書にない事柄についても述べていますが，ぜひとも覚えておきたい事柄のみに限定しました．

例題： 原則として，基本～標準の入試問題の中から
・これからも出題される典型問題
・一度は解いておきたい必須問題
・幅広い応用がきく汎用問題
・合否への影響が大きい決定問題
の83題を精選しました（出典のないものは新作問題，あるいは入試問題を大幅に改題した問題）．そして，どのようなテーマかがはっきり分か

るように，一題ごとにタイトルをつけました（大きなタイトル／細かなタイトル の形式です）．なお，問題のテーマを明確にするため原題を変えたものがありますが，特に断っていない場合もあります．

解答の**前文**として，そのページのテーマに関する重要手法や解法などをコンパクトにまとめました．前文を読むことで，一題の例題を通して得られる理解が鮮明になります．入試直前期にこの部分を一通り読み直すと，よい復習になるでしょう．

解答は，試験場で適用できる，ごく自然なものを採用し，計算は一部の単純計算を除いては，ほとんど省略せずに目で追える程度に詳しくしました．また解答の右側には，傍注（⇦ではじまる説明）で，解答の補足や，使った定理・公式等の説明を行いました．どの部分についての説明かはっきりさせるため，原則として，解答の該当部分にアンダーライン（——）を引きました（容易に分かるような場合は省略しました）．

演習題： 例題と同じテーマの問題を選びました．例題よりは少し難し目ですが，例題の解答や解説，傍注等をじっくりと読みこなせば，解いていけるはずです．最初はうまくいかなくても，焦らずにじっくりと考えるようにしてください．また横の枠囲みをヒントにしてください．

そして，例題の解答や解説を頼りに解いた問題については，時間をおいて，今度は演習題だけを解いてみるようにすれば，一層確実な力がつくでしょう．

演習題の解答： 解答の最初に各問題のランクなどを表の形で明記しました（ランク分けについては前ページを見てください）．その表にはA*，B*。というように*や。マークもつけてあります．これは，解答を完成するまでの受験生にとっての"目標時間"であって，*は1つにつき10分，。は5分です．たとえばB*。の問題は，標準問題であって，15分以内で解答して欲しいという意味です．高2生にとってはやや厳しいでしょう．

ミニ講座： 例題の前文で詳しく書き切れなかった重要手法や，やや発展的な問題に対する解法などを1～2ページで解説したものです．

本書で使う記号など： 上記で，問題の難易や目標時間で使う記号の説明をしました．それ以外では，⇨注は初心者のための，➡注はすべての人のための，➡注は意欲的な人のための注意事項です．また，

∴ ゆえに
∵ なぜならば

1対1対応の演習

数学II 三訂版

目次

式と証明

式と証明
要点の整理

1. 二項定理

$(a+b)^2=a^2+2ab+b^2$

$(a+b)^3=a^3+3a^2b+3ab^2+b^3$

の展開公式の一般形が次の二項定理である.

1・1 二項定理

$$(a+b)^n=a^n+{}_nC_1a^{n-1}b+\cdots+{}_nC_{n-1}ab^{n-1}+b^n$$

$$\left(=\sum_{k=0}^{n}{}_nC_ka^{n-k}b^k\right)$$

➡注 上式に $a=b=1$ を代入すると,次式を得る.

$${}_nC_0+{}_nC_1+{}_nC_2+\cdots+{}_nC_{n-1}+{}_nC_n=2^n$$

1・2 パスカルの三角形

二項定理により,

$(1+x)^n=1+{}_nC_1x+\cdots$
$\qquad+{}_nC_{n-1}x^{n-1}+x^n$

となるが,その係数 ${}_nC_k$ は,
右図のように左右対称に
なっている(この図形をパ
スカルの三角形という).

$n=1$ 1 1
$n=2$ 1 2 1
$n=3$ 1 3 3 1
$n=4$ 1 4 6 4 1
$n=5$ 1 5 10 10 5 1

2. 多項式の除法

2・1 除法の一意性,商・余りの定義

多項式 $f(x)$, $g(x)$ が与えられたとき

$$f(x)=g(x)Q(x)+R(x) \quad\cdots\cdots\cdots\cdots\text{Ⓐ}$$

（$Q(x)$, $R(x)$ は多項式で,$R(x)$ は $g(x)$ より
も低次.なお,$g(x)$ は 1 次以上)

をみたす $Q(x)$, $R(x)$ がただ 1 組存在する.

この $Q(x)$, $R(x)$ をそれぞれ $f(x)$ を $g(x)$ で
割ったときの商,余り（剰余）という.

なお,Ⓐを $f(x)\div\{kg(x)\}$ の形にすると,

$$f(x)=kg(x)\cdot\frac{Q(x)}{k}+R(x)$$

となるので,$f(x)$ を $kg(x)$ で割った商は,$f(x)$ を
$g(x)$ で割った商の $\dfrac{1}{k}$ 倍だが,余りは同じである.

➡注 「組立除法」については,☞ p.36

2・2 剰余の定理・因数定理

$f(x)$ を 1 次式 $x-a$ で割った余りを R とおくと,

$$f(x)=(x-a)Q(x)+R$$

と表せる.上式から,$f(a)=R$ となるので,

[剰余の定理]

多項式 $f(x)$ を $x-a$ で割った余りは,$f(a)$ である.

[因数定理]

$$f(a)=0 \iff \text{多項式 } f(x) \text{ は } x-a \text{ を因数に持つ}$$

2・3 $x+a$ についての展開

例えば,

$x^3+x^2=\{(x-1)+1\}^3+\{(x-1)+1\}^2$

$\quad=(x-1)^3+3(x-1)^2+3(x-1)+1$
$\qquad\qquad\qquad+(x-1)^2+2(x-1)+1$

$\quad=(x-1)^3+4(x-1)^2+5(x-1)+2$

というように変形することを,**$x-1$ についての展開**
という.このように展開すると,上の,x^3+x^2 を
$(x-1)^2$ で割るとき,

商$=(x-1)+4=x+3$,余り$=5(x-1)+2=5x-3$
などがすぐに分かる.

3. 分数式

$f(x)$, $g(x)$ が多項式で,$g(x)$ が 1 次以上のとき
(定数でないとき),$\dfrac{f(x)}{g(x)}$ の形の式を**分数式**という.

多項式と分数式を合わせて**有理式**という.

分数式の分子と分母を両者の共通因数で割ることを
約分するという.

それ以上約分できない分数式を**既約分数式**という.

4. 恒等式

例えば,次の等式

$$ax^2+bx+c=a'x^2+b'x+c' \quad\cdots\cdots\cdots\cdots\text{①}$$

が x にどのような値を代入しても成り立つとき,①を
x についての**恒等式**という.①が x の恒等式になる条
件は,

$$a=a', \ b=b', \ c=c' \ \text{(係数比較)} \quad\cdots\cdots\cdots\text{Ⓐ}$$

であり,これはまた,

異なる 3 つの x の値に対して①が成り立つ $\cdots\cdots$Ⓑ
ことと同値である（☞注).

一般に, x の n 次式 $P(x)$, $Q(x)$ について,

$\qquad P(x)=Q(x)$ ……② が x の恒等式

となる条件は, 次の $\boxed{1}$ か $\boxed{2}$ でとらえることができる.

$\boxed{1}$ ②の両辺で, 同じ次数の項どうしの係数が一致

$\boxed{2}$ $n+1$ 個の異なる x の値に対して②が成立

➡注 Ⓑ $\Longrightarrow$ Ⓐ は, 背理法で示すことができる. もし $a \neq a'$ とすると, ①は2次方程式の形であり, これを成り立たせる x の値は2つ以下しかないことになり矛盾する. よって $a=a'$ であり, 次に $b \neq b'$ とすると同様に矛盾が導け, $b=b'$ となり, $c=c'$ となる.

5. 式の値, 等式・不等式の証明

5・1 等式の証明

P, Q を文字式として, 等式 $P=Q$ を証明するときには, 次の方法が基本的である.

（ⅰ） $P-Q=0$ を示す.

（ⅱ） P を変形して Q に一致することを示す.

（ⅲ） P と Q をそれぞれ変形して, 同じ式を導く.

5・2 等式の条件式が与えられたとき

・例えば, 「$a+2b+3c=0$ ……① のとき,
$f(a, b, c)=a^3+8b^3+27c^3-18abc$ の値を求めよ」というような問題では, ①による $a=-2b-3c$ を用いて, 求値式の $f(a, b, c)$ から a を消去して計算・整理するのが基本である（1文字消去の原則）.

・条件式が $\dfrac{x}{a}=\dfrac{y}{b}=\dfrac{z}{c}$ ……② の形（比例式）

の問題では, ②の値 $=k$ とおいて, $x=ak$, $y=bk$, $z=ck$ とし, これらを求値式や証明すべき式に代入して x, y, z を消去し, k の式にする.

5・3 対称性を生かす

5・2で書いたように, 等式の条件式は1文字消去をして使うのが原則である. しかし, 条件式や求値式, 証明すべき式が対称式（☞本シリーズ「数Ⅰ」p.15）のように, 含まれる文字に関して対称的な形をしているときは, 式の対称性を崩さずに扱えれば計算量が少なくて済むのでそれに越したことはない.

5・4 不等式 $A>B$ の証明法

（ⅰ） $A-B>0$ を示す.

（ⅱ） （下の5・5などの）有名不等式に帰着させる.

（ⅲ） $A>C$ かつ $C>B$ をみたす C を見つける.

（ⅳ） （$A-B$ の最小値）>0 を示す.

（ⅴ） $A \geqq 0$, $B \geqq 0$ のときには, $A>B$ を示すかわりに $A^2>B^2$ を示してもよい.

（ⅵ） $A \leqq B$ を仮定して矛盾を導く（背理法）.

5・5 相加平均・相乗平均の関係

$$a>0, \ b>0 \text{ のとき,} \quad \frac{a+b}{2} \geqq \sqrt{ab}$$

（等号成立は, $a=b$ のとき）

➡注 一般に, $a_1 \sim a_n$ が正の数のとき,

$$\frac{a_1+a_2+\cdots+a_n}{n} \geqq \sqrt[n]{a_1 a_2 \cdots a_n}$$

（等号成立は, $a_1=a_2=\cdots=a_n$ のとき）

[証明については, ☞ p.31]

5・6 コーシー・シュワルツの不等式

$$(a^2+b^2)(p^2+q^2) \geqq (ap+bq)^2$$

（等号成立は, $a:b=p:q$ のとき）

$$(a^2+b^2+c^2)(p^2+q^2+r^2) \geqq (ap+bq+cr)^2$$

（等号成立は, $a:b:c=p:q:r$ のとき）

などをコーシー・シュワルツの不等式という.

➡注 任意の $2n$ 個の実数 a_1, a_2, $\cdots$, a_n, x_1, x_2, $\cdots$ x_n について, 次の不等式（コーシー・シュワルツの不等式）が成り立つ.

$$(a_1^2+a_2^2+\cdots+a_n^2)(x_1^2+x_2^2+\cdots+x_n^2)$$
$$\geqq (a_1 x_1+a_2 x_2+\cdots+a_n x_n)^2$$

[証明については, p.23 の前文と同様にしてできる]

5・7 絶対値記号と三角不等式

実数 x, y の絶対値について, 次の事実が成り立つ.

（ⅰ） $|x|=x \Longleftrightarrow x \geqq 0$

$\qquad |x|>x \Longleftrightarrow x<0$

（ⅱ） $|x|^2=x^2$

（ⅲ） $|xy|=|x||y|$

（ⅳ） $|x+y|=|x|+|y|$

$\qquad \Longleftrightarrow x, y$ が 0 も含めて同符号.

（ⅴ） $|x+y|<|x|+|y| \Longleftrightarrow x, y$ が異符号.

x, y について $xy \geqq 0$ か $xy<0$ が成り立つので,

（ⅵ） つねに $|x+y| \leqq |x|+|y|$

（等号成立は, x, y が 0 も含めて同符号のとき）

とくに(ⅵ)には三角不等式という名前がついている.

◆ 1 二項定理／係数を求める

（ア）　$(2x+y)^8$ の展開式における x^2y^6 の係数と，xy^7 の係数を求めよ．　　　　（大阪経大／推薦）

（イ）　$(a+b+c)^{10}$ の展開式における $a^3b^3c^4$ の係数は □(1)□ であり，$(x^3-x^2+1)^{10}$ の展開式における x^{15} の係数は □(2)□ である．
　　　　　　　　　　　　　　　　　　　　　　　　　　　　　　　　　　　　　　　（福岡大）

（展開）　$(a+b)^3$ の展開では，右図のように，各（　）から a か b を選んで掛け合わせる．例えば，3個の（　）の1つから a を，残り2つから b を選ぶと ab^2 が得られ，その選び方は $_3\mathrm{C}_1$ 通りあるので，ab^2 の係数は $_3\mathrm{C}_1$ となる．同様に考えて，

$$\underbrace{(a+b)(a+b)(a+b)}$$

$$(a+b)^n=a^n+{}_n\mathrm{C}_1a^{n-1}b+{}_n\mathrm{C}_2a^{n-2}b^2+\cdots+{}_n\mathrm{C}_ka^{n-k}b^k+\cdots+{}_n\mathrm{C}_{n-1}ab^{n-1}+b^n$$

となる．これを二項定理という．

（三項の場合）　$(a+b)^n$ でなく，$(a+b+c)^n$ になっても，各（　）から，a か b か c を選んで掛け合わせるという考え方が応用できる．なお，$\{(a+b)+c\}^n$ や $\{a+(b+c)\}^n$ と見て二項定理に結びつけることもできるが，最初に述べた方法のほうがよいだろう．

▤ 解 答 ▤

（ア）　二項定理により，$(2x+y)^8=\{(2x)+y\}^8$ の x^2y^6 の項と xy^7 の項は，それぞれ $_8\mathrm{C}_2(2x)^2y^6$ と $_8\mathrm{C}_1(2x)y^7$ である．したがって，

　　　x^2y^6 の係数は，$_8\mathrm{C}_2\cdot2^2=28\cdot4=\mathbf{112}$

　　　xy^7 の係数は，$_8\mathrm{C}_1\cdot2=8\cdot2=\mathbf{16}$

（イ）（1）　$(a+b+c)^{10}=\underbrace{(a+b+c)(a+b+c)\cdots\cdots(a+b+c)}_{10個の（　）}$ ……………①

を展開する．10個の（　）のうち，3個から a を，残り7個の（　）のうち3個から b を選び，さらに残った4個の（　）からは c を選ぶと $a^3b^3c^4$ が得られる．その選び方は，$_{10}\mathrm{C}_3\times_7\mathrm{C}_3=120\times35=4200$

　　　よって，$a^3b^3c^4$ の係数は **4200** ……………………………………②

（2）　$a=x^3$，$b=-x^2$，$c=1$ とおく．$(a+b+c)^{10}=(x^3-x^2+1)^{10}$ の展開で，x^{15} の項は，次の1°～3°によって得られる．

　　1°　$a^5b^0c^5(=x^{15})$　　2°　$a^3b^3c^4(=-x^{15})$　　3°　$a^1b^6c^3(=x^{15})$

①の展開において，

1° の係数は，（1）と同様に考えて，$_{10}\mathrm{C}_5\times_5\mathrm{C}_0=252$

2° の係数は，②により，4200

3° の係数は，（1）と同様に考えて，$_{10}\mathrm{C}_1\times_9\mathrm{C}_6=_{10}\mathrm{C}_1\times_9\mathrm{C}_3=10\cdot84=840$

したがって，x^{15} の係数は，$252-4200+840=\mathbf{-3108}$

⇦（1）の別解：
$(a+b+c)^{10}$ の $a^3b^3c^4$ の項は，$\{a+(b+c)\}^{10}$ を二項展開した
$$_{10}\mathrm{C}_3a^3(b+c)^7$$
の項から出てくる．
$(b+c)^7$ の b^3c^4 の係数は $_7\mathrm{C}_3$ であるから，$a^3b^3c^4$ の係数は
$$_{10}\mathrm{C}_3\cdot_7\mathrm{C}_3=4200$$

⇦$a(=x^3)$ の個数で場合分け．x^{15} になるには，
$$b(=-x^2),\ c(=1)$$
に注意すると，a は奇数でなければならない．

────── ○1 **演習題**（解答は p.24）──────

（ア）　$\left(2x+\dfrac{1}{x^2}\right)^6$ の展開式における定数項を求めよ．　　　　（東京経済大）

（イ）　$(x-5y+8z)^5$ を展開したときの x^3yz の係数を求めよ．　　　　（広島修道大）

（ウ）　$(1+x+x^2)^{10}$ の x^{16} の係数を求めよ．　　　　（上智大・理工）

（エ）　$\left(x-\dfrac{2}{x}+2\right)^9$ を展開したとき，全ての係数の総和を求めよ．　（中部大／一部省略）

（エ）
$$(1+x)^n$$
$$=_n\mathrm{C}_0+_n\mathrm{C}_1x+\cdots+_n\mathrm{C}_nx^n$$
から
$$_n\mathrm{C}_0+_n\mathrm{C}_1+\cdots+_n\mathrm{C}_n$$
を求めるのと同様．

◆ **2** 多項式の割り算／割り算の実行

> a は実数とする．x に関する整式 $x^5+2x^4+ax^3+3x^2+3x+2$ を整式 x^3+x^2+x+1 で割ったときの商を $Q(x)$，余りを $R(x)$ とする．$R(x)$ の x の 1 次の項の係数が 1 のとき，a の値を定め，さらに $Q(x)$ と $R(x)$ を求めよ．
>
> （京都大・文系）

〔**実際に割り算することが基本**〕　多項式の割り算についての問題を解く際に最も基本的な解法は，実際に割ってみるということである．割られる式と割る式とが具体的に与えられていて，かつ，割られる式の次数がそれほど高くない場合には，巧妙な解法を見つけようとしてあれこれ悩むよりも，さっさと割り算を実行してしまうほうが，実戦的といえる．

〔**割り算の実行は，係数だけを書いて計算する**〕　例えば，x の多項式 $a^2x^3+a^2x^2+ax^3+1$ ……① を x^2+x+2 で割る場合を考えよう．x 以外の文字は数として扱うので，次数が同じ項でまとめると，①は $(a^2+a)x^3+a^2x^2+1$ となる．割り算をするときに x^3 の係数 $\boxed{a^2+a}$ が一度に消えるようにかたまりで扱う．また，抜けている次数の項に注意する．①では 1 次の項が抜けているが，これは x の係数が 0 ということである．左下のように行うよりも，右下のように係数だけを書いて計算する方が省エネである．

$$
\begin{array}{r}
(a^2+a)x \quad -a \\
x^2+x+2\,)\overline{(a^2+a)x^3 \ +a^2x^2 \qquad\qquad +1} \\
(a^2+a)x^3+(a^2+a)x^2+2(a^2+a)x \\
\overline{-ax^2 \qquad -2(a^2+a)x \quad +1} \\
-ax^2 \qquad\qquad -ax \quad -2a \\
\overline{-(2a^2+a)x+2a+1}
\end{array}
\qquad
\begin{array}{r}
(a^2+a) \ -a \\
1\ \ 1\ \ 2\,)\overline{a^2+a \quad a^2 \qquad 0 \qquad 1} \\
a^2+a \ \ a^2+a \ \ 2(a^2+a) \\
\overline{-a \ -2(a^2+a) \quad 1} \\
-a \qquad -a \qquad -2a \\
\overline{-2a^2-a \quad 2a+1}
\end{array}
$$

▥ 解 答 ▥

実際に係数を書いて割り算を実行すると，次のようになる．

$$
\begin{array}{r}
1\ \ 1\ \ a-2 \\
1\ \ 1\ \ 1\ \ 1\,)\overline{1\ \ 2\ \ a\ \ 3\ \ 3\ \ 2} \\
1\ \ 1\ \ 1\ \ 1 \\
\overline{1\ \ a-1\ \ 2\ \ 3} \\
1\ \ 1\ \ 1\ \ 1 \\
\overline{a-2\ \ 1\ \ 2\ \ 2} \\
a-2\ \ a-2\ \ a-2\ \ a-2 \\
\overline{3-a\ \ 4-a\ \ 4-a}
\end{array}
$$

⇦係数が混ざらないように．（あらかじめ係数の間隔を広めに書いておく．）

したがって，
$$R(x)=(3-a)x^2+(4-a)x+4-a$$
$R(x)$ の x の 1 次の項の係数が 1 であるから，$a=3$．したがって，
$$\boldsymbol{Q(x)=x^2+x+1, \ R(x)=x+1}$$

───── ◗**2** 演習題（解答は p.24）─────

$a,\ b$ を実数とする．整式 $f(x)$ と整式 $g(x)$ をそれぞれ $f(x)=x^4+ax^2-2x+3$，$g(x)=x^2+x+b$ と定める．$f(x)$ が $g(x)$ で割り切れるような実数の組 $(a,\ b)$ をすべて求めよ．

（琉球大・国際，教，農）

┊例題と同時に，実際に割┊
┊り算を実行する．　　　┊

3 多項式の割り算／割り算の定義式と剰余の定理

（ア） $x^{30}+x^{27}+3$ を x^2-1 で割ったときの余りを求めよ。 （愛知大）

（イ） 整式 $P(x)$ を $x-1$ で割ると余りが 1001 であり，その商を $x-11$ で割ると余りが 101 であった。$P(x)$ を $x-11$ で割った余りを求めよ。 （東京電機大）

商と余りを設定する $f(x)$ を $g(x)$ で割るとする。その商を $Q(x)$，余りを $R(x)$ とするとき，
$$f(x)=g(x)Q(x)+R(x) \quad (\text{ただし } R(x) \text{ の次数} < g(x) \text{ の次数}) \quad\text{……………Ⓐ}$$
と表せる。―― に注意しよう。たとえば $g(x)$ が 1 次式なら余りは定数であるから $R(x)=r$ とおけ，$g(x)$ が 2 次式なら余りは 1 次以下であるから $R(x)=ax+b$ とおける（定数のときもこの形（$a=0$）で表せる）。

よって，たとえば，$g(x)$ が 2 次式のとき，$f(x)=g(x)Q(x)+ax+b$ と表される。a と b を求めるには，$g(x)=0$ となる x の値を利用する。

剰余の定理・因数定理 これらは，Ⓐを利用して証明できる。

[剰余の定理] 多項式 $f(x)$ を $x-a$ で割った余りは，$f(a)$ である。

（証明） $f(x)$ を $x-a$ で割った商を $Q(x)$ とする。1 次式で割るから余りは定数でそれを r とすると，$f(x)=(x-a)Q(x)+r$ と表せる。これに $x=a$ を代入して，$r=f(a)$ を得る。

[因数定理] $f(a)=0 \iff$ 多項式 $f(x)$ は $x-a$ を因数にもつ（$f(x)$ は $x-a$ で割り切れる）

（証明） 剰余の定理により，$f(a)=0 \iff f(x)$ を $x-a$ で割った余りが 0
$$\iff f(x) \text{ は } x-a \text{ を因数にもつ}$$

解 答

（ア） $x^{30}+x^{27}+3$ を x^2-1 で割った商を $Q(x)$ とする。2 次式で割るから，余りは $ax+b$ とおけ，$x^2-1=(x+1)(x-1)$ であるから，
$$x^{30}+x^{27}+3=(x+1)(x-1)Q(x)+ax+b$$
と表せる。上式の x に，-1 と 1 を代入すると，
$$3=-a+b, \quad 5=a+b$$
よって，$b=4$，$a=1$ であるから，求める余りは，**$x+4$**

⇦ x に，$(x+1)(x-1)Q(x)$ の値を 0 にする（$Q(x)$ をなくす）値を代入。a, b についての 2 つの等式を作ればよい。

（イ） $P(x)$ を $x-1$ で割った余りが 1001 である。商を $A(x)$ とおくと，
$$P(x)=(x-1)A(x)+1001 \quad\text{…………………………………①}$$
と表せる。

$A(x)$ を $x-11$ で割った余りが 101 である。商を $B(x)$ とおくと，
$$A(x)=(x-11)B(x)+101 \quad\text{…………………………………②}$$
と表せる。②を①に代入して，
$$P(x)=(x-1)\{(x-11)B(x)+101\}+1001 \quad\text{…………………③}$$
剰余の定理により，$P(x)$ を $x-11$ で割った余りは $P(11)$ である。③により，
$$P(11)=(11-1)\cdot 101+1001=1010+1001=\textbf{2011}$$

○3 演習題 （解答は p.24）

（ア） n を自然数とする。x^n を $(x-2)(x-3)$ で割ったときの余りを求めよ。

（文教大・情報／抜粋）

（イ） 多項式 $P(x)$ を x^3+1 で割ったときの余りが $2x^2+13x$ であった。このとき，$P(x)$ を $x+1$ で割ったときの余りは □ である。また，$P(x)$ を x^2-x+1 で割ったときの余りは □ である。

（慶大・看護）

（ア） 例題（ア）と同様。
（イ） x^3+1 を因数分解しておく。

4 多項式の割り算／剰余の定理と虚数

（ア） 整式 x^{2011} を x^2+1 で割った余りは，□□□ となる． （京都薬大）

（イ） x^{2020} を x^2-x+1 で割った余りは □□□ である． （山梨大・医—後）

虚数については次章で詳しく扱うが，多項式の割り算の問題を解く際にも活用できる．

x^n を2次式 $g(x)$ で割った余り $g(x)=0$ の解が虚数の場合も，前問と同様に解くことができる．x^n を $g(x)$ で割った商を $Q(x)$，余りを $px+q$ とおくと，$x^n=g(x)Q(x)+px+q$ ………………（＊）と表せる．α を $g(x)=0$ の解とすると，（＊）に $x=\alpha$ を代入して，$\alpha^n=p\alpha+q$ となる．

ここで，α が虚数の場合，$\alpha^{□}=$（整数）となっていることが多い．本問の（ア）は $\alpha=\pm i$ で，$\alpha^2=-1$ である．（イ）は，$x^3+1=(x+1)(x^2-x+1)$ に着目すると，$\alpha^3=-1$ である（α は -1 の虚数の立方根である．☞次章 p.37）．これに着目して α^n を計算する．

なお，演習題（ア）では，$x^3-1=(x-1)(x^2+x+1)$ に着目する（この場合の α は，$\alpha^3=1$ を満たし，α は1の虚数の立方根である．☞次章の問題○2）．

実数係数のとき 割る式と割られる式がともに実数係数ならば，商と余りも実数係数である．なぜなら，実際に割り算をしていく過程を考えると，係数には実数しか現れないからである．したがって，上の（＊）において，$g(x)$ が実数係数なら，p，q は実数である．（＊）から，$g(x)=0$ の解は $x^n-(px+q)=0$……◇ の解でもある．一般に，実数係数の n 次方程式は，虚数解 α をもてばその共役複素数 $\overline{\alpha}$ も解である（☞p.37）．したがって，$x=\alpha$ が◇を満たせば必ず $x=\overline{\alpha}$ も◇を満たす．よって，p，q を求めるとき，$g(x)=0$ が虚数解 α，$\overline{\alpha}$ をもてば一方の解を代入すれば用が足りる．

▥ 解 答 ▥

（ア） $x^{2011}=(x^2+1)Q(x)+px+q$（$p$，$q$ は実数）とおける．

$x=i$ を代入すると，$i^{2011}=pi+q$

ここで，$i^{2011}=(i^2)^{1005}\cdot i=(-1)^{1005}\cdot i=-i$

であるから，$-i=pi+q$

p，q は実数であるから，$p=-1$，$q=0$

よって，求める余りは $-x$

⇦商が $Q(x)$，余りが $px+q$
（2次式で割るから，余りは1次以下）

（イ） $x^{2020}=(x^2-x+1)Q(x)+px+q$（$p$，$q$ は実数）……① とおける．

$x^3+1=(x+1)(x^2-x+1)$ であるから，$x^2-x+1=0$ の解（虚数解）の1つを α とおくと，$\alpha^3+1=0$ ∴ $\alpha^3=-1$

①に $x=\alpha$ を代入すると，$\alpha^{2020}=p\alpha+q$

$\alpha^3=-1$ により，$\alpha^{2020}=(\alpha^3)^{673}\cdot\alpha=(-1)^{673}\cdot\alpha=-\alpha$ ∴ $-\alpha=p\alpha+q$

p，q は実数であり，α は虚数であるから，$p=-1$，$q=0$

よって，求める余りは $-x$

⇦s，t，u，v が実数で，α が虚数のとき，
$$s\alpha+t=u\alpha+v$$
$$\Longleftrightarrow s=u \text{ かつ } t=v$$
［説明］$(s-u)\alpha=v-t$
$s-u\neq0$ と仮定すると，
$$\alpha=\frac{v-t}{s-u}$$
この右辺は実数であるから，α が虚数であることに矛盾する．
よって，$s=u$，$t=v$ である．

○4 演習題（解答は p.25）

（ア） a，b を定数とする．整式 $x^{14}+ax^{10}+bx^6+2x^5+4x^3+1$ が整式 x^2+x+1 で割り切れるとき，$a=$ □□□，$b=$ □□□ である． （上智大・経）

（イ） 整式 $x^{99}-1$ を整式 x^3+x^2+x+1 で割った余りは □□□ である．
（上智大・経）

（ア） 例題（イ）と同様に解いていく．
（イ） まず，割る式を因数分解する．

◆ **5** 多項式の割り算／$(x-a)^k$ で割った余り

（ア） n を 3 以上の整数とする．$x^{n-1}+x^{n-2}+\cdots\cdots+x+1$ を $x-1$ で割った余りは ☐ となる
から，x^n-1 を $(x-1)^2$ で割った余りは ☐ である． （同志社大・文系／抜粋）

（イ） n を 2 以上の整数として，x^n を $(x-1)^2$ で割ったときの余りを求めよ．
（関西大・理工系）

$\boxed{\,x^n-a^n\text{ を因数分解した式を活用}\,}$ $\quad x^n-a^n=(x-a)(x^{n-1}+ax^{n-2}+a^2x^{n-3}+\cdots+a^{n-2}x+a^{n-1})$
を利用して，$(x-a)^2$ で割った余りを考えることができる（本問の(ア)）．

$\boxed{\,\text{二項定理の活用}\,}$ $\quad$ 例えば，x^n を $(x-a)^2$ で割った余りは，次のように求めることができる．
$$x^n=\{(x-a)+a\}^n=\underbrace{(x-a)^n+{}_nC_1(x-a)^{n-1}a+\cdots+{}_nC_{n-2}(x-a)^2a^{n-2}}_{(x-a)^2\text{ で割り切れる}}+{}_nC_{n-1}(x-a)a^{n-1}+a^n$$

したがって，x^n を $(x-a)^2$ で割った余りは，${}_nC_{n-1}(x-a)a^{n-1}+a^n=na^{n-1}(x-a)+a^n$

となる．$(x-a)^3$ で割った余りも同様に求めることができるのはすぐに分かるだろう．

$\boxed{\,\text{微分法の活用}\,}$ 「多項式 $f(x)$ が $(x-a)^2$ で割り切れる」$\Longleftrightarrow$「$f(a)=0$ かつ $f'(a)=0$」が成り
立つ．これについては，☞ p.132

▥ 解 答 ▥

（ア） $x^{n-1}+x^{n-2}+\cdots\cdots+x+1$ を $f(x)$ とおく．$f(x)$ を $x-1$ で割った余り
は，剰余の定理により，$\underline{f(1)=\boldsymbol{n}}$

$\quad$ よって，$f(x)=(x-1)\underline{Q(x)}+n$ と表せる．

$\quad$ 一方，$x^n-1=(x-1)(x^{n-1}+x^{n-2}+\cdots+x+1)$
$$\qquad\qquad =(x-1)f(x)=(x-1)\{(x-1)Q(x)+n\}$$
$$\qquad\qquad =(x-1)^2Q(x)+n(x-1)=(x-1)^2Q(x)+nx-n$$

したがって，x^n-1 を $(x-1)^2$ で割った余りは $\boldsymbol{nx-n}$

$\quad$ **⇒注** $\quad$ 本問の結果を用いると，(イ) の答え，つまり x^n を $(x-1)^2$ で割った余り
が $nx-n+1$ であることが分かる．しかし，(イ) のようにノーヒントで出題さ
れたときは，以下のように，二項定理か微分法を使うところだろう．

（イ）二項定理により，
$$x^n=\{(x-1)+1\}^n=(x-1)^n+n(x-1)^{n-1}+\cdots+{}_nC_2(x-1)^2+n(x-1)+1$$
であり，〰〰 は $(x-1)^2$ で割り切れるから，求める余りは，
$$n(x-1)+1=\boldsymbol{nx-n+1}$$

【別解】（微分法を利用すると）
$$x^n=(x-1)^2Q(x)+px+q \cdots\cdots\cdots\cdots\cdots\cdots ①$$
と表せる．この両辺を x で微分すると，
$$nx^{n-1}=2(x-1)Q(x)+(x-1)^2Q'(x)+p \cdots\cdots\cdots\cdots②$$
①，②に $x=1$ を代入して，$1=p+q,\; n=p$ $\quad\therefore\quad p=n,\; q=-n+1$
①により，求める余りは，$\boldsymbol{nx-n+1}$

右側注記：
- 0 乗から $n-1$ 乗までで n 個
  $\Leftarrow 1^{n-1}+1^{n-2}+\cdots+1^1+1^0=n$
- $\Leftarrow Q(x)$ は $f(x)$ を $x-1$ で割った商．
- $\Leftarrow {}_nC_1={}_nC_{n-1}=n,\; {}_nC_{n-2}={}_nC_2$
- $\Leftarrow$ 商が $Q(x)$，余りが $px+q$
- $\Leftarrow \{f(x)g(x)\}'$
  $=f'(x)g(x)+f(x)g'(x)$
  （数Ⅲの積の微分法）を使った．

⃝5 演習題（解答は p.25）

n は 3 以上の奇数として，多項式 $P(x)=x^n-ax^2-bx+2$ を考える．$P(x)$ が x^2-4
で割り切れるときは $a=$ ☐，$b=$ ☐ であり，$(x+1)^2$ で割り切れるときは
$a=$ ☐，$b=$ ☐ である． （慶大・医）

前半は ○3，後半は例題
と同様に処理できる．

◆ **6 多項式の割り算／2つの余りの条件**

(ア) 整式 $f(x)$ は $x-1$ で割ると余りが 3 である．また，$f(x)$ を x^2+x+1 で割ると余りが $4x+5$ である．このとき，$f(x)$ を x^3-1 で割ったときの余りを求めよ．　　　（関西大・総合情報）

(イ) 整式 $f(x)$ を x^2-4x+3 で割ったときの余りは $x+1$ であり，x^2-3x+2 で割ったときの余りは $3x-1$ である．$f(x)$ を $x^3-6x^2+11x-6$ で割ったときの余りを求めよ．　　　（秋田大・医）

[2つ目の条件の反映させ方]　（ア)のように，2つの余りの条件がある場合，それらの割る式を掛け合わせた式で割ったときの余りを求めることが多い．（ア)を例にして説明しよう．一方の余りの条件（割る式の次数の高い方；いまは x^2+x+1）の商を $A(x)$ とおくと，
$$f(x)=(x^2+x+1)A(x)+4x+5 \cdots \cdots ⑦ \quad と表せる.\ いま，f(x)を x^3-1=(x-1)(x^2+x+1) で$$
割った余りを求めたい．そこで，x^3-1 が現れるように，$A(x)$ を $x-1$ で割ることを考える．$A(x)$ を $x-1$ で割った商を $B(x)$，余りを r として，$A(x)=(x-1)B(x)+r$ とおき，⑦に代入する．この式に対して，もう一方の余りの条件を反映させて r を求めれば，x^3-1 で割った余りが分かる．

▓ 解 答 ▓

(ア) $f(x)=(x^2+x+1)A(x)+4x+5$

　　$A(x)=(x-1)B(x)+r$

と表せるから，$f(x)=(x^2+x+1)\{(x-1)B(x)+r\}+4x+5$

　　　　　　　　$=(x^3-1)B(x)+r(x^2+x+1)+4x+5 \cdots \cdots \cdots ①$

　　$f(x)$ を $x-1$ で割ると余りが 3 であるから，剰余の定理により，$f(1)=3$

　　①に $x=1$ を代入して，$f(1)=3r+9$　　∴　$3r+9=3$　　∴　$r=-2$

　　したがって，①により，求める余りは，
$$-2(x^2+x+1)+4x+5=\boldsymbol{-2x^2+2x+3}$$

⇦前文参照.

⇦$f(x)$ を x^3-1 で割った余りは 2 次以下になるが，①により，$f(x)$ を x^3-1 で割った余りが $r(x^2+x+1)+4x+5$ であることが分かる．あとは r を求めればよい．

(イ) $x^2-4x+3=(x-1)(x-3)$，$x^2-3x+2=(x-1)(x-2)$，

　　$x^3-6x^2+11x-6=\underline{(x-1)(x^2-5x+6)}=(x-1)(x-2)(x-3)$

であることに注意する．$f(x)$ を x^2-4x+3 で割った余りが $x+1$ である．商を $A(x)$ とおくと，$f(x)=(x-1)(x-3)A(x)+x+1 \cdots \cdots \cdots \cdots \cdots ①$

　　ここで，$A(x)=(x-2)B(x)+r$ と表せ，これを①に代入して，
$$f(x)=(x-1)(x-3)\{(x-2)B(x)+r\}+x+1 \cdots \cdots \cdots \cdots ②$$
一方，$f(x)$ を x^2-3x+2 で割った余りが $3x-1$ であるから，
$$f(x)=(x-1)(x-2)Q(x)+3x-1$$
と表せる．上式に $x=2$ を代入して，$f(2)=5$．②に $x=2$ を代入して，

　　　　$f(2)=-r+3$　　∴　$-r+3=5$　　∴　$r=-2$

　　②から，$f(x)=(x-1)(x-2)(x-3)B(x)\underwavy{-2(x-1)(x-3)+x+1}$

　　したがって，求める余りは，〰〰 $=\boldsymbol{-2x^2+9x-5}$

⇦$x^3-6x^2+11x-6$ に $x=1$ を代入すると 0 になるから，因数定理により $x-1$ で割り切れる（次章の○4を参照）．

⇦$A(x)$ を $x-2$ で割った商が $B(x)$，余りが r（1次式で割ったから，余りは定数）．

⇦r を求めるには，②で $B(x)$ が消えて r が残る $x=2$ に着目.

○**6 演習題**（解答は p.26）

(ア) 整式 $P(x)$ を $(x-1)^2$ で割ると 1 余り，$x-2$ で割ると 2 余る．このとき，$P(x)$ を $(x-1)^2(x-2)$ で割ったときの余り $R(x)$ を求めなさい．

　　　　　　　　　　　　　　　　　　　　　　　　　　　　　（兵庫県立大・社会情報－中）

(イ) 整式 A を x^3+x+2 で割ると余りが x^2+3x+1 であり，x^2-4 で割ると余りが $-x+1$ である．このとき，A を x^2-x+2 で割ると余りは ☐ であり，A を x^3+x^2+4 で割ると余りは ☐ である．　　　（南山大・数理情報）

┄┄┄┄┄┄┄┄┄┄┄┄┄┄┄┄
(イ)の前半は，○3の演習題(イ)と同様である．
┄┄┄┄┄┄┄┄┄┄┄┄┄┄┄┄

◆ 7 割り算の活用／次数下げなど

(ア) $x=2+\sqrt{3}$ のとき，式 $x^4-3x^3+7x^2-3x+8$ の値を求めよ． （昭和薬大）

(イ) $\dfrac{6n^2+11n+38}{3n-2}$ が整数となるような最大の自然数 n を求めると，$n=\boxed{}$ である．

（福岡大）

> **次数下げ** （ア）では，x の満たす 2 次の等式を利用して，「根号（あるいは虚数単位）を解消して次数下げ」が定石である．その際，割り算を活用できる．
>
> **分数式は，分子を分母より低次にする** 「分数式は分子を低次に」は定石である．この変形によって，より扱い易い分数式になる．分子を分母より低次にするには割り算を使えばよい．例えば，
>
> $\dfrac{x^2+5x+9}{x+3}$ は，x^2+5x+9 を $x+3$ で割った商 $x+2$ と余り 3 を用いて
>
> $\dfrac{x^2+5x+9}{x+3}=\dfrac{(x+3)(x+2)+3}{x+3}=x+2+\dfrac{3}{x+3}$ と変形できる．

▤ 解 答 ▤

(ア) $x=2+\sqrt{3}$ のとき，$x-2=\sqrt{3}$

  $\therefore (x-2)^2=3 \quad \therefore x^2-4x+1=0$ ……………………①

　ここで，[文字を t に変え] $t^4-3t^3+7t^2-3t+8$ を t^2-4t+1 で割ると，商は t^2+t+10，余りは $36t-2$ となるから，

  $t^4-3t^3+7t^2-3t+8=(t^2-4t+1)(t^2+t+10)+36t-2$ ……………②

これに $t=x=2+\sqrt{3}$ を代入すると，①により，

  $x^4-3x^3+7x^2-3x+8=0\cdot(x^2+x+10)+36x-2$ ……………③

  $=36x-2=36(2+\sqrt{3})-2=\mathbf{70+36\sqrt{3}}$

⇒注 ③を見ると，0 で割っているようにも見える．しかし，②は t の恒等式であり，t にどんな値を代入しても成り立つ（複素数でもよい）わけであるから，0 で割っているわけではなく，これで問題ない．

(イ) $6n^2+11n+38=(3n-2)(2n+5)+48$ であるから，

  $\dfrac{6n^2+11n+38}{3n-2}=\dfrac{(3n-2)(2n+5)+48}{3n-2}=2n+5+\dfrac{48}{3n-2}$

$2n+5$ は整数であるから，条件は $\dfrac{48}{3n-2}$ が整数であること，つまり $3n-2$ が 48 の約数であること，と言い換えることができる．

　$48=2^4\cdot3$ の約数を大きい順に書くと，48, 24, 16, 12, ……

となるが，そのうち $3n-2$ の形で表せるもの（3 で割って 1 余るもの）で最大のものは 16 である．$3n-2=16$ により，求める n の最大値は **6**

⇦ 本シリーズ「数Ⅰ」p.16(イ)と同様に解くこともできる．

⇦ 多項式の割り算

⇦ 多項式の割り算を使って，t の恒等式を作った．なお，文字を変えず $x=2+\sqrt{3}$ ということを忘れ，多項式の割り算を使って，②で $t\Rightarrow x$ とした，x の恒等式を導いてもよい（左の解答で，$t\Rightarrow x$ としても構わない）．

⇦ 2 次式 $6n^2+11n+38$ を 1 次式 $3n-2$ で割った商は $2n+5$，余りは 48 となる．

○7 演習題 （解答は p.26）

(ア) $a=\dfrac{1+\sqrt{5}}{2}$ のとき，$2a^5+a^4-5a^3-2a^2+5a-8=\boxed{}$ （法政大）

(イ) $\dfrac{9n^2-6n+21}{3n+5}$ が整数となるような自然数 n をすべて求めよ．

（岡山理科大・総合情報／一部省略）

> 割り算のありがたみを実感しよう．

◆ 8 恒等式

（ア）　恒等式 $x^4+7x^3-3x^2-23x-14$
$$=a+bx+cx(x-1)+dx(x-1)(x-2)+ex(x-1)(x-2)(x-3)$$
　が成り立つとき，定数 a〜e の値を求めよ．　　　　　　　　　（九州産大・情報科学，工）

（イ）　次の式が x についての恒等式になるように，定数 a, b, c の値を定めなさい．
$$x^3+2x^2+1=(x-1)^3+a(x-1)^2+b(x-1)+c$$
　　　　　　　　　　　　　　　　　　　　　　　　　　　　　　　　（流通科学大）

（ウ）　$x+y=1$ を満たす x, y について，$ax^2+bxy+cy^2=1$ が常に成り立つように a, b, c を定めよ．　　　　　　　　　　　　　　　　　　　　　　　　　　　（龍谷大・理工（推薦））

係数比較法と数値代入法　多項式 $f(x)$ と $g(x)$ について，$f(x)=g(x)$ が恒等式になる条件をとらえる主な方法は，次の ① と ② の 2 つである．
　　① $f(x)$ と $g(x)$ の同じ次数の項の係数がすべて等しい．
　　② $f(x)$, $g(x)$ の（見かけの）次数の高い方を n 次式とするとき，
　　　　異なる $n+1$ 個の値 x に対して，$f(x)=g(x)$ が成り立つ．

$x-p$ で展開　（イ）の右辺を「$x-1$ について展開した式」というが，どんな多項式も $x-p$ について展開した式として表すことができる．この形にすれば $(x-p)^2$ で割った余りなどがすぐに分かる．
　　（イ）を右辺の形にするには，左辺の各項を，$x^3=\{(x-1)+1\}^3$ などとして展開すればよい．

等式の条件　1 文字を消去するのが原則である（☞ 本シリーズ「数 I」p.16）．

▥ 解 答 ▥

（ア）　与式の両辺に $x=0$ を代入して，$\boldsymbol{a=-14}$. a を移項し両辺を x で割って，
　　$x^3+7x^2-3x-23$
$$=b+c(x-1)+d(x-1)(x-2)+e(x-1)(x-2)(x-3) \quad\cdots\cdots\cdots①$$
両辺に $x=1$, 2, 3, 0 を代入して，
　　$-18=b$, $7=b+c$, $58=b+2c+2d$, $-23=b-c+2d-6e$
　　$\therefore$ $\boldsymbol{b=-18}$, $\boldsymbol{c=25}$, $\boldsymbol{d=13}$, $\boldsymbol{e=1}$

⇦ 多項式の恒等式が両辺ともに x を因数に持てば，両辺を x で割った式も恒等式．

⇦ $e=1$ であることは，元の式の両辺の x^4 の係数を比べることでも分かる．このような考察をしてミスを防ごう．

（イ）　$x^3+2x^2+1=\{(x-1)+1\}^3+2\{(x-1)+1\}^2+1$
$$=\{(x-1)^3+3(x-1)^2+3(x-1)+1\}+2\{(x-1)^2+2(x-1)+1\}+1$$
$$=(x-1)^3+5(x-1)^2+7(x-1)+4 \quad (\boldsymbol{a=5}, \boldsymbol{b=7}, \boldsymbol{c=4})$$

（ウ）　$y=1-x$ であるから，$ax^2+bx(1-x)+c(1-x)^2=1$
これが x によらず成り立つから，$x=0$, 1，-1 を代入して，
　　$c=1$, $a=1$, $a-2b+4c=1$　　$\therefore$ $\boldsymbol{a=1}$, $\boldsymbol{c=1}$, $\boldsymbol{b=2}$

⇦ $(x+y)^2=1$ となる．

➡注　（ア）①に $x=1$ を代入して b を求め，b を左辺に移項し両辺を $x-1$ で割る．'代入' と '割り算' を繰り返して求めることもできる．

⇦ 次に $x=2$ を代入して c を求め，c を移項して $x-2$ で割る．

➡注　（イ）与式に $x=1$ を代入し，$c=4$. 両辺を x で微分して，
　　$3x^2+4x=3(x-1)^2+2a(x-1)+b$. $x=1$ を代入し，$b=7$.（以下略）

⇦ '代入' と '微分' を繰り返して求めることもできる．

○ 8 演習題 （解答は p.27）

（ア）　すべての x に対して，$x^3-3x^2+7=a(x-2)^3+b(x-2)^2+c(x-2)+d$ となる数 a, b, c, d を求めよ．　　　　　　　　　　　　（福島大・共生システム理工）

（イ）　$x-3y-z=3$, $x+y+z=-5$ を満たす x, y, z のすべての値に対して
$ax^2+2by^2+cz^2=24$ が成り立つとき，$a=\boxed{}$, $b=\boxed{}$, $c=\boxed{}$ である．　　　　　　　　　　　　　　　　　　　　　　　　　（京都先端科学大・バイオ）

（イ）　等式の条件を扱う基本は？

◆ 9 恒等式／次数の決定

$f(x)$ が x の多項式で，$f(x+1)-f(x)=x^n$（但し，$n\geqq1$）であるとする．このとき $f(x)$ は $m=\boxed{}$（n の式で表す）次の多項式である．$f(x)$ の x^m の係数は $\boxed{}$，x^{m-1} の係数は $\boxed{}$ となる．

（杏林大・保健／一部略）

$f(\bullet)$ について $f(x)=x^3-x$ のときを考えよう．このとき，$f(\bullet)=\bullet^3-\bullet$ ということで，$\bullet$ を $x+1$ とすれば，$\bullet^3-\bullet=(x+1)^3-(x+1)$ なので $f(x+1)=(x+1)^3-(x+1)$ となる．次に，$f(f(x))$ を求めてみよう．$\bullet=f(x)$ とすればよく，$\bullet^3-\bullet=(f(x))^3-f(x)$ なので，$f(f(x))=(f(x))^3-f(x)=(x^3-x)^3-(x^3-x)$ となる．

まず次数を決める 次数が不明の多項式が登場する恒等式の問題では，まず「次数を求められないか」と考えよう．ほとんどの場合，

最高次の項を ax^n（$a\neq0$，$n\geqq1$）とおいて，両辺の最高次の項を比較する

ことで，n や a が求まる．次数さえ決まれば，たとえば，次数が 3 次だと分かれば，後は $f(x)=ax^3+bx^2+cx+d$ とおいて，条件式に代入することで，係数 a, b, c, d を求めてしまえばよい．

n 次式 $f(x)$ について，$f(x+1)-f(x)$ は $n-1$ 次 たとえば，$f(x)=x^4$ のとき，差 $f(x+1)-f(x)$ は，最高次の項が消え，二項定理とから $(x+1)^4-x^4=4x^3+（2 次以下の式）$ となり，3 次式になる．一般に，n 次式 $f(x)$（$n\geqq1$）について，$a\neq b$ のとき，差 $f(x+a)-f(x+b)$ は $n-1$ 次の式になる（なお，互いに最高次の係数が等しい 2 つの n 次式どうしの差は $n-1$ 次以下．また，最高次の係数が異なる n 次式どうしの差は n 次式）．

本問の場合 x^m と x^{m-1} の係数を求めるから，$f(x)=ax^m+bx^{m-1}+\cdots$（$a\neq0$）とおく．二項定理を利用して展開して次数と係数を比べる．

▧ 解 答 ▧

$f(x)$ を m 次式として，$f(x)=ax^m+bx^{m-1}+cx^{m-2}+\cdots\cdots$（$a\neq0$）とおく．このとき，$f(x+1)=a(x+1)^m+b(x+1)^{m-1}+c(x+1)^{m-2}+\cdots\cdots$ であるから，二項定理を使うと，

$$f(x+1)-f(x)$$
$$=a\{(x+1)^m-x^m\}+b\{(x+1)^{m-1}-x^{m-1}\}+c\{\overbrace{(x+1)^{m-2}-x^{m-2}}^{(m-3)\text{ 次}}\}$$
$$+(m-4)\text{ 次以下}$$
$$=a(_mC_1x^{m-1}+_mC_2x^{m-2}+\cdots\cdots+1)$$
$$\quad+b(_{m-1}C_1x^{m-2}+_{m-1}C_2x^{m-3}+\cdots\cdots+1)+(m-3)\text{ 次以下}$$
$$=amx^{m-1}+\left\{a\cdot\frac{m(m-1)}{2}+b(m-1)\right\}x^{m-2}+(m-3)\text{ 次以下}$$

$\Leftarrow (x+1)^k-x^k$
$= (x^k+_kC_1x^{k-1}+_kC_2x^{k-2}$
$\quad+\cdots+_kC_{k-1}x+1)-x^k$
$=_kC_1x^{k-1}+_kC_2x^{k-2}+\cdots+1$

この最高次の項は amx^{m-1} であるから，これが x^n となるとき，次数から，
$$m-1=n \quad \therefore \quad \boldsymbol{m=n+1}$$

次に，係数を比較して，$am=1$，$a\cdot\dfrac{m(m-1)}{2}+b(m-1)=0$

$\Leftarrow m=n+1$ のとき，
$m-2=n-1\geqq0$ であるから，
x^{m-2} の項もある．

$$\therefore \quad a(n+1)=1,\ a\cdot\frac{(n+1)n}{2}+bn=0$$
$$\therefore \quad \boldsymbol{a=\frac{1}{n+1}},\ \boldsymbol{b=-\frac{a(n+1)}{2}=-\frac{1}{2}}$$

○9 演習題（解答は p.27）

多項式 $P(x)$ は $P(P(x))=P(x^2)$ を満たしている．このとき，$P(x)=\boxed{}$，$\boxed{}$，$\boxed{}$ である．

（日本獣医生命科学大・獣医）

> まず，次数を絞る．

◈ 10 分数式／恒等式・部分分数分解

次の式が x について恒等式となるように，式ごとに，定数 $A\sim D$ の値を定めなさい．

（1） $\dfrac{5x-1}{x^3+1}=\dfrac{Ax+B}{x^2-x+1}+\dfrac{C}{x+1}$

（2） $\dfrac{x^3-5x^2-2x-2}{x^3-3x-2}=A+\dfrac{B}{(x+1)^2}+\dfrac{C}{x+1}+\dfrac{D}{x-2}$

（神戸女学院大／一部省略）

（分数式の恒等式） 分数式の恒等式は，分母を払うことで多項式の恒等式に帰着させることができる．
分母を払って得られる多項式の等式は，「分母を 0 にする x の値」以外の x で成り立つ式であるが，このような x は無限個あるので，○8 の ② により，これは恒等式である．多項式の恒等式なので，○8 の ② を使う際，「分母を 0 にする x の値」も代入できる．これを利用すると簡単な計算で済むことが多い．

（部分分数分解） 上の問題のように，左辺を右辺の形で表すことを部分分数分解という．右辺の分数の分母は，左辺の分母を因数分解した各因数とする．右辺の分数は，分子を分母より低次の形にする．

（2）のように分母に $(\ \ )^n$ があるタイプは，$\dfrac{x \text{の} 2 \text{次式}}{(x+1)^2(x-2)}=\dfrac{ax+b}{(x+1)^2}+\dfrac{c}{x-2}$ をさらに

$\dfrac{a(x+1)+b-a}{(x+1)^2}+\dfrac{c}{x-2}=\dfrac{a}{x+1}+\dfrac{b-a}{(x+1)^2}+\dfrac{c}{x-2}$ として，問題文の形に直せることが分かる．

部分分数分解は，「数Ⅲ」で分数関数の積分をするときに必須である．

▦ 解 答 ▦

（1） 与式の両辺に，$x^3+1[=(x+1)(x^2-x+1)]$ を掛けると，
$$5x-1=(Ax+B)(x+1)+C(x^2-x+1)$$
これは x の恒等式である．$x=-1,\ 0,\ 1$ を代入して，
$$-6=3C,\quad -1=B+C,\quad 4=2(A+B)+C$$
$$\therefore\ \ \boldsymbol{C=-2,\ B=1,\ A=2}$$

⇦ 与式の分母を 0 とする $x=-1$ 以外のすべての x について成り立つから，多項式の恒等式となる．
2 次以下の式について，異なる 3 つの x の値について成り立てば恒等式である．

（2） $\dfrac{x^3-5x^2-2x-2}{x^3-3x-2}=\dfrac{(x^3-3x-2)-5x^2+x}{x^3-3x-2}=1+\dfrac{-5x^2+x}{x^3-3x-2}$

$\therefore\ \ \boldsymbol{A=1},\quad \dfrac{-5x^2+x}{x^3-3x-2}=\dfrac{B}{(x+1)^2}+\dfrac{C}{x+1}+\dfrac{D}{x-2}$ ....①

①の両辺に，$x^3-3x-2[=(x+1)^2(x-2)]$ を掛けると，
$$-5x^2+x=B(x-2)+C(x+1)(x-2)+D(x+1)^2$$
これは x の恒等式である．$x=2,\ -1,\ 0$ を代入して，
$$-18=9D,\quad -6=-3B,\quad 0=-2B-2C+D$$
$$\therefore\ \ \boldsymbol{D=-2,\ B=2,\ C=-3}$$

⇦ 分子を分母より低次な形に変形することで A が分かる．①が恒等式となるように $B\sim D$ の値を定めればよい．

◯ 10 演習題（解答は p.27）

等式 $\dfrac{x^4+7x^2+1}{x(x^2+1)}=Ax+B+\dfrac{C}{x}+\dfrac{Dx+E}{x^2+1}$ が x についての恒等式となるように，定数 $A,\ B,\ C,\ D$ および E の値を定めると，$A=\boxed{}$，$B=\boxed{}$，$C=\boxed{}$，

$D=\boxed{}$，$E=\boxed{}$ となる．

$x>0$ のとき，$\dfrac{x^4+7x^2+1}{x(x^2+1)}$ の最小値は $\boxed{}$ となり，このときの x の値は $\boxed{}$ と

$\boxed{}$ である．

（京都薬科大）

> 後半は，相加・相乗平均の不等式（○15）を使う．

◆ 11 比例式，サイクリックな式

（ア） $\dfrac{x+4y}{3}=\dfrac{y+4z}{6}=\dfrac{z+8x}{4}$ をみたす正の実数 x, y, z について，$\dfrac{xy+yz+zx}{x^2+y^2+z^2}=\boxed{}$

である．

（椙山女学園大）

（イ） $\dfrac{x}{y+z}=\dfrac{y}{z+x}=\dfrac{z}{x+y}$ のとき，この式の値は，$x+y+z\neq0$ のとき $\boxed{}$，$x+y+z=0$ の

とき $\boxed{}$ である．

（麻布大・獣医）

（ 比例式は k とおく ） 条件式が $\dfrac{x}{a}=\dfrac{y}{b}=\dfrac{z}{c}$ の形（$x:y:z=a:b:c$ を意味する比例式）で与えら

れたときには，この分数式の値を k とおくのが定石で，こうすると計算にのせやすい．

（ サイクリックな式 ） （イ）の式の値を k とおくと，$x=k(y+z)$ などとなる．ここで，

x, y, z をそれぞれ y, z, x に入れ替えていくと，

$\quad x=k(y+z)$ ……㋐ $\ \Rightarrow\ y=k(z+x)$ ……㋑ $\ \Rightarrow\ z=k(x+y)$ ……㋒

となり，もう1回やると㋒⇨㋐になる．このように，文字がグルグル回る，㋐〜㋒を

サイクリックな式を言うが，この3式を辺ごとに加えると対称式になり，扱い易くなる．

▒ 解 答 ▒

（ア） $\dfrac{x+4y}{3}=\dfrac{y+4z}{6}=\dfrac{z+8x}{4}=k$ $\ (k>0)$ とおくと，

$\quad x+4y=3k$ ……①，$y+4z=6k$ ……②，$z+8x=4k$ ……③

①により $x=3k-4y$ で，これと③から，$z=4k-8x=32y-20k$

これを②に代入して，$y+4(32y-20k)=6k$

$\quad\therefore\ y=\dfrac{86}{129}k=\dfrac{2}{3}k$, $x=3k-\dfrac{8}{3}k=\dfrac{1}{3}k$, $z=4k-\dfrac{8}{3}k=\dfrac{4}{3}k$

$k=3l$ $(l>0)$ とおいて，$x=l$, $y=2l$, $z=4l$

よって，求値式 $=\dfrac{l\cdot2l+2l\cdot4l+4l\cdot l}{l^2+(2l)^2+(4l)^2}=\dfrac{2+8+4}{1+4+16}=\dfrac{14}{21}=\dfrac{\boldsymbol{2}}{\boldsymbol{3}}$

⇦ x, y, z が正により，$k>0$

⇦ 等式の条件は，文字を消去するのが原則

（イ） $\dfrac{x}{y+z}=\dfrac{y}{z+x}=\dfrac{z}{x+y}=k$ ……① とおくと，

$\quad x=k(y+z)$ ……②，$y=k(z+x)$ ……③，$z=k(x+y)$ ……④

②＋③＋④により，$x+y+z=2k(x+y+z)$

⇦ 前文参照．

$1°$ $\boldsymbol{x+y+z\neq0}$ のときは，これで割って，$k=\dfrac{\boldsymbol{1}}{\boldsymbol{2}}$

$2°$ $\boldsymbol{x+y+z=0}$ のとき，$y+z=-x$ となり，①により $k=\boldsymbol{-1}$

➡注 $1°$ のとき，②－③により $x-y=\dfrac{1}{2}(y-x)$ となるから，$x=y$

よって④とから，$x=y=z$ となる．

○11 演習題 （解答は p.28）

$\dfrac{b+c}{a}=\dfrac{c+a}{b}=\dfrac{a+b}{c}$ とする．このとき，$\dfrac{b+c}{a}$ の値は $\boxed{(1)}$ であり，$a+b+c\neq0$

のときの $\dfrac{a^3+b^3+c^3+6abc}{(b+c)^3}$ の値を求めると $\boxed{(2)}$ である．

（福岡大）

> 後半は1文字消去すれば
> 解決する．

◆ 12 不等式の証明／$A \geqq B \iff A - B \geqq 0$

a, b, c を正の実数とする．$X = \dfrac{3a+b}{a+3b}$, $Y = \dfrac{3b+c}{b+3c}$, $Z = \dfrac{3c+a}{c+3a}$

について次の問いに答えなさい．

（1） $\dfrac{1}{3} < X < 3$ を証明しなさい．

（2） X, Y, Z のうち，少なくともひとつは 1 以上であることを証明しなさい．

（3） $\dfrac{5}{3} < X + Y + Z < 7$ を証明しなさい．

（明治学院大・経，社，法）

（差が 0 以上を示す） A, B が x の式として，$A \geqq B$ を示すことを考えてみよう．このとき，
$A - B \geqq 0$ を示すのが 1 つの定石である．A と B を合流させることによって式変形の仕方の可能性が高
まるし，目標が 0 以上を示すことになるので，式変形の方針も定め易くなる．例えば，平方完成をして
（実数）^{2}＋（実数）^{2} の形を導いたり，因数分解をして（正の数）×（正の数）の形を導いたりすればよい．

解答

（1） $X - \dfrac{1}{3} = \dfrac{3a+b}{a+3b} - \dfrac{1}{3} = \dfrac{3(3a+b)-(a+3b)}{3(a+3b)} = \dfrac{8a}{3(a+3b)} > 0$ ⇦ a, b は正の実数

$\qquad 3 - X = 3 - \dfrac{3a+b}{a+3b} = \dfrac{3(a+3b)-(3a+b)}{a+3b} = \dfrac{8b}{a+3b} > 0$

よって，$\dfrac{1}{3} < X < 3$

（2） $X - 1 = \dfrac{3a+b}{a+3b} - 1 = \dfrac{3a+b-(a+3b)}{a+3b} = \dfrac{2(a-b)}{a+3b}$

同様にして，$Y - 1 = \dfrac{2(b-c)}{b+3c}$, $Z - 1 = \dfrac{2(c-a)}{c+3a}$ ⇦ これ以降，背理法を用いてもよい．
$\qquad$ $X < 1$ かつ $Y < 1$ かつ $Z < 1$ と仮
$\quad$ a, b, c のうちで a が最大のとき，$a \geqq b$ であるから $X \geqq 1$ $\qquad$ 定すると，
$\quad$ a, b, c のうちで b が最大のとき，$b \geqq c$ であるから $Y \geqq 1$ $\qquad$ $a < b$ かつ $b < c$ かつ $c < a$
$\quad$ a, b, c のうちで c が最大のとき，$c \geqq a$ であるから $Z \geqq 1$ $\qquad$ が成り立つ．
したがって，X, Y, Z のうち，少なくともひとつは 1 以上である． $\qquad$ $a < b$ かつ $b < c$ のとき $a < c$ と
$\qquad$ なるが，これは $c < a$ に矛盾する．

（3） （1）により，$\dfrac{1}{3} < X < 3$, $\dfrac{1}{3} < Y < 3$, $\dfrac{1}{3} < Z < 3$ が成り立つ．   ⇦ Y, Z についても，X において文
$\qquad$ 字を入れ換えただけだから，X と
$\quad$ $X \geqq 1$ のときは，$Y > \dfrac{1}{3}$, $Z > \dfrac{1}{3}$ とから，$X + Y + Z > 1 + \dfrac{1}{3} + \dfrac{1}{3} = \dfrac{5}{3}$ $\qquad$ 同様の不等式が成り立つ．

$Y \geqq 1$, $Z \geqq 1$ のときも同様である．
$\quad$ また，a, b, c のうちの最小のものに着目すれば（2）と同様にして，X, Y, Z の   ⇦ 与式の左辺は，$\dfrac{1}{3} + \dfrac{1}{3} + 1$ から出
うち，少なくともひとつは 1 以下であることが分かる． $\qquad$ てきた．右辺の 7 は，3＋3＋1 か
$\quad$ $X \leqq 1$ のときは，$Y < 3$, $Z < 3$ とから，$X + Y + Z < 1 + 3 + 3 = 7$ $\qquad$ ら出てくることに着目．

$Y \leqq 1$, $Z \leqq 1$ のときも同様である．

⟐ 12 演習題 （解答は p.28）

（1） $a > 0$, $b > 0$ のとき，不等式 $a^3 + b^3 \geqq a^2 b + ab^2$ を証明せよ．また，等号が成り立つ
のはどのようなときか．
$\qquad\qquad\qquad\qquad\qquad\qquad\qquad\qquad\qquad\qquad\qquad$ （2） 両辺 0 以上なので
（2） a, b を実数とする．不等式 $\sqrt{a^2+1} + \sqrt{b^2+1} \geqq \sqrt{(a-1)^2+(b-1)^2}$ を証明せよ． $\qquad$ （左辺）^{2}－（右辺）$^2 \geqq 0$ を
また，等号が成り立つのはどのようなときか． $\qquad\qquad\qquad$ （東北学院大） $\qquad$ 示せばよい．

● **13 不等式の証明／等式の条件つき**

a, b, c を正の実数とする. $a+b+c=1$ のとき，以下の不等式を証明せよ.

（1） $a^2+b^2\geqq 2ab$

（2） $\sqrt{ab}+\sqrt{bc}+\sqrt{ac}\leqq 1$

（3） $a^2+b^2+c^2\geqq\dfrac{1}{3}$

（東北公益文化大）

誘導に乗れるか？ 本問の場合，（2），（3）では（1）の活用を考えるところである．（2）の場合，（1）で $a\Rightarrow\sqrt{a}$，$b\Rightarrow\sqrt{b}$ などとすればよい．（3）は容易ではないだろう．

次数をそろえる （1）の不等式は，両辺の次数がともに 2 であり，左辺－右辺を平方完成することができる．このように，次数がそろっている式は扱い易いことが多い．本問の（3）では $\dfrac{1}{3}\Rightarrow\dfrac{1}{3}(a+b+c)^2$ とするとうまく処理できる（（1）が使える）.

いざとなったときの等式の条件式の扱い方 不等式の証明においては，対称性はなるべくくずしたくないが，等式の条件は，1 文字消去して使うのが原則である．（3）の場合，c を消去すると対称性がくずれてしまうが，a，b の 2 次式になるので，左辺を平方完成すれば解決するはずである（☞別解）.

▥ 解 答 ▥

（1） $a^2+b^2-2ab=(a-b)^2\geqq 0$ であるから，$a^2+b^2\geqq 2ab$ ……………………①

（2） ①の a, b をそれぞれ $\sqrt{a}$, $\sqrt{b}$ にして，

$$a+b\geqq 2\sqrt{ab}\qquad\therefore\quad\sqrt{ab}\leqq\frac{a+b}{2}$$

⇦「相乗平均≦相加平均」が得られた.

同様に，$\sqrt{bc}\leqq\dfrac{b+c}{2}$, $\sqrt{ac}\leqq\dfrac{a+c}{2}$ であるから，

$$\sqrt{ab}+\sqrt{bc}+\sqrt{ac}\leqq\frac{a+b}{2}+\frac{b+c}{2}+\frac{a+c}{2}=a+b+c=1$$

（3） 証明すべき式を 3 倍して，$3(a^2+b^2+c^2)\geqq 1$

$a+b+c=1$ であるから，右辺の 1 を $(a+b+c)^2$ で置き換え，

$$3(a^2+b^2+c^2)\geqq(a+b+c)^2$$

これを証明すればよい.

$$\begin{aligned}
（左辺）-（右辺）&=3(a^2+b^2+c^2)-\{a^2+b^2+c^2+2(ab+bc+ca)\}\\
&=2(a^2+b^2+c^2-ab-bc-ca)\\
&=(a^2+b^2-2ab)+(b^2+c^2-2bc)+(c^2+a^2-2ca)\geqq 0
\end{aligned}$$

（∵ ①）

【別解（略解）】（3） $a^2+b^2+c^2=a^2+b^2+\underline{\{-a+(1-b)\}^2}$

⇦ $c=1-a-b=-a+(1-b)$ として c を消去

$=2a^2-2(1-b)a+2b^2-2b+1$

$=2\left(a-\dfrac{1-b}{2}\right)^2+\underwave{\dfrac{3}{2}b^2-b+\dfrac{1}{2}}=2\left(a-\dfrac{1-b}{2}\right)^2+\dfrac{3}{2}\left(b-\dfrac{1}{3}\right)^2+\dfrac{1}{3}\geqq\dfrac{1}{3}$

⇦ $-\dfrac{(1-b)^2}{2}+2b^2-2b+1$ を整理すると〰〰になる

◐ **13 演習題**（解答は p.28）

（1） a, b, x, y が正の実数で $a+b=1$ のとき，次の不等式を示せ.

$$a\sqrt{x}+b\sqrt{y}\leqq\sqrt{ax+by}$$

（2） x, y, z が正の実数のとき次の不等式を示せ.

$$\frac{\sqrt{x}+\sqrt{y}+\sqrt{z}}{3}\leqq\sqrt{\frac{x+y+z}{3}}$$

（岐阜聖徳学園大）

⎧ ◯12 の演習題と同様の
⎨ 方針で解けばよい.

14 不等式の証明／拡張した形

（ア）（1） x, y が実数のとき，$\dfrac{x^2+y^2}{2} \geqq \left(\dfrac{x+y}{2}\right)^2$ であることを証明せよ.

（2） a, b, c が実数のとき，$\dfrac{a^2+2b^2+c^2}{4} \geqq \left(\dfrac{a+2b+c}{4}\right)^2$ であることを証明せよ.

（立命館大・文系）

（イ）（1） $|x|<1$, $|y|<1$ のとき，$xy+1>x+y$ を証明しなさい.

（2） また，（1）を用いて，$|x|<1$, $|y|<1$, $|z|<1$ のとき，$xyz+2>x+y+z$ を証明しなさい.

（岐阜経済大）

（1）を活用する （2）が（1）を拡張したような形の式を証明するときは，（1）を利用して（2）を示すことをまず考えよう. 本問(ア)の場合，$2b^2 \Rightarrow b^2+b^2$，(イ)の場合，$xyz \Rightarrow (xy)z$ として，（1）に結びつける.

解答

（ア）（1）（左辺）−（右辺）$=\dfrac{1}{4}\{2(x^2+y^2)-(x+y)^2\}=\dfrac{1}{4}(x-y)^2 \geqq 0$

となるから，証明された.

（2）（1）の不等式を用いると，

$$（左辺）=\dfrac{1}{2}\left(\dfrac{a^2+b^2}{2}+\dfrac{b^2+c^2}{2}\right) \geqq \dfrac{1}{2}\left\{\left(\dfrac{a+b}{2}\right)^2+\left(\dfrac{b+c}{2}\right)^2\right\}$$

$$\geqq \left(\dfrac{\dfrac{a+b}{2}+\dfrac{b+c}{2}}{2}\right)^2=\left(\dfrac{a+2b+c}{4}\right)^2 \quad \left[\begin{array}{l} x=\dfrac{a+b}{2}, \ y=\dfrac{b+c}{2} として \\ （1）を利用 \end{array}\right]$$

（イ）（1）（左辺）−（右辺）$=xy-x-y+1$

$\qquad\qquad\qquad\quad =(x-1)(y-1)>0 \quad (x<1, \ y<1 だから)$

となるから，証明された.

（2）$w=xy$ とおくと，$|x|<1$, $|y|<1$ により，$|w|<1$ である. よって，
（1）を用いると，$wz+1>w+z$ $\quad \therefore \ xyz+1>xy+z$

各辺に 1 を加え，$xyz+2>(xy+1)+z$

右辺に（1）を使い，$xyz+2>(xy+1)+z>(x+y)+z$

となるから，証明された.

$\Leftarrow$（1）の不等式は，
$$\dfrac{\bigcirc^2+\square^2}{2} \geqq \left(\dfrac{\bigcirc+\square}{2}\right)^2$$
ということ.

なお，（2）は，平方完成で直接示すこともできる.

$16\{（左辺）−（右辺）\}$
$=4(a^2+2b^2+c^2)-(a+2b+c)^2$
$=3a^2+4b^2+3c^2$
$\qquad -4ab-4bc-2ca$
$=4b^2-4(a+c)b$
$\qquad +3a^2-2ac+3c^2$
$=4\left(b-\dfrac{a+c}{2}\right)^2+2(a-c)^2 \geqq 0$

◯ 14 演習題 （解答は p.29）

（ア） p, q, r をいずれも正数とする.

（1） $XY-X-Y+1$ を因数分解しなさい.

（2） 2^p+2^q-2 と $2^{p+q}-1$ の大小を比較しなさい.

（3） $2^p+2^q+2^r-3$ と $2^{p+q+r}-1$ の大小を比較しなさい.

（龍谷大・文系）

（イ） 次の（1），（2）を証明せよ.

（1） $x \geqq y \geqq 0$ のとき，$\dfrac{x}{1+x} \geqq \dfrac{y}{1+y}$

（2） すべての実数 a, b について，$\dfrac{|a+b|}{1+|a+b|} \leqq \dfrac{|a|+|b|}{1+|a|+|b|}$

（岐阜聖徳学園大）

（ア）（3）では，
$2^{p+q+r}=2^{(p+q)+r}$ と見る.
（イ） 一般に，
$|a|+|b| \geqq |a+b|$
が成り立つ.

◆ 15 相加平均 ≧ 相乗平均

（ア）　$a>0$，$b>0$ のとき，$(3a+4b)\left(\dfrac{6}{a}+\dfrac{2}{b}\right)$ の最小値は，□ である．

（京都先端科学大）

（イ）　正の実数 x，y が $3x+2y=1$ を満たすとき，$\dfrac{2}{x}+\dfrac{3}{y}$ の最小値は □ である．

（京都産大・理，情報理工）

相加平均 ≧ 相乗平均　$a\geqq0$，$b\geqq0$ のとき，$\dfrac{a+b}{2}\geqq\sqrt{ab}$（等号は $a=b$ のとき）が成り立つ．分母を払った形 $a+b\geqq2\sqrt{ab}$ として用いることも多い．掛け合わせると一定になる2数を組合せて相加・相乗を使う．例えば，$x>0$，$y>0$ のとき，

$\dfrac{2y}{x}$ と $\dfrac{3x}{y}$ に対して，$\dfrac{2y}{x}+\dfrac{3x}{y}\geqq2\sqrt{\dfrac{2y}{x}\cdot\dfrac{3x}{y}}=2\sqrt{6}$（等号は $\dfrac{y}{x}=\sqrt{\dfrac{3}{2}}$）

（ア）では，展開してから相加・相乗を使わないと，最小値は得られない（☞ 傍注）．

（イ）では，$\dfrac{2}{x}+\dfrac{3}{y}=1\cdot\left(\dfrac{2}{x}+\dfrac{3}{y}\right)=(3x+2y)\left(\dfrac{2}{x}+\dfrac{3}{y}\right)$ として，右辺を展開する．

▤ 解 答 ▤

（ア）　$(3a+4b)\left(\dfrac{6}{a}+\dfrac{2}{b}\right)=18+\dfrac{6a}{b}+\dfrac{24b}{a}+8=\dfrac{6a}{b}+\dfrac{24b}{a}+26$ ……………①

$\dfrac{6a}{b}+\dfrac{24b}{a}\geqq2\sqrt{\dfrac{6a}{b}\cdot\dfrac{24b}{a}}=2\cdot12=24$

等号は，$\dfrac{6a}{b}=\dfrac{24b}{a}$ のとき，つまり $a^2=4b^2$ により $a=2b$ のとき成り立つ．

よって，求める①の最小値は，$24+26=\textbf{50}$

（イ）　$\dfrac{2}{x}+\dfrac{3}{y}=1\cdot\left(\dfrac{2}{x}+\dfrac{3}{y}\right)=(3x+2y)\left(\dfrac{2}{x}+\dfrac{3}{y}\right)$

$=6+\dfrac{9x}{y}+\dfrac{4y}{x}+6=12+\dfrac{9x}{y}+\dfrac{4y}{x}\geqq12+2\sqrt{\dfrac{9x}{y}\cdot\dfrac{4y}{x}}$

$=12+2\cdot6=24$

等号は，$\dfrac{9x}{y}=\dfrac{4y}{x}$（$x>0$，$y>0$）かつ $3x+2y=1$ のとき，つまり $\underline{3x=2y=\dfrac{1}{2}}$

のとき成り立つから，求める最小値は **24**

$\Leftarrow 3a+4b\geqq2\sqrt{3a\cdot4b}$ ……………㋐

$\dfrac{6}{a}+\dfrac{2}{b}\geqq2\sqrt{\dfrac{6}{a}\cdot\dfrac{2}{b}}$ ……………㋑

$\therefore\ (3a+4b)\left(\dfrac{6}{a}+\dfrac{2}{b}\right)\geqq48$

とすると，等号を成り立たせるような a，b が存在しない（㋐の等号は $b=\dfrac{3}{4}a$，㋑の等号は $b=\dfrac{a}{3}$ のときであるから，同時に成り立つことはない）ため，この方法では最小値は得られない．

なお，有名不等式を利用して最大・最小値を求めるときの注意点については，☞ p.32，ミニ講座．

$\Leftarrow 9x^2=4y^2$ から $3x=2y$

◯ 15 演習題（解答は p.29）

（ア）　すべての正の数 x，y に対して不等式 $\dfrac{K}{x+y}\leqq\dfrac{1}{x}+\dfrac{49}{y}$ が成り立つような定数 K の最大値を K_0 とすれば $K_0=$ □ である．　　（東京医大）

（イ）（1）　正の実数 x，y に対して $\dfrac{y}{x}+\dfrac{x}{y}\geqq2$ が成り立つことを示し，等号が成立するための条件を求めよ．

（2）　n を自然数とする．n 個の正の実数 a_1，$\cdots$，a_n に対して

$(a_1+\cdots+a_n)\left(\dfrac{1}{a_1}+\cdots+\dfrac{1}{a_n}\right)\geqq n^2$ が成り立つことを示し，等号が成立するための条件を求めよ．

（神戸大・文系）

┌─────────────┐
│（ア）文字定数を分離する．
│（イ）（2）で，（1）を利用するには？
└─────────────┘

◆ 16 コーシー・シュワルツの不等式

a, b, c, d, x は実数とする．次の不等式が成り立つことを示せ．

（1）　$a^2b^2-2abcd+c^2d^2 \geqq 0$

（2）　$(a^2+b^2+1)x^2-2(ac+bd+1)x+c^2+d^2+1 \geqq 0$

（3）　$(a^2+b^2+1)(c^2+d^2+1) \geqq (ac+bd+1)^2$

（富山県立大）

コーシー・シュワルツの不等式　$(a^2+b^2+c^2)(p^2+q^2+r^2) \geqq (ap+bq+cr)^2$ ［6文字の場合］

（等号は，$a:b:c=p:q:r$ のとき成立）

を，コーシー・シュワルツの不等式という．次のような証明方法が知られている．

$$(ax-p)^2+(bx-q)^2+(cx-r)^2=(a^2+b^2+c^2)x^2-2(ap+bq+cr)x+p^2+q^2+r^2 \quad \cdots\cdots ⑦$$

は，すべての実数 x について 0 以上であるから，$a^2+b^2+c^2 \neq 0$ の場合，⑦$=0$ の判別式 $D \leqq 0$.

$$\therefore \quad D/4=(ap+bq+cr)^2-(a^2+b^2+c^2)(p^2+q^2+r^2) \leqq 0$$

等号は，⑦$=0$ が重解をもつときで，⑦の左辺により，重解 x は，$ax-p=0$ かつ $bx-q=0$ かつ $cx-r=0$ を満たすから，$ax=p$, $bx=q$, $cx=r$ により，$a:b:c=p:q:r$ のときである．本問（3）は，$c=1$, $r=1$ の場合で，この証明方法の誘導がついている．

ベクトルとの関係　$\vec{a}=(a,\ b,\ c)$, $\vec{p}=(p,\ q,\ r)$ とおくと，$|\vec{a}||\vec{p}|\cos\theta=\vec{a}\cdot\vec{p}$ と

$-1 \leqq \cos\theta \leqq 1$ により，$|\vec{a}||\vec{p}| \geqq |\vec{a}\cdot\vec{p}|$　$\therefore$　$|\vec{a}|^2|\vec{p}|^2 \geqq (\vec{a}\cdot\vec{p})^2$（等号は $\vec{a}/\!/\vec{p}$ のとき）

これを成分で書くと，$(a^2+b^2+c^2)(p^2+q^2+r^2) \geqq (ap+bq+cr)^2$ となる．

コーシー・シュワルツの不等式の応用　例えば，「$a^2+b^2=1$ のときの $2a+3b$ の最大値」を求める

ことができる．$(2^2+3^2)(a^2+b^2) \geqq (2a+3b)^2$（等号は，$a:b=2:3$ のとき）であるから，

$13 \geqq (2a+3b)^2$　$\therefore$　$\sqrt{13} \geqq 2a+3b$（$a=\dfrac{2}{\sqrt{13}}$, $b=\dfrac{3}{\sqrt{13}}$ のとき等号が成立）　答えは $\sqrt{13}$

≡解 答≡

（1）　$a^2b^2-2abcd+c^2d^2=(ab-cd)^2 \geqq 0$

（2）　$(a^2+b^2+1)x^2-2(ac+bd+1)x+c^2+d^2+1$

$\quad =(a^2x^2-2acx+c^2)+(b^2x^2-2bdx+d^2)+(x^2-2x+1)$

$\quad =(ax-c)^2+(bx-d)^2+(x-1)^2 \geqq 0$

⇦（1）と同様な形が現れるように
変形した．

（3）　（2)により，すべての実数 x に対して

$$(a^2+b^2+1)x^2-2(ac+bd+1)x+c^2+d^2+1 \geqq 0 \quad \cdots\cdots\cdots\cdots ①$$

が成り立つ．$a^2+b^2+1 \neq 0$ により，①は x の2次不等式であり，これがすべての実数 x について成り立つ条件は，①の左辺$=0$ の判別式を D とすると，$D \leqq 0$ である．よって，

$$D/4=(ac+bd+1)^2-(a^2+b^2+1)(c^2+d^2+1) \leqq 0$$

$$\therefore \quad (a^2+b^2+1)(c^2+d^2+1) \geqq (ac+bd+1)^2$$

⟳ 16 演習題 （解答は p.30）

（ア）　a, b, c, x, y, z を実数とする．

（1）　$(a^2+b^2+c^2)(x^2+y^2+z^2) \geqq (ax+by+cz)^2$ が成り立つことを示せ．

（2）　$x+y+z=1$ のとき，$x^2+y^2+z^2$ の最小値を求めよ．　（福岡教大）

（イ）　a, b, c を $a^2+b^2+c^2=1$ を満たす実数とすると，$a+b+c$ の最大値は ☐ である．　（関大・理系）

（ア）（2）のために（1）の等号成立条件も調べておく．

（イ）コーシー・シュワルツをどう使うか？

$$\boxed{\begin{array}{c}\text{式と証明}\\\text{演習題の解答}\end{array}}$$

1…A○A*B**B* 2…A* 3…A*B*
4…B*○B*○ 5…B*○ 6…B*B***
7…A*B*○ 8…A○A*B* 9…B**○
10…B** 11…A* 12…B**
13…B** 14…A**B*○ 15…B*B***
16…B**B*

---

1 （ウ） 例題（イ）（2）と同様に，まず x^2, x, 1 を何個掛ければ x^{16} の項になるかを考える．（ア）も同様．

（エ） 例えば，x^2+2x+3 の係数の総和は $x=1$ を代入したもの．本問も同様に処理できる．

解 （ア） $\left(2x+\dfrac{1}{x^2}\right)^6=\underbrace{\left(2x+\dfrac{1}{x^2}\right)\cdots\cdots\left(2x+\dfrac{1}{x^2}\right)}_{6\,\text{個の（　）}}$

を展開する．6 個の（　）のうち k 個から $2x$ を，残り $6-k$ 個の（　）からは $\dfrac{1}{x^2}$ を選ぶと

$$(2x)^k\left(\frac{1}{x^2}\right)^{6-k}=2^k x^{3k-12} \quad\cdots\cdots\cdots\cdots\text{①}$$

が得られ，その選び方は，${}_6\mathrm{C}_k$ 通り……② である．

①が定数となるのは，$3k-12=0$ により $k=4$ のときである．よって，求める定数項は，①，②により

$$2^4\cdot{}_6\mathrm{C}_4=2^4\cdot{}_6\mathrm{C}_2=16\cdot15=\mathbf{240}$$

（イ） $(x-5y+8z)^5=\underbrace{(x-5y+8z)\cdots\cdots(x-5y+8z)}_{5\,\text{個の（　）}}$

を展開する．5 個の（　）のうち，1 個から $-5y$ を，残り 4 個の（　）のうち 1 個から $8z$ を選び，さらに残った 3 個の（　）からは x を選ぶと，$x^3(-5y)(8z)=-40x^3yz$ が得られる．

その選び方は，${}_5\mathrm{C}_1\times{}_4\mathrm{C}_1=20$

よって，求める係数は，$-40\times20=\mathbf{-800}$

（ウ） $(1+x+x^2)^{10}=\underbrace{(1+x+x^2)\cdots\cdots\cdots(1+x+x^2)}_{10\,\text{個の（　）}}$

を展開する．この展開で x^{16} の項は，次の $1°\sim3°$ によって得られる．

$1°$ $(x^2)^8\cdot x^0\cdot1^2$ 　$2°$ $(x^2)^7\cdot x^2\cdot1^1$ 　$3°$ $(x^2)^6\cdot x^4\cdot1^0$

$1°$ 10 個の（　）のうち，8 個から x^2 を，残り 2 個の（　）からは 1 を選ぶときで，その選び方は，

$${}_{10}\mathrm{C}_8={}_{10}\mathrm{C}_2=45$$

$2°$ 10 個の（　）のうち，1 個から 1 を，残り 9 個の（　）のうち 2 個から x を選び，さらに残った 7 個の（　）から x^2 を選ぶときで，その選び方は

$${}_{10}\mathrm{C}_1\times{}_9\mathrm{C}_2=10\cdot36=360$$

$3°$ 10 個の（　）のうち，4 個から x を，残り 6 個の（　）からは x^2 を選ぶときで，その選び方は

$${}_{10}\mathrm{C}_4=210$$

したがって，x^{16} の係数は，

$$45+360+210=\mathbf{615}$$

（エ） 与式を展開して，

$$\left(x-\frac{2}{x}+2\right)^9=x^9+\cdots\cdots-\frac{2^9}{x^9}\quad\cdots\cdots\cdots\cdots\cdots\cdots\text{②}$$

全ての係数の総和は，②の右辺で $x=1$ を代入したものであるから，その値は，左辺に $x=1$ を代入した値に等しく，

$$(1-2+2)^9=\mathbf{1}$$

---

2 実際に割って，余りが 0 となる条件を考えればよい．

解 x^4+ax^2-2x+3 を x^2+x+b で割ると，

$$
\begin{array}{r}
1 \quad -1 \quad a-b+1 \\
1\ \ 1\ \ b\,{\big)}\,\overline{1 \quad 0 \quad\quad a \quad\quad -2 \quad\quad 3} \\
\underline{1 \quad 1 \quad\quad b} \\
-1 \quad a-b \quad -2 \\
\underline{-1 \quad -1 \quad -b} \\
a-b+1 \quad b-2 \quad\quad 3 \\
\underline{a-b+1 \quad a-b+1 \quad b(a-b+1)} \\
2b-a-3 \quad 3-b(a-b+1)
\end{array}
$$

となるから，余りは，

$$(2b-a-3)x+3-b(a-b+1)$$

これが 0 のとき，

$$2b-a-3=0\ \cdots\cdots\text{①},\quad 3-b(a-b+1)=0\ \cdots\cdots\text{②}$$

①により，$a=2b-3$ ……①′ であり，②に代入して，

$$3-b(b-2)=0 \qquad \therefore\ b^2-2b-3=0$$
$$\therefore\ (b+1)(b-3)=0 \qquad \therefore\ b=-1,\ 3$$

これと①′から，

$$(\boldsymbol{a},\ \boldsymbol{b})=(\mathbf{-5},\ \mathbf{-1}),\ (\mathbf{3},\ \mathbf{3})$$

---

3 （イ） x^3+1 で割ったときの商を設定して，余りの条件を立式する．x^3+1 は $x+1$, x^2-x+1 で割り切れることに着目する．

解 （ア） 商を $Q(x)$，余りを $ax+b$ とおくと，

$$x^n=(x-2)(x-3)Q(x)+ax+b$$

$x=2,3$ を代入して，$2^n=2a+b,\ 3^n=3a+b$

$\therefore\ a=3^n-2^n,\ b=2^n-2a=3\cdot2^n-2\cdot3^n$

よって，求める余りは，$(3^n-2^n)x+3\cdot2^n-2\cdot3^n$

（イ）$P(x)$ を x^3+1 で割った商を $Q(x)$ とおくと，

$$P(x)=(x^3+1)Q(x)+2x^2+13x$$
$$=\underset{\wave{\qquad\qquad\qquad}}{(x+1)(x^2-x+1)Q(x)}+2x^2+13x$$
$$\cdots\cdots①$$

$P(x)$ を $x+1$ で割ったときの余りは，剰余の定理により $P(-1)$ である．①に $x=-1$ を代入して，

$$P(-1)=2(-1)^2+13(-1)=-11$$

①により，$P(x)$ を x^2-x+1 で割った余りは，（$\wave{\qquad}$ が x^2-x+1 で割り切れるから）$2x^2+13x$ を x^2-x+1 で割った余りに等しい．このとき，商は 2 で

$$2x^2+13x=2(x^2-x+1)+15x-2$$

となるから，余りは $15x-2$

④ （ア）$a,\ b$ が実数であることは前提としてよいだろう（☞注1）．

（イ）x^3+x^2+x+1 は実数係数の範囲でまだ因数分解できる．$x-1$ を掛けると x^4-1 になることに着目して因数分解することもできる（☞注）．

解 （ア）$f(x)=x^{14}+ax^{10}+bx^6+2x^5+4x^3+1$

とおく．$f(x)$ は x^2+x+1 で割り切れるから，

$$f(x)=(x^2+x+1)Q(x)\cdots\cdots\cdots\cdots\cdots①$$

と表せる．$x^3-1=(x-1)(x^2+x+1)$ であるから，$x^2+x+1=0$ の解（虚数解）の1つを ω とおくと，

$$\omega^2+\omega+1=0\cdots\cdots②,\quad \omega^3=1\cdots\cdots③$$

②により，$\omega^2=-\omega-1$ であり，これと③とから，

$f(\omega)=\omega^{14}+a\omega^{10}+b\omega^6+2\omega^5+4\omega^3+1$
$\quad=(\omega^3)^4\cdot\omega^2+a(\omega^3)^3\cdot\omega+b(\omega^3)^2$
$\qquad\qquad\qquad\quad+2\omega^3\cdot\omega^2+4\omega^3+1$
$\quad=\omega^2+a\omega+b+2\omega^2+4+1$
$\quad=3\omega^2+a\omega+b+5=3(-\omega-1)+a\omega+b+5$
$\quad=(a-3)\omega+b+2$

①，②により，$f(\omega)=0$ であるから，

$$(a-3)\omega+b+2=0\cdots\cdots\cdots\cdots\cdots④$$

$a,\ b$ は実数で，ω が虚数であるから，

$$a-3=0,\ b+2=0\qquad\therefore\ a=3,\ b=-2$$

➡**注1.** $a,\ b$ が実数であること……☆ を前提にしない場合は次のようにする．

「$x^2+x+1=0$ のもう1つの解を ω' とすると，④を導くのと同様にして，$(a-3)\omega'+b+2=0\ \cdots\cdots⑤$
④－⑤により，$(a-3)(\omega-\omega')=0$

$\omega\neq\omega'$ により，$a=3$ で，④により，$b=-2$」

なお，☆は次のようにして分かる．$f(x)$ を x^2+x+1 で割ったときの係数には $a,\ b$ の実数倍と実数しか現れない（$ka+lb+m$ の形になる）ので，余りが 0 のとき，$a,\ b$ は実数になる．

➡**注2.** 結局，$f(\omega)=0$ から $a,\ b$ が求まった．

一般に，「整式 $f(x)$ が $(x-\alpha)(x-\beta)(\alpha\neq\beta)$ で割り切れる条件は，$f(\alpha)=0$ かつ $f(\beta)=0$」である．（因数定理により，$f(x)$ は $(x-\alpha)$ と $(x-\beta)$ を因数にもつことから分かる．）

（イ）$x^{99}-1=(x^3+x^2+x+1)Q(x)+px^2+qx+r$

（$p,\ q,\ r$ は実数）と表せる．

$x^3+x^2+x+1=x^2(x+1)+(x+1)=(x^2+1)(x+1)$

であるから

$$x^{99}-1=(x^2+1)(x+1)Q(x)+px^2+qx+r\cdots\cdots①$$

①に $x=i$ を代入すると，$i^{99}-1=pi^2+qi+r\cdots\cdots②$

$i^2=-1$ であるから，$i^{99}=(i^2)^{49}\cdot i=-i$

よって，②は，$-i-1=-p+qi+r(=qi-p+r)$

$p,\ q,\ r$ は実数であるから，

$$-1=q,\ -1=-p+r\cdots\cdots\cdots\cdots\cdots③$$

①に $x=-1$ を代入すると，$-2=p-q+r\cdots\cdots④$

③，④を解いて，$q=-1,\ p=-1,\ r=-2$

よって，求める余りは，$-x^2-x-2$

➡**注** $x^4-1=(x-1)(x^3+x^2+x+1)$ であり，一方，
$\quad x^4-1=(x^2+1)(x^2-1)$
$\qquad\quad\ =(x^2+1)(x+1)(x-1)$
これらから，$x^3+x^2+x+1=(x^2+1)(x+1)$ と分かる．

⑤ 後半は，ここでは微分法を使うことにする．二項定理を使ったときは，☞別解．

解 $P(x)=x^n-ax^2-bx+2$

（前半） $P(x)=(x^2-4)Q_1(x)$

と表せる．$x=2,-2$ を代入する．n が奇数であるから，$(-2)^n=-2^n$ に注意して，

$$2^n-4a-2b+2=0\cdots\cdots\cdots\cdots\cdots\cdots\cdots①$$
$$-2^n-4a+2b+2=0\cdots\cdots\cdots\cdots\cdots\cdots②$$

①－②により，$2\cdot2^n-4b=0$

①＋②により，$-8a+4=0$

よって，$a=\dfrac{1}{2},\ b=\dfrac{2\cdot2^n}{4}=2^{n-1}$

（後半） $P(x)=(x+1)^2Q_2(x)\cdots\cdots\cdots\cdots\cdots\cdots③$

と表せる．③の両辺を x で微分すると，

$$P'(x)=2(x+1)Q_2(x)+(x+1)^2Q_2'(x)\cdots\cdots④$$

$P(x)=x^n-ax^2-bx+2$ を微分して，

$$P'(x)=nx^{n-1}-2ax-b$$

③, ④に$x=-1$を代入する. nが奇数であるから,
$(-1)^n=-1$, $(-1)^{n-1}=1$に注意して,
$$-1-a+b+2=0$$
$$n+2a-b=0$$
辺々足して,
$$n+1+a=0 \quad \therefore \boldsymbol{a=-n-1}$$
よって, $\boldsymbol{b=n+2a=-n-2}$

別解 (後半)
$$P(x)=\{(x+1)-1\}^n-a\{(x+1)-1\}^2-bx+2$$
において,
$$\{(x+1)-1\}^n=(x+1)^n+\cdots\cdots+{}_nC_2(x+1)^2(-1)^{n-2}$$
$$+{}_nC_1(x+1)(-1)^{n-1}+(-1)^n$$
$$\{(x+1)-1\}^2=(x+1)^2-2(x+1)+1$$
であり, ～～と……は$(x+1)^2$で割り切れるから,
$P(x)$を$(x+1)^2$で割った余りは,
$${}_nC_1(x+1)(-1)^{n-1}+(-1)^n$$
$$-a\{-2(x+1)+1\}-bx+2 \cdots\cdots⑤$$
ここでnは奇数であるから,
$$(-1)^{n-1}=1, \quad (-1)^n=-1$$
であり,
$$⑤=n(x+1)-1-a(-2x-1)-bx+2$$
$$=(n+2a-b)x+n+a+1$$
これが0であるから,
$$n+2a-b=0, \quad n+a+1=0$$
$$\therefore \boldsymbol{a=-n-1}, \quad \boldsymbol{b=-n-2}$$

6 (イ) 割る式を因数分解 (次章の ○4(ア)を参照) しておく. x^3+x^2+4は, x^3+x+2やx^2-4の因数を使って因数分解されるはず.

解 (ア) $P(x)=(x-1)^2A(x)+1$
$$A(x)=(x-2)B(x)+r$$
と表せるから,
$$P(x)=(x-1)^2\{(x-2)B(x)+r\}+1$$
$$=(x-1)^2(x-2)B(x)+r(x-1)^2+1 \cdots\cdots①$$
$P(x)$を$x-2$で割ると余りが2であるから, 剰余の定理により, $P(2)=2$である. ①に$x=2$を代入して,
$$P(2)=r+1 \quad \therefore r+1=2 \quad \therefore r=1$$
したがって, 求める余りは, ①により,
$$1\cdot(x-1)^2+1=\boldsymbol{x^2-2x+2}$$
(イ) $x^3+x+2=(x+1)(x^2-x+2) \cdots\cdots\cdots\cdots①$
$$x^2-4=(x+2)(x-2)$$
$$x^3+x^2+4=(x+2)(x^2-x+2) \cdots\cdots\cdots\cdots②$$

であることに注意する. Aを$A(x)$と表す.
$$A(x)=(x+1)(x^2-x+2)B(x)+x^2+3x+1$$
と表せ, ～～はx^2-x+2で割り切れるから, $A(x)$をx^2-x+2で割った余りは, x^2+3x+1をx^2-x+2で割った余りに等しい. このとき, 商は1で,
$$x^2+3x+1=1\cdot(x^2-x+2)+4x-1$$
となるから, $A(x)$をx^2-x+2で割った余りは
$$\boldsymbol{4x-1}$$
前半の答えから,
$$A(x)=(x^2-x+2)C(x)+4x-1 \cdots\cdots\cdots\cdots③$$
と表せる. ここで, $C(x)=(x+2)D(x)+r$と表せ, これを③に代入して
$$A(x)=(x^2-x+2)\{(x+2)D(x)+r\}+4x-1$$
$$=(x^2-x+2)(x+2)D(x)$$
$$+r(x^2-x+2)+4x-1 \cdots\cdots④$$
一方, $A(x)=(x^2-4)Q(x)-x+1$
と表せるから, $A(-2)=3$
④に$x=-2$を代入すると,
$$3=8r-9 \quad \therefore r=\frac{12}{8}=\frac{3}{2}$$
これと②により, ④は,
$$A(x)=(x^3+x^2+4)D(x)+\frac{3}{2}(x^2-x+2)+4x-1$$
よって, $A(x)$をx^3+x^2+4で割った余りは,
$$\frac{3}{2}(x^2-x+2)+4x-1=\frac{3}{2}x^2+\frac{5}{2}x+2$$

7 ともに例題と同様にして処理できる.

解 (ア) $a=\dfrac{1+\sqrt{5}}{2}$のとき, $a-\dfrac{1}{2}=\dfrac{\sqrt{5}}{2}$
$$\therefore \left(a-\frac{1}{2}\right)^2=\frac{5}{4} \quad \therefore a^2-a-1=0 \cdots\cdots\cdots①$$
ここで, $2x^5+x^4-5x^3-2x^2+5x-8$をx^2-x-1で割ると (係数だけ書いて実行),

```
                     2   3   0   1
   1 -1 -1 ) 2   1  -5  -2   5  -8
             2  -2  -2
             ─────────────
                 3  -3  -2
                 3  -3  -3
                 ─────────────
                     1   5  -8
                     1  -1  -1
                     ─────────────
                         6  -7
```

となるから,
$$2x^5+x^4-5x^3-2x^2+5x-8$$
$$=(x^2-x-1)(2x^3+3x^2+1)+6x-7$$

26

これに $x=a=\dfrac{1+\sqrt{5}}{2}$ を代入すると，①により，

求める値 $=0\cdot(2a^3+3a^2+1)+6a-7$

$\qquad\qquad =3(1+\sqrt{5})-7=\boldsymbol{-4+3\sqrt{5}}$

（イ）　$[\,9n^2-6n+21$ を $3n+5$ で割った商は $3n-7$，余りは 56 であるから$]$

$$\dfrac{9n^2-6n+21}{3n+5}=\dfrac{(3n+5)(3n-7)+56}{3n+5}$$

$$\qquad\qquad\qquad =3n-7+\dfrac{56}{3n+5}$$

$3n-7$ は整数であるから，条件は $\dfrac{56}{3n+5}$ が整数であること，つまり $3n+5$ が 56 の約数であること。

$3n+5\geqq 8$，$56=2^3\cdot 7$ に注意すると，

$\qquad 3n+5=8$ or 14 or 28 or 56

これを解いて，n が自然数となるものを求めると．

$$\boldsymbol{n=1,\ 3,\ 17}$$

（**8**）　（イ）$x,\ z$ を y で表し，y の恒等式を考える．

（**解**）　（ア）x^3-3x^2+7

$\quad =\{(x-2)+2\}^3-3\{(x-2)+2\}^2+7$

$\quad =(x-2)^3+6(x-2)^2+12(x-2)+8$

$\qquad -3\{(x-2)^2+4(x-2)+4\}+7$

$\quad =(x-2)^3+3(x-2)^2+3$

　よって，$\boldsymbol{a=1,\ b=3,\ c=0,\ d=3}$

（イ）$x-3y-z=3$ ……… ①，$\ x+y+z=-5$ ……… ②

①$+$②により，$2x-2y=-2$　$\therefore\ x=y-1$ ……… ③

②$-$①により，$4y+2z=-8$　$\therefore\ z=-2y-4$ ……… ④

③，④を，$ax^2+2by^2+cz^2=24$ に代入して，

$\quad a(y-1)^2+2by^2+c(-2y-4)^2=24$

$\therefore\ (a+2b+4c)y^2+(-2a+16c)y+a+16c-24=0$

これが y によらず成り立つから，

$\quad a+2b+4c=0$ ……⑤，$\ -2a+16c=0$ ……⑥，

$\qquad\qquad a+16c-24=0$ ……⑦

⑥により $a=8c$ で⑦に代入して，$24c-24=0$

よって，$\boldsymbol{c=1}$，$\boldsymbol{a=8}$ であり，⑤に代入して

$\quad 8+2b+4=0$　$\therefore\ \boldsymbol{b=-6}$

（**9**）　まず次数を決める．最高次の項を ax^n
$(a\neq0,\ n\geqq1)$ とおいて議論するときは，定数（0次）のケースを忘れないように．

（**解**）　$P(P(x))=P(x^2)$ ……………………………… ①

1°　$P(x)$ が定数のとき．$P(x)=k$ とおくと，任意の t に対して $P(t)=k$ となるから，①の両辺はともに k になり，①が成り立つ．

2°　$P(x)$ の次数 n が1以上のとき．

　最高次の項を $ax^n\,(a\neq0)$ とおく．

$\quad P(P(x))=P(ax^n+\cdots)=a(ax^n+\cdots)^n+\cdots$

$\qquad\qquad\qquad =a(ax^n)^n+\cdots=a^{n+1}x^{n^2}+\cdots$

$\quad P(x^2)=a(x^2)^n+\cdots=ax^{2n}+\cdots$

であるから，①の両辺の次数から，

$\qquad\qquad n^2=2n$　$\therefore\ n=2$（$\because\ n\geqq1$）

　したがって，$P(x)=ax^2+bx+c$ とおける．

　このとき，①は，

$\left.\begin{array}{l}a(ax^2+bx+c)^2+b(ax^2+bx+c)+c\\[2pt]=a(x^2)^2+bx^2+c\end{array}\right\}$ …②

この両辺の係数を比較して，

$\quad x^4:\ a^3=a$ ……………………………… ③

$\quad x^3:\ 2a^2b=0$

ここで，$b=0$（$\because\ a\neq0$）が分かるから，②に代入し

$\quad a(ax^2+c)^2+c=ax^4+c$

$\quad \therefore\ a^3x^4+2a^2cx^2+ac^2+c=ax^4+c$ ………… ④

x^2 の係数から，$2a^2c=0$　$\therefore\ c=0$

このとき，④は $a^3x^4=ax^4$ となる．③から，

$\qquad a^2=1$　$\therefore\ a=\pm1$

よって，$(a,\ b,\ c)=(\pm1,\ 0,\ 0)$

以上から，求める $P(x)$ は，

$\boldsymbol{P(x)=k}$（k は任意の定数），$\boldsymbol{x^2}$，$\boldsymbol{-x^2}$

（**10**）　前半は，分母を払って係数比較すればよい．

　後半は，相加平均$\geqq$相乗平均 が使える．

（**解**）　$\dfrac{x^4+7x^2+1}{x(x^2+1)}=Ax+B+\dfrac{C}{x}+\dfrac{Dx+E}{x^2+1}$ ………… ①

の両辺に $x(x^2+1)$ を掛けて分母を払うと，

$\quad x^4+7x^2+1$

$\quad =(Ax+B)x(x^2+1)+C(x^2+1)+(Dx+E)x$

展開して，係数を比較すると，

$\quad x^4:A=1\qquad x^3:B=0\qquad x^2:A+C+D=7$

$\quad x:B+E=0\qquad$ 定数項：$C=1$

よって，$\boldsymbol{A=1,\ B=0,\ C=1,\ D=5,\ E=0}$

　$x>0$ のときの①の最小値を考える．

$\quad ①=x+\dfrac{1}{x}+\dfrac{5x}{x^2+1}$

$\quad =\dfrac{x^2+1}{x}+\dfrac{5x}{x^2+1}\geqq 2\sqrt{\dfrac{x^2+1}{x}\cdot\dfrac{5x}{x^2+1}}=2\sqrt{5}$

（相加平均≧相乗平均　による）

ここで等号は，$\dfrac{x^2+1}{x}=\dfrac{5x}{x^2+1}$　∴　$\dfrac{x^2+1}{x}=\sqrt{5}$

　　　　∴　$x^2-\sqrt{5}\,x+1=0$

　　　　∴　$x=\dfrac{\sqrt{5}+1}{2}$，$\dfrac{\sqrt{5}-1}{2}$

のとき成り立つから，このとき①は**最小値$2\sqrt{5}$** をとる．

（11）（1）条件式の値をkとおき，辺々を足し合わせる．

解（1）$\dfrac{b+c}{a}=\dfrac{c+a}{b}=\dfrac{a+b}{c}=k$とおくと，

　$b+c=ka$…①，$c+a=kb$…②，$a+b=kc$…③

①＋②＋③により，

　　　　$2(a+b+c)=k(a+b+c)$

1° $a+b+c=0$のとき，$\dfrac{b+c}{a}=\dfrac{b+c}{-(b+c)}=\boldsymbol{-1}$

2° $a+b+c\neq0$のとき，$\dfrac{b+c}{a}=k=\boldsymbol{2}$

（2）2°のとき，$a=\dfrac{b+c}{2}$であるから，

　　　$a^3+b^3+c^3+6abc$

　$=\left(\dfrac{b+c}{2}\right)^3+b^3+c^3+3(b+c)bc$

　$=\dfrac{1}{8}(9b^3+27b^2c+27bc^2+9c^3)=\dfrac{9}{8}(b+c)^3$

　　　∴　$\dfrac{a^3+b^3+c^3+6abc}{(b+c)^3}=\dfrac{9}{8}$

➡**注** 2°のとき$k=2$であり，①－②，②－③により

　　$-(a-b)=2(a-b)$，$-(b-c)=2(b-c)$

よって，$a=b=c$であり，（2）の答えが分かる．

（12）（2）両辺0以上なので，（左辺）^{2}－（右辺）$^2\geqq0$示せばよい．なお，やや高級だが，☞注．

解（1）$a>0$，$b>0$のとき，

　$a^3+b^3-(a^2b+ab^2)=(a^3-a^2b)+(b^3-ab^2)$

　$=a^2(a-b)+b^2(b-a)=(a^2-b^2)(a-b)$

　$=(a-b)^2(a+b)\geqq0$

　　よって，$a^3+b^3\geqq a^2b+ab^2$

であり，等号は$\boldsymbol{a=b}$のとき成り立つ．

（2）$\sqrt{a^2+1}+\sqrt{b^2+1}\geqq\sqrt{(a-1)^2+(b-1)^2}$……①

を証明する．両辺0以上であるから，

（左辺）^{2}－（右辺）$^2\geqq0$を示せばよい．ここで，

～～～$=(a^2+1)+(b^2+1)+2\sqrt{(a^2+1)(b^2+1)}$

　　　　$-(a-1)^2-(b-1)^2$

　$=2\{\sqrt{(a^2+1)(b^2+1)}+(a+b)\}$……………②

$a+b\geqq0$のとき，②>0

$a+b<0$のとき，$\sqrt{(a^2+1)(b^2+1)}\geqq-(a+b)$

を示せばよい．上式の両辺は正であるから，2乗した

　　　$(a^2+1)(b^2+1)\geqq(a+b)^2$……………③

を示せばよく，この（左辺）－（右辺）は，

　　$(a^2b^2+a^2+b^2+1)-(a^2+2ab+b^2)$

　$=a^2b^2-2ab+1=(ab-1)^2\geqq0$

であるから，③が示された．

　　等号は，$a+b<0$かつ$ab=1$，すなわち

$\boldsymbol{ab=1}$かつ$\boldsymbol{a<0}$かつ$\boldsymbol{b<0}$のときに成り立つ．

➡**注** 実数x，yに対して，

　　$|x|+|y|\geqq|x+y|$

が成り立つが，ベクトル（数C）

の大きさについても，

　　$|\vec{x}|+|\vec{y}|\geqq|\vec{x}+\vec{y}|$……☆

（等号は，$\vec{x}$と$\vec{y}$が同じ向きか

少なくとも一方が$\vec{0}$のとき）

が成り立つ（右図参照）．

$\vec{x}=\begin{pmatrix}a\\1\end{pmatrix}$，$\vec{y}=\begin{pmatrix}-1\\-b\end{pmatrix}$とおくと，☆により①が成り立つ．等号は，$\vec{y}=k\vec{x}$（$k>0$）と表せるときで，$-1=ka$，$-b=k$，$k>0$により（$k$を消去して）$ab=1$かつ$a<0$かつ$b<0$のときである．

（13） 両辺が正なので，（右辺）^{2}－（左辺）$^2\geqq0$を示せばよい．（2）では，解答と同じことだが，$\sqrt{x}=X$などとおいて，見易くするのも手である（☞別解）．

解 両辺が正なので，（右辺）^{2}－（左辺）$^2\geqq0$を示せばよい．

（1）$a+b=1$であるから，$b=1-a$……………①

　　　$(\sqrt{ax+by}\,)^2-(a\sqrt{x}+b\sqrt{y}\,)^2$

　$=\{\sqrt{ax+(1-a)y}\,\}^2-\{a\sqrt{x}+(1-a)\sqrt{y}\,\}^2$

　$=ax+(1-a)y$

　　　　$-\{a^2x+(1-a)^2y+2a(1-a)\sqrt{xy}\,\}$

　$=(a-a^2)x+\{(1-a)-(1-a)^2\}y-2a(1-a)\sqrt{xy}$

　$=a(1-a)x+(1-a)ay-2a(1-a)\sqrt{xy}$

　$=a(1-a)(x+y-2\sqrt{xy}\,)$

　$=a(1-a)(\sqrt{x}-\sqrt{y}\,)^2\geqq0$

　　（∵　$a>0$，$b>0$と①により$1-a>0$）

➡**注** とりあえずa，bのまま変形し，式の形を見て$a+b=1$の条件をうまく使うと，次のようになる．

　　　$(\sqrt{ax+by}\,)^2-(a\sqrt{x}+b\sqrt{y}\,)^2$

　$=ax+by-(a^2x+b^2y+2ab\sqrt{xy}\,)$

28

$$=a(1-a)x+b(1-b)y-2ab\sqrt{xy}$$
$$=abx+bay-2ab\sqrt{xy}=ab(\sqrt{x}-\sqrt{y})^2\geqq0$$

（2）$\left(\sqrt{\dfrac{x+y+z}{3}}\right)^2-\left(\dfrac{\sqrt{x}+\sqrt{y}+\sqrt{z}}{3}\right)^2$

$$=\dfrac{x+y+z}{3}-\dfrac{x+y+z+2\sqrt{x}\sqrt{y}+2\sqrt{y}\sqrt{z}+2\sqrt{z}\sqrt{x}}{9}$$

$$=\dfrac{1}{9}(2x+2y+2z-2\sqrt{x}\sqrt{y}-2\sqrt{y}\sqrt{z}-2\sqrt{z}\sqrt{x})$$

$$=\dfrac{1}{9}\{(\sqrt{x}-\sqrt{y})^2+(\sqrt{y}-\sqrt{z})^2+(\sqrt{z}-\sqrt{x})^2\}\geqq0$$

           *   *****

$\sqrt{x}=X$ などとおくと，次のように解ける．

別解（2）$\sqrt{x}=X$, $\sqrt{y}=Y$, $\sqrt{z}=Z$ とおくと，
$x=X^2$, $y=Y^2$, $z=Z^2$ であるから，

$$\dfrac{X+Y+Z}{3}\leqq\sqrt{\dfrac{X^2+Y^2+Z^2}{3}}$$

を示せばよい．この，$9\times\{($右辺$)^2-($左辺$)^2\}\cdots$② は，

②$=3(X^2+Y^2+Z^2)-(X+Y+Z)^2$

$\quad=3(X^2+Y^2+Z^2)$
$\qquad-\{X^2+Y^2+Z^2+2(XY+YZ+ZX)\}$

$\quad=2(X^2+Y^2+Z^2-XY-YZ-ZX)$

$\quad=(X-Y)^2+(Y-Z)^2+(Z-X)^2\geqq0$

14（ア）（3）$2^{(p+q)+r}$ として（2）を使えばよい．
なお，関数と見る方法もある（☞注）．
（イ）（2）（1）の利用を考えれば方針は分かるはず．

解（ア）（1）$XY-X-Y+1=(X-1)(Y-1)$
（2）$X=2^p$, $Y=2^q$ とおく．$2^{p+q}=XY$ である．
$p>0$, $q>0$ により，$X>1$, $Y>1$
$\quad 2^{p+q}-1-(2^p+2^q-2)$
$\quad\quad=XY-X-Y+1=(X-1)(Y-1)>0$
よって，**$2^{p+q}-1>2^p+2^q-2$** $\cdots\cdots\cdots\cdots$①
（3）①により，一般に $x>0$, $y>0$ のとき
$$2^{x+y}-1>2^x+2^y-2$$
が成り立つ．$p>0$, $q>0$ のとき $p+q>0$ であり，
$\quad 2^{(p+q)+r}-1>2^{p+q}+2^r-2$
$\qquad\qquad=(2^{p+q}-1)+2^r-1$
$\qquad\qquad>(2^p+2^q-2)+2^r-1$ （∵ ①）
したがって，**$2^{p+q+r}-1>2^p+2^q+2^r-3$**
  ➡注 $Z=2^r$ とおくと，$r>0$ により $Z>1$
$\quad 2^{p+q+r}-1-(2^p+2^q+2^r-3)$
$\quad=XYZ-(X+Y+Z)+2$
X, Y を固定し，Z の関数と見て $f(Z)$ とおくと，
$\quad f(Z)=(XY-1)Z-X-Y+2$ （1次関数）

$XY-1>0$ であるから，$f(Z)$ は Z の増加関数で
$\quad f(Z)>(XY-1)\cdot1-X-Y+2$
$\qquad\qquad=XY-X-Y+1>0$ （∵（2））

（イ）（1）$\dfrac{y}{1+y}\leqq\dfrac{x}{1+x}$ $\cdots\cdots$① を示せばよい．

  （右辺）$-$（左辺）$=\dfrac{x(1+y)-y(1+x)}{(1+x)(1+y)}$

$\qquad\qquad\qquad=\dfrac{x-y}{(1+x)(1+y)}\geqq0$ （∵ $x\geqq y\geqq0$）

よって①が成り立つ．

（2）まず，$|a|+|b|\geqq|a+b|$ $\cdots\cdots\cdots\cdots\cdots\cdots$②
を示す．両辺 0 以上であるから，(左辺)$^2-$(右辺)$^2\geqq0$
を示せばよい．実数 x, y について
$\quad |x|^2=x^2$, $|x||y|=|xy|$, $|x|\geqq x$
が成り立つことに注意すると，
$\quad\sim\sim=(a^2+b^2+2|ab|)-(a^2+b^2+2ab)$
$\qquad\quad=2(|ab|-ab)\geqq0$
よって，②が成り立つから，①で $x=|a|+|b|$,
$y=|a+b|$ とおくことができるので，次式が成り立つ．
$$\dfrac{|a+b|}{1+|a+b|}\leqq\dfrac{|a|+|b|}{1+|a|+|b|}\quad\cdots\cdots\cdots\cdots\cdots③$$

  ➡注 ③の右辺$=\dfrac{|a|}{1+|a|+|b|}+\dfrac{|b|}{1+|a|+|b|}$

$\qquad\qquad\quad\leqq\dfrac{|a|}{1+|a|}+\dfrac{|b|}{1+|b|}$

が成り立ち，これを示させる問題も出題されている．

15（ア）本シリーズ「数Ⅰ」p.49 と同様に，不等式
がつねに成り立つ条件を求める問題でも，「文字定数を
分離」した方が考え易いことが多い．
（イ）（2）与式の左辺を展開して，（1）を使う．

解（ア）$x>0$, $y>0$ である．
$$\dfrac{K}{x+y}\leqq\dfrac{1}{x}+\dfrac{49}{y}\ \text{のとき，}$$
$$K\leqq(x+y)\left(\dfrac{1}{x}+\dfrac{49}{y}\right)\cdots\cdots\cdots\cdots\cdots①$$

①の右辺の最小値を m とすると，①がつねに成り立
つための条件は $K\leqq m$ であり，求める K の最大値 K_0
は m に等しい．ここで，

$$(x+y)\left(\dfrac{1}{x}+\dfrac{49}{y}\right)=1+\dfrac{49x}{y}+\dfrac{y}{x}+49$$

$$=50+\left(\dfrac{y}{x}+\dfrac{49x}{y}\right)\geqq50+2\sqrt{\dfrac{y}{x}\cdot\dfrac{49x}{y}}=64$$

            （相加平均≧相乗平均 による）

ここで等号は，$\dfrac{y}{x}=\dfrac{49x}{y}$ $\therefore$ $\dfrac{y}{x}=7$

のときに成り立つから，$m=64$ であり，$K_0=64$

（イ）（1）$x>0,\ y>0$ である．

$$\frac{y}{x}+\frac{x}{y}-2=\left(\sqrt{\frac{y}{x}}-\sqrt{\frac{x}{y}}\right)^2\geqq 0$$

よって $\dfrac{y}{x}+\dfrac{x}{y}\geqq 2$ が成り立つ．等号は $\dfrac{y}{x}=\dfrac{x}{y}$，

つまり $\boldsymbol{x=y}$ のときである．

（2）$(a_1+a_2+\cdots+a_n)\left(\dfrac{1}{a_1}+\dfrac{1}{a_2}+\cdots+\dfrac{1}{a_n}\right)$ ……… ①

を展開すると，

$$①=\left(\frac{a_1}{a_1}+\frac{a_1}{a_2}+\cdots+\frac{a_1}{a_n}\right) \qquad \left[\frac{a_1}{a_1}=1\right]$$
$$+\left(\frac{a_2}{a_1}+\frac{a_2}{a_2}+\cdots+\frac{a_2}{a_n}\right)+\cdots$$
$$+\left(\frac{a_n}{a_1}+\frac{a_n}{a_2}+\cdots+\frac{a_n}{a_n}\right)$$
$$=n+\left\{\left(\frac{a_1}{a_2}+\frac{a_2}{a_1}\right)+\cdots+\left(\frac{a_{n-1}}{a_n}+\frac{a_n}{a_{n-1}}\right)\right\} ……② $$

この（ ）の個数は，1，2，…，n から
2個取り出す組合せの数 ${}_nC_2$ に等しい．

ここで（1）により，$\dfrac{a_1}{a_2}+\dfrac{a_2}{a_1}\geqq 2$（等号は $a_1=a_2$ のとき）

であり，②の{ }内について他も同様であるから，

$$①=②\geqq n+2\times{}_nC_2=n+2\cdot\frac{n(n-1)}{2}=n^2$$

したがって，$①\geqq n^2$ が示された．等号は

$$\boldsymbol{a_1=a_2=\cdots=a_n}$$

のときに成り立つ．

16（ア）（1）（左辺）－（右辺）を2乗の和の形
にする．（2）のために，（1）の段階で等号成立条件も調
べておく．

（イ）$a,\ b,\ c$ について対等な式はしばしば $a=b=c$ で
最大値や最小値をとる．これを知っていると答えの見当
がつくし，穴埋め問題で時間がなければ，これを使って
答えを埋めておこう．本問の場合，$a=b=c=\dfrac{\sqrt{3}}{3}$ の
ときの $a+b+c=\sqrt{3}$ が最大値と予想できる．

解（ア）（1）

$$(a^2+b^2+c^2)(x^2+y^2+z^2) ……………………… ①$$
$$=a^2x^2+a^2y^2+a^2z^2+b^2x^2+b^2y^2+b^2z^2$$
$$\qquad\qquad +c^2x^2+c^2y^2+c^2z^2$$
$$(ax+by+cz)^2 ……………………………… ②$$

$$=a^2x^2+b^2y^2+c^2z^2$$
$$\qquad +2abxy+2bcyz+2cazx$$

であるから，

$$①-②=a^2y^2+a^2z^2+b^2x^2+b^2z^2+c^2x^2+c^2y^2$$
$$\qquad -2abxy-2bcyz-2cazx$$
$$=(a^2y^2-2abxy+b^2x^2)$$
$$\qquad +(b^2z^2-2bcyz+c^2y^2)$$
$$\qquad +(a^2z^2-2cazx+c^2x^2)$$
$$=(ay-bx)^2+(bz-cy)^2+(az-cx)^2\geqq 0$$

よって，

$$(a^2+b^2+c^2)(x^2+y^2+z^2)\geqq(ax+by+cz)^2 \ \cdots\cdots③$$

が成り立つ．等号は，

$$ay-bx=0 \text{ かつ } bz-cy=0 \text{ かつ } az-cx=0$$

のとき，つまり

$$a:b=x:y \text{ かつ } b:c=y:z \text{ かつ } c:a=z:x$$
$$\therefore \quad a:b:c=x:y:z$$

のときに成り立つ．

（2）$x+y+z=1$ ……④　のとき，

③で $a=b=c=1$ とすると，

$$3(x^2+y^2+z^2)\geqq(x+y+z)^2=1$$
$$\therefore\quad x^2+y^2+z^2\geqq\frac{1}{3}$$

等号は，$x:y:z=1:1:1$ かつ④

$$\therefore\quad x=y=z=\frac{1}{3}$$

のときに成り立つから，求める最小値は $\dfrac{1}{3}$

（イ）コーシー・シュワルツの不等式により，

$$(a^2+b^2+c^2)(x^2+y^2+z^2)\geqq(ax+by+cz)^2$$

が成り立つ．$x=y=z=1$ として，

$$3(a^2+b^2+c^2)\geqq(a+b+c)^2$$

（等号は $a=b=c$ のとき）

が成り立つ．

$$a^2+b^2+c^2=1 \text{ のとき，} 3\geqq(a+b+c)^2$$
$$\therefore\quad -\sqrt{3}\leqq a+b+c\leqq\sqrt{3}$$

右側の等号は，$a=b=c=\dfrac{\sqrt{3}}{3}$ のときに成り立つから，

求める最大値は $\sqrt{3}$

ミニ講座・1 相加平均≧相乗平均

　一般に，正の数について，「相加平均≧相乗平均」が成り立ちます．教科書に公式として載っているのは，2数の場合で，

　　$a>0$，$b>0$ のとき，$\dfrac{a+b}{2}\geqq\sqrt{ab}$ ……………①

　　　　　　（等号は $a=b$ のとき成り立つ）

です．3数の場合は，

　　$a\sim c$ が正の数のとき，$\dfrac{a+b+c}{3}\geqq\sqrt[3]{abc}$ …………②

　　　　　　（等号は $a=b=c$ のとき成り立つ）

であり，n 数の場合は，

　　$a_1\sim a_n$ が正の数のとき，

　　　　$\dfrac{a_1+a_2+\cdots+a_n}{n}\geqq\sqrt[n]{a_1 a_2\cdots a_n}$ …………③

　　　　（等号は $a_1=a_2=\cdots=a_n$ のときに成り立つ）

となります．

　ここでは，これらの不等式の証明を考えてみましょう．

　①は，（左辺）−（右辺）≧0 を示せばよく，

　　$\dfrac{a+b}{2}-\sqrt{ab}=\dfrac{1}{2}(\sqrt{a}-\sqrt{b})^2\geqq0$

　②もこの方針で示すことができます．3乗根を回避するため，$\sqrt[3]{a}=A$，$\sqrt[3]{b}=B$，$\sqrt[3]{c}=C$ とおくと，②は

　　　　$\dfrac{A^3+B^3+C^3}{3}\geqq ABC$

となります．したがって，

　　　　$A^3+B^3+C^3-3ABC\geqq0$ ……………④

を示せばよいです．ここで，

　　$A^3+B^3+C^3-3ABC$

　　$=(A+B+C)(A^2+B^2+C^2-AB-BC-CA)$

　　$=(A+B+C)$

　　　　$\times\dfrac{1}{2}\{(A-B)^2+(B-C)^2+(C-A)^2\}$

　　$\geqq0$

ですから，④が成り立ちます．

　等号は，$A=B$ かつ $B=C$ かつ $C=A$

のとき，つまり $A=B=C$ のときに成り立ちます．

　このように，3数の場合はやや難しいですが，4数の場合は①からすぐ示せます．

　①により，○，□を正の数とするとき，

　　$\dfrac{○+□}{2}\geqq\sqrt{○\times□}$，$○+□\geqq2\sqrt{○\times□}$

が成り立つので，$a\sim d$ が正の数のとき，

　　$\dfrac{a+b+c+d}{4}\geqq\dfrac{2\sqrt{ab}+2\sqrt{cd}}{4}=\dfrac{\sqrt{ab}+\sqrt{cd}}{2}$

　　　　$\geqq\sqrt{\sqrt{ab}\sqrt{cd}}=\sqrt[4]{abcd}$ ……………☆

　　（等号は，$a=b$ かつ $c=d$ かつ $\sqrt{ab}=\sqrt{cd}$，つまり

　　　$a=b=c=d$ のとき成り立つ）

が導かれます．

　この4数の場合を使って3数の場合を導く手品のような（？）方法があるのです！

　　$d=\dfrac{a+b+c}{3}$（a，b，c の相加平均）

として，☆に代入すればうまくいくのです．

　このとき，$a+b+c=3d$ ですから，

　　$\dfrac{a+b+c+d}{4}\geqq\sqrt[4]{abcd}$

は，$\dfrac{3d+d}{4}\geqq\sqrt[4]{abcd}$ 　∴　$d\geqq\sqrt[4]{abcd}$

　　∴　$d^4\geqq abcd$ 　∴　$d^3\geqq abc$

　　∴　$d\geqq\sqrt[3]{abc}$

　　∴　$\dfrac{a+b+c}{3}\geqq\sqrt[3]{abc}$

　この方法をまねることで，③が証明できます．

　☆は4数の場合ですが，この個数を2倍した8個の場合は，☆と①を使って証明できます．

　同様にして，

　　　　$n=16$，32，64，$\cdots$，2^k，……

の場合を示すことができます（厳密には数学的帰納法によります）．

　次に，一般に $n=N$ の場合が示されているとき，

　　　　$a_N=\dfrac{a_1+a_2+\cdots+a_{N-1}}{N-1}$

とおくと，$n=N-1$ の場合が示せます．例えば $n=13$ のときを示すには，まず $n=16$ のときを示して，

　　　$n=16\Rightarrow n=15\Rightarrow n=14\Rightarrow n=13$

と示されるわけです．

ミニ講座・2
なんにもならない不等式

　相加・相乗平均は, 最大・最小を求めるときも有効ですが, 正しく理解していない人による安易な誤用が後を絶ちません. 例えば, 次のような誤答例1, 2が昔から有名です.

例題　x, y, z が正の数で, $x+y+z=1$ のとき, $\dfrac{1}{x}+\dfrac{4}{y}+\dfrac{9}{z}$ の最小値を求めよ.

[誤答例1]　相加・相乗平均の関係より,

$$\frac{1}{x}+\frac{4}{y}+\frac{9}{z}\geq 3\sqrt[3]{\frac{36}{xyz}} \quad\cdots\cdots\cdots\cdots\text{Ⓐ}$$

　等号は, $\dfrac{1}{x}=\dfrac{4}{y}=\dfrac{9}{z}\Longleftrightarrow x:y:z=1:4:9$

のとき成立する. よって, $x+y+z=1$ とから,

$x=\dfrac{1}{14}$, $y=\dfrac{4}{14}$, $z=\dfrac{9}{14}$ のとき与式は最小となり,

最小値は, $14+14+14=42$（？）

[誤答例2]　$x>0$, $y>0$, $z>0$ であるから,

$$\left.\begin{array}{l}\dfrac{1}{x}+\dfrac{4}{y}+\dfrac{9}{z}\geq 3\sqrt[3]{\dfrac{36}{xyz}}\\[2mm]\text{かつ,}\quad x+y+z\geq 3\sqrt[3]{xyz}\end{array}\right\}\cdots\cdots\text{Ⓑ}$$

　この2つの不等式を辺々かけて, $x+y+z=1$ とから,

$$\frac{1}{x}+\frac{4}{y}+\frac{9}{z}\geq 9\sqrt[3]{36} \quad\cdots\cdots\cdots\text{Ⓒ}$$

　よって, 求める最小値は, $9\sqrt[3]{36}$（？）
——なお, 正解は次のようです.

解　$\dfrac{1}{x}+\dfrac{4}{y}+\dfrac{9}{z}=(x+y+z)\left(\dfrac{1}{x}+\dfrac{4}{y}+\dfrac{9}{z}\right)$

$=1+4+9+\left(\dfrac{4x}{y}+\dfrac{y}{x}\right)+\left(\dfrac{9y}{z}+\dfrac{4z}{y}\right)+\left(\dfrac{z}{x}+\dfrac{9x}{z}\right)$

$\geq 14+2\sqrt{\dfrac{4x}{y}\cdot\dfrac{y}{x}}+2\sqrt{\dfrac{9y}{z}\cdot\dfrac{4z}{y}}+2\sqrt{\dfrac{z}{x}\cdot\dfrac{9x}{z}}$

$=14+2\sqrt{4}+2\sqrt{36}+2\sqrt{9}=36$

　等号は, $\dfrac{4x}{y}=\dfrac{y}{x}$, $\dfrac{9y}{z}=\dfrac{4z}{y}$, $\dfrac{z}{x}=\dfrac{9x}{z}$, すなわち

$x:y:z=1:2:3$ のとき成立する. よって,

$x+y+z=1$ とから, $x=\dfrac{1}{6}$, $y=\dfrac{1}{3}$, $z=\dfrac{1}{2}$ のとき等号

が成立し, このとき与式は**最小値36**をとる.

　まず [誤答例2] についていうと, この誤答のマズイところは, Ⓒで等号が成立する x, y, z が存在しないところにあります. 等号成立のためには, Ⓑの2つの不等式で等号が同時に成立しなければなりませんが, それには

$$x:y:z=1:4:9 \quad\text{かつ}\quad x=y=z$$

でなければなりません. しかし, これは不可能です.

　つまり, 不等式Ⓒは<u>不等式としては間違いではない</u>けれども, 肝腎の「等号成立」が不可能なので, 与式の最小値を求めるのには何の役にも立たないのです（なお, $9\sqrt[3]{36}$ は, 正しい最小値36よりも小さい）.

　次に [誤答例1] の式Ⓐを見て下さい. この式は,

　　Ⓐの左辺はⒶの右辺より小さくない　$\cdots\cdots\cdots$①

という意味の式で, この意味において正しい. また,

　　とくに, $x:y:z=1:4:9$ のとき

　　Ⓐの左辺と右辺とはその値が等しい　$\cdots\cdots\cdots$②

ということも, それだけの意味においては, 正しい.

　[誤答例1] の悪いところは, 以上①②という式Ⓐのもつ意味をありのままに眺めずに, 勝手に拡大解釈して, 「Ⓐの等号が成立するときに, Ⓐの左辺は最小になる」と, 根拠なく決めつけているところです.

　それはちょうど,
「実数 x について, つねに,

　　$x^2\geq 2x-1$　$\cdots\cdots\cdots$Ⓓ

が成り立ち, 等号成立は
$x=1$ のとき」
という事実から,
「実数 x について, x^2 が最

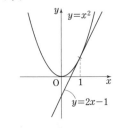

小になるのは $x=1$ のときで, 最小値は, $1^2=1$」と主張するようなもので, 全くでたらめです. ⒶやⒹのように, 右辺に変数が残っている式からは最小値は出ません.

　[誤答例2] の式Ⓒは, 「与式の最小値$\geq 9\sqrt[3]{36}$」ということを示す点では少しは意味内容がありますが, Ⓐの方はこの際, 全くなんの役にも立たない不等式です.

　有名不等式を利用して最小値が求まるのは,

　（i）$f(x)\geq m$（m は定数）

　（ii）$f(x)=m$ となる x が存在する

がともに成り立つようなときです. 例えば, 相加・相乗平均の関係を用いて,

　「$x>0$ のとき, $\underline{x+\dfrac{1}{x}}\geq 2\sqrt{x\cdot\dfrac{1}{x}}=2.$ 等号は

　　$x=1$ のときに成り立つから, ＿＿ の最小値は2.」

と求めるのは正しい. 上記（i）（ii）の2つが同時に成立して, はじめて最小値が求まるのです.

32

複素数と方程式

複素数と方程式
要点の整理

1. 複素数とその演算

1・1 虚数単位

実数の2乗は負にならないから，2次方程式

$$x^2 = -1 \quad \cdots\cdots\cdots\cdots\cdots\cdots ①$$

は実数解をもたない．そこで，数学Ⅱでは2乗して負になるような数を考える．

2乗して -1 になる数（のひとつ）を文字 i で表す．すなわち，

$$i^2 = -1$$

である．この i を虚数単位とよぶ．この i を用いると，方程式①の解は，$x = \pm i$ と表せる．

1・2 負の数の平方根

$a > 0$ のとき，$\sqrt{-a} = \sqrt{a}\,i$

と定める．例えば，$\sqrt{-2} = \sqrt{2}\,i$，$\sqrt{-3} = \sqrt{3}\,i$ である．

一般に $a > 0$ のとき，$-a$ の平方根は $\sqrt{a}\,i$ と $-\sqrt{a}\,i$ である．例えば，次の方程式

$$x^2 = -2, \ x^2 = -3, \ x^2 = -4$$

の解はそれぞれ，$\pm\sqrt{2}\,i$，$\pm\sqrt{3}\,i$，$\pm2i$ である．

【注意】（昔から有名な間違い）

例えば，$\sqrt{-2}\sqrt{-3} = \sqrt{-2 \times (-3)} = \sqrt{6}$
などと計算するのは間違い．正しくは

$$\sqrt{-2}\sqrt{-3} = \sqrt{2}\,i \times \sqrt{3}\,i = \sqrt{6} \times i^2 = -\sqrt{6}$$

である．

確かに，$a \geqq 0$，$b \geqq 0$ のときには $\sqrt{a} \times \sqrt{b} = \sqrt{ab}$ は成り立つ．しかし，$a < 0$，$b < 0$ のときには，$\sqrt{a} \times \sqrt{b} = \sqrt{ab}$ は成り立たない．

また，$a \geqq 0$，$b < 0$ のときには，$\dfrac{\sqrt{a}}{\sqrt{b}} = \sqrt{\dfrac{a}{b}}$ は成り立たない．したがって，

$$\frac{\sqrt{15}}{\sqrt{-3}} = \sqrt{\frac{15}{-3}} = \sqrt{-5} = \sqrt{5}\,i$$

などと計算するのは間違い．正しくは，

$$\frac{\sqrt{15}}{\sqrt{-3}} = \frac{\sqrt{15}}{\sqrt{3}\,i} = \frac{\sqrt{15} \times i}{\sqrt{3}\,i \times i} = \frac{\sqrt{15}\,i}{-\sqrt{3}} = -\sqrt{5}\,i$$

である．

このように，$\sqrt{負の数}$ の扱いは，$\sqrt{正の数}$ とは違ってくるので，注意が必要である．間違いを犯さないためには，$\sqrt{負の数}$ を見たら，さっさと $\sqrt{正の数} \times i$ の形に直してしまうのがよい．

1・3 複素数

一般に，$z = a + bi \quad \cdots\cdots\cdots\cdots\cdots ②$

（ただし，a, b は実数，i は虚数単位）

の形で表される z を複素数という．

②において，とくに $b = 0$ とすると，z は実数となる．すなわち，実数も複素数の一種である．複素数のうち，実数でないもの（②で $b \neq 0$ としたときの z）を虚数という．とくに，②で $a = 0$，$b \neq 0$ としたときの z，すなわち，$z = bi\,(b \neq 0)$ の形をした虚数 z を純虚数という．

②において，a を複素数 z の実部，b を虚部と呼ぶ．

1・4 共役複素数

複素数 $z = a + bi$ (a, b：実数) に対して，$a - bi$ を z と共役な複素数 (z の共役複素数) と呼ぶ．

1・5 複素数の計算

以下，a, b, c, d は実数，α, β は複素数とする．

（Ⅰ）複素数の相等：

$$a + bi = c + di \iff a = c \text{ かつ } b = d$$

とくに，$a + bi = 0 \iff a = b = 0$ である．

（Ⅱ）四則演算：

（ⅰ）$(a+bi) \pm (c+di) = (a \pm c) + (b \pm d)i$

（複号同順）

（ⅱ）$(a+bi) \times (c+di) = ac + adi + bci + bdi^2$
$= ac + (ad+bc)i - bd$
$= (ac-bd) + (ad+bc)i$

（ⅲ）$c + di \neq 0$ のとき，

$$\frac{a+bi}{c+di} = \frac{(a+bi)(c-di)}{(c+di)(c-di)}$$
$$= \frac{(ac+bd) + (-ad+bc)i}{c^2 - (di)^2}$$
$$= \frac{ac+bd}{c^2+d^2} + \frac{bc-ad}{c^2+d^2}i$$

➡注 （ⅲ）のように，分数の分子・分母に分母の共役複素数 ($c - di$) をかけることで，分母を虚数でなくすることを，分母の実数化という．これは「分母の有理

34

化」と同様の作業である.

（Ⅲ） $\alpha\beta=0 \iff \alpha=0$ または $\beta=0$

1・6 大小関係

虚数には大小関係は定義されていない. したがって, 「$i \leqq 2i$」とか「$1+2i \leqq 3+4i$」などという不等式を書くのは無意味である.

2. 2次方程式

2・1 解の公式

実数係数の 2 次方程式 $ax^2+bx+c=0$ は, 複素数の範囲で常に解を持ち, その解は,

$$x=\frac{-b\pm\sqrt{b^2-4ac}}{2a}$$

とくに, 2 次方程式 $ax^2+2b'x+c=0$ の解は,

$$x=\frac{-b'\pm\sqrt{b'^2-ac}}{a}$$

⇨注 一般に, 複素数係数の n 次方程式は, 複素数の範囲で必ず解をもち, k 重解を k 個と数えれば, n 個の複素数解をもつことが知られている.

2・2 判別式

実数係数の 2 次方程式 $ax^2+bx+c=0$ ………①について, $D=b^2-4ac$ を①の判別式といい,

　ⅰ） $D>0 \iff$ ①が異なる 2 つの実数解をもつ.

　ⅱ） $D=0 \iff$ ①が（実数の）重解をもつ.

　ⅲ） $D<0 \iff$ ①が異なる 2 つの虚数解をもつ.

さらに, ⅰ）, ⅱ）を合わせて,

　ⅳ） $D\geqq0 \iff$ ①が実数解をもつ.

が成り立つ. なお, $D<0$ のときの 2 つの虚数解は, 解の公式からも分かるように, 互いに共役な複素数どうしである. 2 次方程式 $ax^2+2b'x+c=0$ では, D の代わりに, $\dfrac{D}{4}=b'^2-ac$ を用いてもよい.

⇨注 判別式は, 実数係数の 2 次方程式に特有の道具である. 虚数係数の方程式には適用できない. 例えば, $x^2-ix-1=0$ について, 「判別式 $D=i^2-4\cdot1\cdot(-1)=3>0$ より, 2 つの実数解をもつ」などとやるとマチガイ. 実際には, 虚数解 $x=\dfrac{i\pm\sqrt{3}}{2}$ をもっている.

2・3 解と係数の関係

2 次方程式 $ax^2+bx+c=0$ の 2 解が α, β

$\iff ax^2+bx+c=a(x-\alpha)(x-\beta)$ …………ⓐ

と因数分解できる（即ち, ⓐが x の恒等式）.

　［ⓐの右辺を展開し, 両辺の係数を比較して,］

$$\iff \alpha+\beta=-\frac{b}{a},\ \alpha\beta=\frac{c}{a}$$

が成り立つ. これから, $\alpha+\beta=p$, $\alpha\beta=q$ を満たす 2 数 α, β を解にもつ 2 次方程式のひとつ（x^2 の係数が 1 のもの）として, $x^2-px+q=0$ を得ることができる.

3. 剰余の定理・因数定理

3・1 剰余の定理

多項式 $f(x)$ を $x-a$ で割った余りは, $f(a)$

3・2 因数定理

$f(a)=0 \iff$ 多項式 $f(x)$ は $x-a$ を因数にもつ.

（すなわち, $f(x)$ は $x-a$ で割り切れる）

3・3 因数定理による因数分解

多項式 $f(x)$ について, $f(\alpha)=0$ をみたす α を見つけると, $f(x)$ から因数 $x-\alpha$ をくくり出せる. このような α を探す際, 次の定理を知っていると便利.

［定理］ a_0, a_1, $\cdots$, a_n は整数とする.

$$f(x)=a_nx^n+a_{n-1}x^{n-1}+\cdots+a_1x+a_0$$

に対して, もし $f(\alpha)=0$ を満たす有理数 α が存在するならば, α は $\pm\dfrac{a_0 \text{の約数}}{a_n \text{の約数}}$ の形（負の数も含む）に表される.

このようにして多項式 $f(x)$ が $x-\alpha$ で割り切れることが分かったとき, 実際に割り算をするときは, 3・4 の「組立除法」を使うのがよいだろう.

⇨注 この定理の証明を紹介しよう.

$f(\alpha)=0$ を満たす有理数 α を $\alpha=\dfrac{q}{p}$（p, q は互いに素な整数）とおくと,

$$a_n\left(\frac{q}{p}\right)^n+a_{n-1}\left(\frac{q}{p}\right)^{n-1}+\cdots+a_1\frac{q}{p}+a_0=0 \cdots(*)$$

$$\therefore\ a_n\left(\frac{q}{p}\right)^n=-\left\{a_{n-1}\left(\frac{q}{p}\right)^{n-1}+\cdots+a_1\frac{q}{p}+a_0\right\}$$

p^n 倍して,

$$a_n q^n = -(a_{n-1}pq^{n-1}+\cdots+a_1 p^{n-1}q+a_0 p^n)$$
$$= -(a_{n-1}q^{n-1}+\cdots+a_1 p^{n-2}q+a_0 p^{n-1})p$$

よって, $a_n q^n = (整数) \times p$ の形であり, この右辺は p を約数にもつから, 左辺も p を約数にもたねばならない. ところが, p と q とは互いに素であるから, 左辺が p を約数にもつには, a_n が p を約数にもたねばならない. よって, p は a_n の約数.

同様にして, (＊) より $a_0 p^n = (整数) \times q$ の形であることが導けて, p と q とは互いに素であるから, q は a_0 の約数である.

以上より, 上の定理は示された. //

3・4 組立除法

$x-\alpha$ の形の1次式で割るときには「組立除法」を使うと簡単である.

例えば $2x^3-7x+1$ を $x+2$ で割る場合には, 右のように,

①のところに α にあたる -2 を書く

②〜⑤に $2x^3-7x+1$ の係数を順に書く

（抜けているところは 0 を書き忘れないように）

⑥に②の 2 をそのまま書く

⑦に①×⑥を書き, ⑧に③+⑦を書く

⑨に①×⑧を書き, ⑩に④+⑨を書く

⑪に①×⑩を書き, ⑫に⑤+⑪を書く

という手順で計算でき, ⑥, ⑧, ⑩ が商 $2x^2-4x+1$ を, ⑫ が余り -1 を表す.

➡注 $x-\alpha$ で割るとき, ①に書くのは $-\alpha$ ではなくて $+\alpha$ であり, また⑧には③-⑦ではなく③+⑦を書くことに注意.

4. n 次方程式

4・1 解と係数の関係

2次方程式と同様にして, 3次方程式についても,

「3次方程式 $ax^3+bx^2+cx+d=0$ の解が α, β, γ」

$\Longleftrightarrow$「$ax^3+bx^2+cx+d=a(x-\alpha)(x-\beta)(x-\gamma)$ ……ⓐ

と因数分解できる (即ち, ⓐが x の恒等式).」

[ⓐの右辺を展開し, 両辺の係数を比較して,]

$\Longleftrightarrow$「$\alpha+\beta+\gamma = -\dfrac{b}{a}$, $\alpha\beta+\beta\gamma+\gamma\alpha = \dfrac{c}{a}$,

$\alpha\beta\gamma = -\dfrac{d}{a}$」

というように, 解と係数の関係が得られる.

これにより, $\alpha+\beta+\gamma = p$, $\alpha\beta+\beta\gamma+\gamma\alpha = q$, $\alpha\beta\gamma = r$ を満たす3数 α, β, γ を解にもつ3次方程式のひとつ (x^3 の係数が 1 のもの) として,

$x^3-px^2+qx-r=0$ を得ることができる.

一般の n 次方程式についても,

「n 次方程式 $a_n x^n+a_{n-1}x^{n-1}+\cdots+a_1 x+a_0=0$ の解が α_1, α_2, $\cdots$, α_n である.」

$\Longleftrightarrow$「$a_n x^n+a_{n-1}x^{n-1}+\cdots+a_1 x+a_0$

$=a_n(x-\alpha_1)(x-\alpha_2)\cdots\cdots(x-\alpha_n)$ ……ⓑ

と因数分解できる (即ち, ⓑが x の恒等式).」

であるから, ⓑの右辺を展開して左辺と係数比較すれば「解と係数の関係」の公式を作ることができる. しかし, 4次以上の方程式でそんな公式を作っておいても, あまり使う機会がない. あらかじめ公式を作っておくよりも, 必要が生じるごとに, ⓑにあたる式をその都度立てて係数比較をするのがよい.

➡注 ⓑの x^{n-1} の係数を比較すると,

$\alpha_1+\alpha_2+\cdots+\alpha_n = -\dfrac{a_{n-1}}{a_n}$ が得られる.

4・2 解の定義と次数下げ

方程式の解について, 最も基本的な事柄は,

「$x=\alpha$ が $f(x)=0$ の解」$\Longleftrightarrow$「$f(\alpha)=0$」

という「解の定義」である. 方程式に関する公式や解法の多くは, この「解の定義」に基づくものである.

「解の定義」の応用例のひとつは, 「次数下げ」である. 例えば, α が $x^2-x-1=0$ の解であるとき, 「解の定義」により $\alpha^2-\alpha-1=0$ であるから,

$\alpha^2=\alpha+1$,

$\alpha^3=\alpha\cdot\alpha^2=\alpha\cdot(\alpha+1)=\alpha^2+\alpha=(\alpha+1)+\alpha$
$=2\alpha+1$,

$\alpha^4=\alpha\cdot\alpha^3=\alpha\cdot(2\alpha+1)=2\alpha^2+\alpha=2(\alpha+1)+\alpha$
$=3\alpha+2$,

というようにして, α^2, α^3, α^4, $\cdots$, α^n, $\cdots$, を α の1次式で表すことができる.

「次数下げ」の方法には, 上記のように, 「1歩ずつ次数を下げていく方法」のほかに, 多項式の割り算を

利用して一気に次数を下げる方法もある.

例えば，「α が $x^2+x+2=0$ の解……① であるとき，$\alpha^4+3\alpha^3+5\alpha^2+6\alpha+3$ を α の1次式で表せ」を考えよう．$x^4+3x^3+5x^2+6x+3$ を x^2+x+2 で割り算したときの商は x^2+2x+1，余りは $x+1$ だから，

$$x^4+3x^3+5x^2+6x+3$$
$$=(x^2+x+2)(x^2+2x+1)+x+1$$

これに $x=\alpha$ を代入すると，①より $\alpha^2+\alpha+2=0$ なので，　$\alpha^4+3\alpha^3+5\alpha^2+6\alpha+3=\alpha+1$　となる.

4・3 共役複素数解

[定理]　実数係数の n 次方程式：
$$a_n x^n+a_{n-1}x^{n-1}+\cdots+a_1 x+a_0=0 \quad\cdots\cdots\cdots\text{ⓐ}$$
が虚数解 $\alpha=p+qi$（p，q は実数で，$q\neq0$）を解にもつとき，その共役複素数 $\overline{\alpha}=p-qi$ もまた，方程式ⓐの解である.

➡注　複素数 z に対して，その共役複素数を $\overline{z}$ で表す.

➡注　上の定理の証明を紹介しよう．まず，共役複素数の性質を準備しておく.

（ⅰ）　$\overline{\alpha+\beta}=\overline{\alpha}+\overline{\beta}$，$\overline{\alpha-\beta}=\overline{\alpha}-\overline{\beta}$

（ⅱ）　$\overline{\alpha\beta}=\overline{\alpha}\cdot\overline{\beta}$，$\overline{\left(\dfrac{\alpha}{\beta}\right)}=\dfrac{\overline{\alpha}}{\overline{\beta}}$

（ⅲ）　$\overline{\alpha^2}=(\overline{\alpha})^2$，$\overline{\alpha^3}=(\overline{\alpha})^3$，$\cdots$，$\overline{\alpha^n}=(\overline{\alpha})^n$

（ⅳ）　$\alpha=\overline{\alpha} \iff \alpha$ が実数

（ⅰ），（ⅱ），（ⅳ）は，$\alpha=p+qi$ などとおいて確かめることができる．（ⅲ）は（ⅱ）から分かる.

さて，上の定理の証明である．ⓐの x に上記の解 α を代入して，両辺の共役複素数をとると，
$$\overline{a_n\alpha^n+a_{n-1}\alpha^{n-1}+\cdots+a_1\alpha+a_0}=\overline{0}$$
この式に，まず（ⅰ）（ⅱ），次に（ⅲ）を使うと，
$$\overline{a_n}\cdot\overline{\alpha^n}+\overline{a_{n-1}}\cdot\overline{\alpha^{n-1}}+\cdots+\overline{a_1}\cdot\overline{\alpha}+\overline{a_0}=0$$
$$\therefore\ \overline{a_n}(\overline{\alpha})^n+\overline{a_{n-1}}(\overline{\alpha})^{n-1}+\cdots+\overline{a_1}\cdot\overline{\alpha}+\overline{a_0}=0$$
いま，a_n，a_{n-1}，$\cdots$，a_0 は実数だから，（ⅳ）より，
$$a_n(\overline{\alpha})^n+a_{n-1}(\overline{\alpha})^{n-1}+\cdots+a_1\overline{\alpha}+a_0=0$$
となる．これは $\overline{\alpha}$ がⓐの解であることを表しているから，上の定理は示された．//

上の定理から，「実数係数の n 次方程式 $f(x)=0$ が，$\alpha=p+qi$（$q\neq0$）を解にもつ」という文章は，$f(x)=0$ が $p+qi$ と $p-qi$ の2数を解にもつということを意味するものであり，これは「$f(x)$ が $x=r$（実数解）をもつ」という文章よりも情報量が多い.

例えば，「実数係数の2次方程式 $x^2+ax+b=0$ …ⓑ が $x=2$ を解にもつ」という文章からは，ⓑに $x=2$ を代入した式 $4+2a+b=0$ しか情報が得られないが，「実数係数の2次方程式ⓑが $x=2+i$ を解にもつ」という文章からは，2次方程式ⓑの2解が $2+i$ と $2-i$ であることが分かるので，方程式ⓑが決まってしまい，a，b の値も求まってしまう.

4・4 ±1 の虚数立方根と $x^2\pm x+1=0$ の関係

因数分解の公式 $\begin{cases} x^3-1=(x-1)(x^2+x+1) \\ x^3+1=(x+1)(x^2-x+1) \end{cases}$

により，
$$x^2+x+1=0 \implies x^3=1$$
$$x^2-x+1=0 \implies x^3=-1$$
である．すなわち，$x^2+x+1=0$，$x^2-x+1=0$ の解（虚数）はそれぞれ，1，-1 の虚数立方根である.

とくに1の虚数立方根の一つをしばしば記号 ω で表す．すなわち，ω は $\omega^3=1$ をみたす虚数である．この ω について，$\omega^2+\omega+1=0$，$\overline{\omega}=\omega^2=\dfrac{1}{\omega}$，$\omega\overline{\omega}=1$ などの成立が容易に確かめられる．なお，
$$x^n-1=(x-1)(x^{n-1}+x^{n-2}+\cdots+x+1)$$
や，n が奇数のときの，
$$x^n+1=(x+1)(x^{n-1}-x^{n-2}+\cdots-x+1)$$
についても記憶にとどめておきたい.

4・5 3次・4次方程式を解く

一般の3次・4次方程式について，「解の公式」は一応存在するが，複雑すぎて実用的ではない.

入試で解くことを要求される3次・4次方程式は，

（1）　因数定理によって容易に解が見つかって因数分解できるもの

（2）　文字の置き換えによって2次方程式に帰着されるもの．（例えば，本シリーズ「数Ⅰ」p.13(2)で，$x(x+8)(x-1)(x-9)+1260=0$ を解け，というタイプ．答えは，$x=-6$，-5，6，7）

（3）　特殊な形のもの（相反方程式（☞p.45）など）

（4）　誘導・ヒントに従って解けるもの

のどれかに含まれるのが普通である.

◆ 1 複素数の計算，相等

（ア）　複素数 $\dfrac{2+i}{(1+3i)(4-i)}$ の虚部を求めよ．　（岩手大・工）

（イ）　$(3+i)x+(1-i)y=5+3i$ を満たす実数 $x,\ y$ の組は，$(x,\ y)=\boxed{(1)}$ である．また，$z^2=i$ となる複素数 z をすべて求めて，$a+bi$ （$a,\ b$ は実数）の形で表すと $\boxed{(2)}$ となる．ただし，i は虚数単位とする．　（京都産大・文系）

> **i を含んだ計算**　虚数単位 i を含んだ計算では，とりあえず i を普通の文字のように扱って計算を進め，計算の途中で i^2 が出て来たら $i^2=-1$ として式を簡単にする．
> **分母の実数化**　分母が $a+bi$ （$a,\ b$ は実数）の分数は，分母の共役複素数 $a-bi$ を分母・分子に掛けることで次のように，分母＝実数 の形にできる．
> $$\frac{1}{a+bi}=\frac{a-bi}{(a+bi)(a-bi)}=\frac{a-bi}{a^2-(bi)^2}=\frac{a-bi}{a^2+b^2}$$
> **複素数の相等**　$x,\ y,\ z,\ w$ を実数，i を虚数単位とするとき，
> $$x+yi=0\iff x=0\ \text{かつ}\ y=0\qquad x+yi=z+wi\iff x=z\ \text{かつ}\ y=w$$
> が成り立つ．α を一般の虚数として，上式で $i\Rightarrow\alpha$ としたものも成り立つ（☞前章 ○4 の傍注）．

▦ 解 答 ▦

（ア）　$\dfrac{2+i}{(1+3i)(4-i)}=\dfrac{2+i}{\underline{4-i+12i-3i^2}}=\dfrac{2+i}{7+11i}=\dfrac{(2+i)(7-11i)}{(7+11i)(7-11i)}$　⇦まず分母を計算．

$=\dfrac{14-22i+7i-11i^2}{7^2-(11i)^2}=\dfrac{25-15i}{49+121}=\dfrac{25-15i}{170}=\dfrac{5}{34}-\dfrac{3}{34}i$

この複素数の虚部は $-\dfrac{3}{34}$　⇦$a+bi$ の a を実部，b を虚部という．

（イ）（1）　与式の左辺を i について整理して，
$$3x+y+(x-y)i=5+3i$$
$x,\ y$ は実数であるから，$3x+y=5,\ x-y=3$
$$\therefore\ (x,\ y)=(2,\ -1)$$

（2）　$z=x+yi$ （$x,\ y$ は実数）とおくと，$(x+yi)^2=i$　⇦$z^2=i$ に代入した．
$$\therefore\ x^2-y^2+2xyi=i$$
$x,\ y$ は実数であるから，$x^2-y^2=0$ ……① ，$2xy=1$ ……②
①により，$y=\pm x$

$1°$　$y=x$ のとき，②に代入して，$2x^2=1$　$\therefore\ x=\pm\dfrac{1}{\sqrt{2}}$

$2°$　$y=-x$ のとき，②に代入して，$-2x^2=1$．この場合は不適．　⇦x が実数であることに矛盾．

したがって，$z=x+yi=\pm\dfrac{1}{\sqrt{2}}\pm\dfrac{1}{\sqrt{2}}i$ （複号同順）

◐ 1 演習題（解答は p.46）

（ア）　$\dfrac{1+\sqrt{2}+i}{1+\sqrt{2}-i}$ の実部と虚部を求めよ．ただし，i は虚数単位とする．

（東京都市大・工，知識工）

（イ）　$z^3=i$ となる複素数 z をすべて求めよ．ただし，i は虚数単位を表す．

（愛媛大・理−後）

> （ア），（イ）とも，例題と同様にして解ける．

◆ 2 べき乗計算

（ア）　i を虚数単位とする．$i+i^2+i^3+i^4=\boxed{}$ であり，$i+i^2+i^3+i^4+\cdots\cdots+i^{30}=\boxed{}$ である．

（愛知大）

（イ）　$(1+\sqrt{3}\,i)^8=\boxed{}$ である．（ただし i は虚数単位）

（東北学院大・工）

（ウ）　方程式 $x^3=1$ の虚数解の 1 つを ω とするとき，$(1+\omega^2)^3(2+\omega)+(1+\omega)^3(2+\omega^2)=\boxed{}$ である．

（成蹊大・理工）

指数が大きいときのべき乗計算　虚数 α について，α^{10} を求めよ，という場合，α^2，α^3，$\cdots\cdots$ と計算していくとよい．$\alpha^{\Box}=$（実数）となっている場合，例えば $\alpha^3=-2$ となれば，

$\alpha^{10}=(\alpha^3)^3\cdot\alpha^1=(-2)^3\cdot\alpha=-8\alpha$ として計算できる．

3 乗すると 1 になる虚数　$x^3=1$ のとき，$x^3-1=0$　　$\therefore$　$(x-1)(x^2+x+1)=0$

$x^2+x+1=0\cdots\cdots$☆　　からは虚数解 $x=\dfrac{-1\pm\sqrt{3}\,i}{2}$ が得られる．この虚数解の一方を ω（オメガ，通常 ω が用いられる）とすると他方は ω の共役複素数なので $\bar{\omega}$ である．ω については，次が成り立つ．

「$\omega^3=1$，$\omega^2+\omega+1=0$，［解と係数の関係により］$\omega+\bar{\omega}=-1$，$\omega\bar{\omega}=1$，$\bar{\omega}=\dfrac{1}{\omega}=\omega^2$（$\because$ $\omega^3=1$），

$x^3=1$ の 3 解は 1，ω，ω^2」　☆を見たら ω を思い出したい．

なお，☆に似た $x^2-x+1=0$ の解は，$x^3+1=(x+1)(x^2-x+1)$ により，$x^3=-1$ を満たす．

▤ 解 答 ▤

（ア）　$i^2=-1$ であるから，$i+i^2+i^3+i^4=i-1-i+(-1)^2=\mathbf{0}$

⇦$i^3=i^2\cdot i$，$i^4=(i^2)^2$

$i+i^2+i^3+i^4+\cdots\cdots+i^{30}$

$=(i+i^2+i^3+i^4)+i^4(i+i^2+i^3+i^4)+i^8(i+i^2+i^3+i^4)$

⇦前半の結果から，4 つずつでまとめる．また，$i^4=1$，$(i^4)^n=1$

$\qquad+\cdots\cdots+i^{24}(i+i^2+i^3+i^4)+i^{28}(i+i^2)$

$=i^{28}(i+i^2)=(i^2)^{14}(i+i^2)=(-1)^{14}(i-1)=\mathbf{-1+}\boldsymbol{i}$

（イ）　$(1+\sqrt{3}\,i)^2=1-3+2\sqrt{3}\,i=2(-1+\sqrt{3}\,i)\cdots\cdots\cdots\cdots\cdots\cdots\cdots$①

⇦2 乗，3 乗，$\cdots$ としてもよいが，$\alpha^8=(\alpha^4)^2=\{(\alpha^2)^2\}^2$ に着目．

$(1+\sqrt{3}\,i)^4=\{(1+\sqrt{3}\,i)^2\}^2=\{2(-1+\sqrt{3}\,i)\}^2$

$\qquad\qquad\quad=4(1-3-2\sqrt{3}\,i)=-8(1+\sqrt{3}\,i)$

⇦左の計算から，$\alpha=1+\sqrt{3}\,i$ とおくと，$\alpha^4=-8\alpha$

よって，$(1+\sqrt{3}\,i)^8=\{(1+\sqrt{3}\,i)^4\}^2=\{-8(1+\sqrt{3}\,i)\}^2$

$\qquad\qquad\qquad\qquad$$\therefore$　$\alpha^3=-8$

$\qquad\qquad\qquad=64(1+\sqrt{3}\,i)^2=64\times①=\mathbf{-128+128}\sqrt{3}\,\boldsymbol{i}$

が分かる．なお，3 乗すると実数になることはある見方をするとすぐに分かる（☞ p.50，ミニ講座）．

（ウ）　$x^3=1$ のとき，$x^3-1=0$　　$\therefore$　$(x-1)(x^2+x+1)=0$

よって，この虚数解の 1 つ ω は，　$\omega^3=1$，$\omega^2+\omega+1=0$ を満たす．

$(1+\omega^2)^3=(-\omega)^3=-\omega^3=-1$

$(1+\omega)^3=(-\omega^2)^3=-\omega^6=-(\omega^3)^2=-1$ であるから，

ω，$\bar{\omega}$ どちらでも同じ結果になる（与式において $\omega\Rightarrow\bar{\omega}$ としても

$(1+\omega^2)^3(2+\omega)+(1+\omega)^3(2+\omega^2)=-(2+\omega)-(2+\omega^2)$

⇦-3）．

$\qquad\qquad\qquad\qquad\qquad\qquad=-(\omega^2+\omega+1)-3=\mathbf{-3}$

○2 演習題（解答は p.46）

（ア）　p が奇数のとき，$\left(\dfrac{1+i}{\sqrt{2}}\right)^{2p}+\left(\dfrac{1-i}{\sqrt{2}}\right)^{2p}$ の値を求めよ．ただし $i^2=-1$ である．

（自治医大・医）

（イ）　方程式 $x^2+x+1=0$ の解の 1 つを ω とする．このとき，

$1+2\omega+3\omega^2+\cdots+10\omega^9=\boxed{}-\boxed{}\omega$

（明治大・政経）

> （ア）　まず（　）の中を 2 乗してみよう．
> （イ）　$\omega^3=1$

（ア）　まず（　）の中を
2 乗してみよう．
（イ）　$\omega^3=1$

39

3 2次方程式／解と係数の関係と解の符号

k は実数の定数とする．2次方程式 $x^2-2kx+k^2-2k-3=0$ が正の解と負の解を1つずつもつとき k のとりうる値の範囲は ____(1)____ であり，異なる2つの負の解をもつとき k のとりうる値の範囲は ____(2)____ である．

(南山大・文系)

2次方程式の解と係数の関係 本シリーズの「数Ⅰ」p.38 ですでに扱っている．次の事実のこと．

$ax^2+bx+c=0\,(a\neq0)$ の2解を α, β とするとき，$\alpha+\beta=-\dfrac{b}{a}$，$\alpha\beta=\dfrac{c}{a}$ が成り立つ．

α, β の符号の条件を和と積の符号の条件に言い換える α, β が実数のとき，次が成り立つ．

$1°$ α, β の一方が正，他方が負 $\Longleftrightarrow \alpha\beta<0$

$2°$ $\alpha>0$ かつ $\beta>0$ $\Longleftrightarrow \alpha+\beta>0$ かつ $\alpha\beta>0$

$3°$ $\alpha<0$ かつ $\beta<0$ $\Longleftrightarrow \alpha+\beta<0$ かつ $\alpha\beta>0$

実数係数の2次方程式の2解の符号の条件のとらえ方 2解 α, β の符号の条件が与えられている問題では，上の $1°$～$3°$ に着目して解と係数の関係を使って解くことができる（本シリーズ「数Ⅰ」p.48 のようにしても解けるが，この方が手軽だろう）．$1°$～$3°$ は，α, β が実数のときに成り立つので，$2°$ と $3°$ を使うときは，判別式≥0 も考慮しなければならないが，実は $1°$ を $\Longleftarrow$ で使うときは判別式を考慮する必要はない．なぜなら，実数係数の2次方程式の「2解の積<0」なら判別式>0 が導け，2解は虚数解ではなく実数解であることが保証されるからである．実際 $ax^2+bx+c=0$ について，

（2解の積）$=\dfrac{c}{a}<0$ なら，a, c は異符号なので $ac<0$ であり，判別式 $D=b^2-4ac>0$ となる．

▨ 解 答 ▨

(1)
$$x^2-2kx+k^2-2k-3=0 \quad\cdots\cdots\cdots\cdots\cdots①$$
が正の解と負の解をもつ条件は，2解の積が負であることであるから，解と係数 $\Leftarrow D>0$ は不要．前文参照．
の関係により，

$$k^2-2k-3<0 \quad\therefore\quad (k+1)(k-3)<0 \quad\therefore\quad \boldsymbol{-1<k<3}$$

(2) ①が異なる2つの実数解をもつから，判別式を D とすると $D>0$ である．

よって，$\dfrac{D}{4}=k^2-(k^2-2k-3)>0$

$$\therefore\quad 2k+3>0 \quad\therefore\quad k>-\frac{3}{2} \quad\cdots\cdots\cdots\cdots\cdots②$$

異なる2つの実数解を α, β とすると，$\alpha<0$ かつ $\beta<0$ となる条件は，

$$\alpha+\beta<0 \quad かつ \quad \alpha\beta>0$$

解と係数の関係から，$2k<0\cdots\cdots③$，$\quad k^2-2k-3>0 \quad\cdots\cdots\cdots\cdots\cdots④$

④のとき，(1)の経過から，$k<-1$ または $3<k$ $\quad\cdots\cdots\cdots\cdots\cdots④'$

よって，求める範囲は，②かつ③かつ④'になり，$\boldsymbol{-\dfrac{3}{2}<k<-1}$

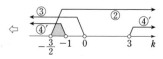

○3 演習題 (解答は p.46)

a を実数とする．2次方程式 $x^2+2ax+(a-1)=0$ の解を α, β とする．

(1) α と β は異なる実数であることを示せ．

(2) α と β のうち，少なくとも1つは負であることを示せ．

(3) $\alpha\leq0$，$\beta\leq0$ であるとき，$\alpha^2+\beta^2$ の最小値を求めよ． (島根大・教，生物資源)

> (2) 「少なくとも」なので…（確率なら余事象を考えるところ）

◆ 4 因数分解と因数定理

（ア）　方程式 $x^3+9x^2+18x-28=0$ を解け．　　　　　　　　　　　　（関東学院大・工）

（イ）　$f(x)=x^2-\dfrac{4}{5}$ とおく．

（1）　2次方程式 $f(x)=x$ の2つの解を $\alpha,\ \beta(\alpha<\beta)$ とする．$\alpha,\ \beta$ の値を求めよ．

（2）　（1）の α について，$f(f(\alpha))$ の値を求めよ．

（3）　関数 $f(f(x))$ を求めよ．

（4）　方程式 $f(f(x))=x$ を解け．　　　　　　　　　　　　　　　　（日本女子大・理）

$\boxed{\text{因数定理による因数分解}}$　n 次方程式 $f(x)=0$ を考える．$x=1$ や $x=2$ を代入して，α が解
（$f(\alpha)=0$）だと分かったとすると，因数定理により，$f(x)$ は $x-\alpha$ で割り切れる．あとは実際に割り
算を実行すれば因数分解できる．$f(x)=0$ の有理数解の候補は，$\pm\dfrac{（定数項の約数）}{（最高次の係数の約数）}$ である（☞
p.35）．まず $x=1$ や $x=-1$ が解になるかどうかを調べるのが実戦的であろう．

$\boxed{\text{方程式}\ f(x)=g(x)}$　左の式は両辺に x があるが，これを合流させ，$f(x)-g(x)=0$ とした方
が変形の可能性が高まる．例えば，$f(x),\ g(x)$ を整式とし，$f(\alpha)=g(\alpha)$ とする．
$h(x)=f(x)-g(x)$ とおくと，$h(\alpha)=0$ と因数定理により，$h(x)$ は $x-\alpha$ で割り切れることが分か
る．

▤ 解 答 ▤

（ア）　[$x=1$ とすると，$1^3+9\cdot1^2+18\cdot1-28=0$．よって，因数定理により，方程
式の左辺の3次式は $x-1$ で割り切れる．実行すると右のよう．]

$$\begin{array}{r|rrr} 1 & 1 & 9 & 18 & -28 \\ & & 1 & 10 & 28 \\ \hline & 1 & 10 & 28 & \underline{|0} \end{array}$$

（組立除法（☞ p.36）を使った）

　　方程式を変形して，$(x-1)(x^2+10x+28)=0$　　　∴　$\boldsymbol{x=1,\ -5\pm\sqrt{3}\,i}$

（イ）（1）　$x^2-\dfrac{4}{5}=x$ のとき，$5x^2-5x-4=0$ ……………………………①

$\alpha<\beta$ であるから，$\boldsymbol{\alpha=\dfrac{5-\sqrt{105}}{10}},\ \boldsymbol{\beta=\dfrac{5+\sqrt{105}}{10}}$

（2）　$f(\alpha)=\alpha$ により，$f(f(\alpha))=f(\alpha)=\boldsymbol{\alpha=\dfrac{5-\sqrt{105}}{10}}$

（3）　$f(f(x))=f\left(x^2-\dfrac{4}{5}\right)=\left(x^2-\dfrac{4}{5}\right)^2-\dfrac{4}{5}=\boldsymbol{x^4-\dfrac{8}{5}x^2-\dfrac{4}{25}}$

（4）　$f(f(x))=x$ のとき，$x^4-\dfrac{8}{5}x^2-\dfrac{4}{25}=x$

$$∴\quad 25x^4-40x^2-25x-4=0 \quad\text{……………②}$$

ここで，$f(f(\alpha))=\alpha,\ f(f(\beta))=\beta$ により，$x=\alpha,\ \beta$ は②を満たす．
一方，$\alpha,\ \beta$ は①の2解であるから，②の左辺は①の左辺で割り切れる．

実際に割り算をする．

$$\begin{array}{r} 5 5 1 \\ 5\ {-5}\ {-4})\overline{250\ {-40}\ {-25}\ {-4}} \\ \underline{25\ {-25}\ {-20}} \\ 25\ {-20}\ {-25} \\ \underline{25\ {-20}\ {-25}} \\ 25\ {-25}\ {-20}\ {-4} \\ \underline{25\ {-25}\ {-20}\ {-4}} \\ 5\ {-5}\ {-4} \\ \underline{5\ {-5}\ {-4}} \\ 0 \end{array}$$

　　②を変形して，$(5x^2-5x-4)(5x^2+5x+1)=0$

$$∴\quad \boldsymbol{x=\dfrac{5\pm\sqrt{105}}{10}},\ \boldsymbol{\dfrac{-5\pm\sqrt{5}}{10}}$$

♻ 4 演習題（解答は p.47）

（ア）　方程式 $3x^4+x^3-21x^2-25x-6=0$ を解け．　　　　　　　　（中部大・工）

（イ）　2次方程式 $x^2+x+1=0$ の2つの解を $\alpha,\ \beta$ とし，x の3次式

$f(x)=ax^3+bx^2+cx+d$ が $f(-1)=1,\ f(1)=1,\ f(\alpha)=\alpha,\ f(\beta)=\beta$ を満たすと

き，$a=\boxed{},\ b=\boxed{},\ c=\boxed{},\ d=\boxed{}$ である．　　（日赤看護大）

$\begin{array}{|l|} \hline \text{（イ）}\ f(x)-x\ \text{に着目} \\ \text{する．} \\ \hline \end{array}$

5 3次方程式／解と係数の関係

（ア） 3次方程式 $x^3+x^2-13x+3=0$ の3つの解を a, b, c $(a<b<c)$ とすると，$abc=-\boxed{}$，$a^2+b^2+c^2=\boxed{}$，$a^3+b^3+c^3=-\boxed{}$ である．

（近畿大・文系）

（イ） 3つの実数 x, y, z $(x<y<z)$ において，

$x+y+z=22$, $x^2+y^2+z^2=174$, $\dfrac{1}{x}+\dfrac{1}{y}+\dfrac{1}{z}=\dfrac{31}{70}$ である．これらの実数 x, y, z を求めると $x=\boxed{}$, $y=\boxed{}$, $z=\boxed{}$ である．

（愛知学院大・薬，歯）

3次方程式の解と係数の関係 $ax^3+bx^2+cx+d=0$ $(a\neq0)$ の3解を α, β, γ とするとき，

$$\alpha+\beta+\gamma=-\frac{b}{a},\ \alpha\beta+\beta\gamma+\gamma\alpha=\frac{c}{a},\ \alpha\beta\gamma=-\frac{d}{a}\ \cdots\cdots\cdots\cdots\cdots\cdots☆$$

が成り立つ．［導き方：$ax^3+bx^2+cx+d=a(x-\alpha)(x-\beta)(x-\gamma)$ と因数分解できるので，この右辺を展開して係数比較すればよい］

　☆の左辺は，α, β, γ の基本対称式なので，α, β, γ の対称式は a, b, c, d の式で表せる．

　3次方程式に対して☆が成り立つが，逆に，勝手な3数 α, β, γ を3解とする3次方程式（x^3 の係数を1とする）は，$\alpha+\beta+\gamma=A$, $\alpha\beta+\beta\gamma+\gamma\alpha=B$, $\alpha\beta\gamma=C$ を満たす A, B, C を用いて，$x^3-Ax^2+Bx-C=0$ である．このような解と係数の使い方にも慣れておこう．

解の定義を使って次数下げ a が x の方程式の解とは，x に a を代入したら成り立つということ．本問の（ア）の場合，$a^3+a^2-13a+3=0$ が成り立つので，$a^3=-a^2+13a-3$ というように，a^3 は a の2次式で表せる（次数下げ）．

解答

（ア） $x^3+x^2-13x+3=0$ ……① の解と係数の関係により，

$$a+b+c=-1,\ ab+bc+ca=-13,\ \boldsymbol{abc=-3}$$

$$\therefore\ \boldsymbol{a^2+b^2+c^2}=(a+b+c)^2-2(ab+bc+ca)=1+26=\boldsymbol{27}$$

a が①の解であるから，$a^3+a^2-13a+3=0$　$\therefore\ a^3=-a^2+13a-3$

同様に，$b^3=-b^2+13b-3$, $c^3=-c^2+13c-3$ が成り立つから，

$$\boldsymbol{a^3+b^3+c^3}=-(a^2+b^2+c^2)+13(a+b+c)-3\times3=-27-13-9=\boldsymbol{-49}$$

（イ） $x+y+z=22$ ……①, $x^2+y^2+z^2=174$ ……②, $\dfrac{1}{x}+\dfrac{1}{y}+\dfrac{1}{z}=\dfrac{31}{70}$ ……③

①，②により，$xy+yz+zx=\{(x+y+z)^2-(x^2+y^2+z^2)\}\div2$

$$=(22^2-174)\div2=155\cdots\cdots\cdots\cdots\cdots④$$

③により，$\dfrac{xy+yz+zx}{xyz}=\dfrac{31}{70}$ であり，④を用いると，$\dfrac{155}{xyz}=\dfrac{31}{70}$

よって $xyz=350$ であり，これと①，④から，x, y, z は t の3次方程式

$$t^3-22t^2+155t-350=0\quad\therefore\ \underline{(t-5)(t-7)(t-10)=0}$$

の3解である．$x<y<z$ により $\boldsymbol{x=5}$, $\boldsymbol{y=7}$, $\boldsymbol{z=10}$

（右側注記）

$a^3+b^3+c^3$ は，
$a^3+b^3+c^3-3abc$
$=(a+b+c)$
$\times(a^2+b^2+c^2-ab-bc-ca)$
を使って，
$a^3+b^3+c^3+9=-1\cdot(27+13)$
からも求まるが，応用性を考えると，左のようにしたい．

○4(ア)と同様に因数定理を使って因数分解した．

○5 演習題（解答は p.47）

　実数 x, y, z が次の3つの等式 $x+y+z=0$, $x^3+y^3+z^3=3$, $x^5+y^5+z^5=15$ を満たしている．$x^2+y^2+z^2=a$ とおくとき，次の問いに答えよ．

（1） $xy+yz+zx$ を a を用いて表せ．

（2） xyz の値を求めよ．

（3） a の値を求めよ．

（静岡大・教，理，農，地域）

（3）（1），（2）を使って x, y, z を解とする3次方程式を作り，次数下げをする．

◆ 6 共役複素数解

（ア）　a, b は実数の定数であり，方程式 $x^3+ax^2+b=0$ の虚数解の 1 つは $x=2+i$ であるとする．このとき，$a=\boxed{}$，$b=\boxed{}$ である．また，この方程式の実数解は $x=\boxed{}$ である．

（同志社大・社会）

（イ）　a, b を実数とする．4 次方程式 $x^4+(a+2)x^3-(2a+2)x^2+(b+1)x+a^3=0$ の 1 つの解が $1+i$ であるとき，$a=\boxed{}$，$b=\boxed{}$ である．また，他の解は $\boxed{}$ である．

（慶大・看護）

(実数係数の n 次方程式では，虚数解は共役複素数のペア)　次の定理がある（☞ p.37）．
「実数係数の n 次方程式が虚数解 $p+qi$（p, q は実数で $q\neq0$）をもつとき，その共役複素数 $p-qi$ もこの方程式の解である」

(実数係数の 3 次方程式 $f(x)=0$ が虚数解 $p+qi$（$q\neq0$）をもつとき)　このもとで，方程式の係数（および残りの解）を求めさせる問題が頻出である．次のとらえ方があるが，3° がお勧めである．

　　1°　方程式に $x=p+qi$ を代入して，係数を求める
　　2°　$x=p-qi$ も解なので，方程式は，$\{x-(p+qi)\}\{x-(p-qi)\}$ で割り切れることに着目
　　3°　$p+qi$，$p-qi$ 以外の解を γ とおいて，解と係数の関係を使う
　　　（$y=f(x)$ のグラフは必ず x 軸と交わるので，γ は実数である）

(4 次方程式の場合は?)　上の 2° を使うのがよいだろう．

▤ 解 答 ▤

（ア）　$2+i$ が実数係数の 3 次方程式 $x^3+ax^2+b=0$ の解であるとき，$2-i$ もこの方程式の解である．もう 1 つの解を γ とすると，解と係数の関係により，

$$\begin{cases}(2+i)+(2-i)+\gamma=-a\\(2+i)(2-i)+(2-i)\gamma+\gamma(2+i)=0\\(2+i)(2-i)\gamma=-b\end{cases}\quad\therefore\begin{cases}4+\gamma=-a\\5+4\gamma=0\\5\gamma=-b\end{cases}$$

$$\therefore\quad\gamma=-\frac{5}{4},\ a=-\frac{11}{4},\ b=\frac{25}{4},\ \text{実数解}\ x=\gamma=-\frac{5}{4}$$

（イ）　$1+i$ がこの実数係数の 4 次方程式の解であるとき，$1-i$ もこの方程式の解であるから，この 4 次方程式の左辺 $P(x)$ は，

$$\{x-(1+i)\}\{x-(1-i)\}=x^2-2x+2$$

で割り切れる．$P(x)=(x^2-2x+2)(x^2+px+q)$ とおけ，展開すると，

$$P(x)=x^4+(p-2)x^3+(q-2p+2)x^2+(-2q+2p)x+2q$$

与式と係数を比較して，$a+2=p-2$ ……①，　$-(2a+2)=q-2p+2$ ……②
　　　　　　　　　　　　$b+1=-2q+2p$ ……③，　$a^3=2q$ ……④

①により $p=a+4$ で，②とから $q=2p-2a-4=4$，④に代入し $a^3=8$
　　　$\therefore\quad a=2,\ p=6,\ q=4,\ b=3$

$P(x)=(x^2-2x+2)(x^2+6x+4)$ となるから，他の解は $1-i$，$-3\pm\sqrt{5}$

⇦実際に $P(x)$ を x^2-2x+2 で割って解いてもよい．
　商は $x^2+(a+4)x+4$
　余りは $(b-2a+1)x+a^3-8$
となる．余りが 0 であることから $a=2$，$b=3$ が得られる．

○ 6　演習題（解答は p.48）

$\gamma=1+\sqrt{3}\,i$ とする．ただし，i は虚数単位である．実数 a, b に対して多項式 $P(x)$ を，$P(x)=x^4+ax^3+bx^2-8(\sqrt{3}+1)x+16$ で定める．

（1）　$P(\gamma)=0$ となるように a と b を定めよ．

（2）　（1）で定めた a と b に対して，$P(x)=0$ となる複素数 x で γ 以外のものをすべて求めよ．

（北大・文系）

$\overline{\gamma}$ も解であることに着目する．

◆ **7 共通解**

（ア）k を実数の定数とする．2つの2次方程式 $x^2-kx+9=0$，$x^2-3x+3k=0$ が共通の実数解を
もつとき，その共通解は □ であり，そのとき $k=$ □ である． （九州東海大／一部省略）

（イ）2次方程式 $x^2-kx+k=0$，$x^2-(2k+1)x+k^2=0$ が共通の解を持つときの k の値を求めな
さい． （大阪薬科大）

> **共通解の問題では，次数下げが定石** 2つの方程式が共通解をもつとき，一方の方程式が容易に解
> ければ，その解がもう一方の方程式の解になる条件を考えればよい．そうでないときは，共通解を α と
> して，2つの方程式に代入し，得られた2式から最高次を消去する．すると，次数が下がった式が得られ
> るので，扱い易くなる．なお，最高次を消去して得られる式は因数分解できることが多く，因数分解で
> きれば好都合である．

▓ 解 答 ▓

（ア）共通解を α とすると，　$\alpha^2-k\alpha+9=0$ ……………………①

$\alpha^2-3\alpha+3k=0$ …………………②

②−①により，$(k-3)\alpha+3k-9=0$　∴ $(k-3)(\alpha+3)=0$ ……③　⇦最高次の項である α^2 を消去．
よって，$k=3$ または $\alpha=-3$

$1°$　$k=3$ のとき，2次方程式はともに $x^2-3x+9=0$ となる．この方程式は実数
　解をもたない（判別式 $=3^2-4\cdot9<0$）から不適である．

$2°$　$\alpha=-3$ のとき，①に代入して，$9+3k+9=0$　∴ $\pmb{k=-6}$

　➡注　$\alpha=-3$ のとき，①，②に代入して得られる k の値は一致する．なぜなら，
　「$f=0$ かつ $g=0$」$\Longleftrightarrow$「$f=0$ かつ $f-g=0$」であるから，
　「①かつ②」$\Longleftrightarrow$「①かつ③」が成り立つからである． ⇦共通解 α が満たす条件は
　　③かつ①

（イ）共通解を α とすると，　$\alpha^2-k\alpha+k=0$…………………①

$\alpha^2-(2k+1)\alpha+k^2=0$…………………②

①−②により，$(k+1)\alpha+k-k^2=0$　∴ $(k+1)\alpha=k^2-k$…………③

③は $k=-1$ のとき成り立たないから，$\alpha=\dfrac{k^2-k}{k+1}$ ⇦③で $k=-1$ とすると $0=2$ となっ
　　て不適であるから，$k\neq-1$．よっ
　　て，③の両辺を $k+1(\neq0)$ で割る
　　ことができる．

これを①に代入して，$\left(\dfrac{k^2-k}{k+1}\right)^2-k\left(\dfrac{k^2-k}{k+1}\right)+k=0$

　∴ $(k^2-k)^2-k(k^2-k)(k+1)+k(k+1)^2=0$

　∴ $(k^4-2k^3+k^2)-(k^4-k^2)+(k^3+2k^2+k)=0$

　∴ $-k^3+4k^2+k=0$　∴ $k(k^2-4k-1)=0$

　　　　　∴ $\pmb{k=0,\ 2\pm\sqrt{5}}$

　➡注　最高次を消去して得られる式が因数分解できないときは，①，②を α，k
　の連立方程式と見るのもよい．①は k については1次なので，①から k を α で
　表して②に代入すればよい．

◐ **7 演習題**（解答は p.48）

t を0でない実数の定数として，2つの2次方程式 $x^2-3tx-6t=0$ と $tx^2-x+2t=0$
が共通の実数解をもつとする．このとき，共通の実数解は $x=$ □ であり，$t=$ □
である． （星薬大）

> 共通解を α とおいて最
> 高次を消去し，α を t で
> 表せばなんとかなる．

◆ 8 解の個数

次の問に答えよ.

（1） t を実数とするとき，x に関する方程式 $x+\dfrac{1}{x}=t$ の正の実数解の個数を求めよ.

（2） k を正の実数とするとき，x に関する方程式 $x^2+\dfrac{1}{x^2}-8\left(x+\dfrac{1}{x}\right)+17=k$ の正の実数解の個数を求めよ.

（佐賀大・農）

（相反方程式）　$ax^4+bx^3+cx^2+bx+a=0\ (a\neq0)$ のように，降べきの順に表したとき係数が左右対称になっている方程式を相反方程式と言う．例題の方程式は，4次の相反方程式
$x^4-8x^3+(17-k)x^2-8x+1=0$ の両辺を x^2 で割って得られる．つまり，相反方程式を解く途中の式である．

　4次の相反方程式は，両辺を x^2 で割り，$x+\dfrac{1}{x}=t$ ……☆　とおいて t の2次方程式を導いて解くのが定石である．本問はこの定石を示唆しているわけである．

（個数の関係を調べる）　本問では☆とおいて t の方程式を考える．問題になっているのが x の個数であるから，t の値を定めたとき，x が何個定まるか，といったことを考える必要がある．

▤ 解 答 ▤

（1）　$x>0$ のとき，$x+\dfrac{1}{x}=t$ ……① の左辺は正であるから，$t\leqq0$ のとき，正の実数解はない．以下，$t>0$ とする．①の両辺に x を掛けて整理し，

$$x^2-tx+1=0 \quad\cdots\cdots\cdots\cdots\cdots\cdots②$$

⇦ t を決めると②を満たす正の x は2個以下

判別式を D とすると，$D=t^2-4=(t+2)(t-2)$

● $0<t<2$ のとき，$D<0$ で実数解は存在しない.

● $t=2$ のとき，②は $(x-1)^2=0$ で，$x=1$ を重解にもつ.

● $t>2$ のとき，$D>0$，2解の和 $=t>0$，2解の積 $=1>0$ であるから，②は異なる正の実数解をもつ.

⇦ ○3, 2°

　よって，答えは，**$t<2$ のとき 0 個，$t=2$ のとき 1 個，$t>2$ のとき 2 個**.

（2）　$x^2+\dfrac{1}{x^2}=\left(x+\dfrac{1}{x}\right)^2-2=t^2-2$ であるから，与えられた方程式は，

$$(t^2-2)-8t+17=k \quad\therefore\quad k=t^2-8t+15$$

ty 平面上において，直線 $y=k$ と，曲線 $y=t^2-8t+15\ (t\geqq2)$ ……③ の共有点を考える．③のとき，$y=(t-4)^2-1$ である.

⇦ （1）により，$x>0$ となる t の範囲は $t\geqq2$

共有点の t 座標について，t の値1個に対して

● $t>2$ のとき，x は2個
● $t=2$ のとき，x は1個

定まることと，右図から，答えは，

$0<k<3$ のとき 4 個
$k=3$ のとき 3 個
$k>3$ のとき 2 個

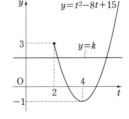

⇦ k は正の実数

◯ 8 演習題 （解答は p.49）

4次方程式 $x^4-2x^3+bx^2-2x+1=0$ が実数解をもつような b の値の範囲を求めよ．また，ちょうど3つの実数解をもつとき，b の値と解を求めよ.

（東海大／一部略）

例題と同様に，おきかえ，グラフを描いて考える.

複素数と方程式 演習題の解答

1···A○B*   2···B*B*   3···B**
4···A○B**   5···B**   6···B**
7···B***   8···B***

1 （イ）は，数Ⅲで習う，極表示とド・モアブルの定理を活用する解法もある（☞注）.

解 （ア） $\dfrac{1+\sqrt{2}+i}{1+\sqrt{2}-i}=\dfrac{(1+\sqrt{2}+i)(1+\sqrt{2}+i)}{(1+\sqrt{2}-i)(1+\sqrt{2}+i)}$

$=\dfrac{(1+\sqrt{2})^2+2(1+\sqrt{2})i+i^2}{(1+\sqrt{2})^2-i^2}$

$=\dfrac{(3+2\sqrt{2})+2(1+\sqrt{2})i-1}{(3+2\sqrt{2})+1}$

$=\dfrac{2+2\sqrt{2}+2(1+\sqrt{2})i}{4+2\sqrt{2}}=\dfrac{2(1+\sqrt{2})(1+i)}{2\sqrt{2}(\sqrt{2}+1)}$

$=\dfrac{1}{\sqrt{2}}(1+i)=\dfrac{\sqrt{2}}{2}+\dfrac{\sqrt{2}}{2}i$

よって，実部は $\dfrac{\sqrt{2}}{2}$，虚部は $\dfrac{\sqrt{2}}{2}$

（イ）$z=x+yi$（x, y は実数）とおくと，
$z^3=x^3+3x^2(yi)+3x(yi)^2+(yi)^3$
$\quad =x^3-3xy^2+(3x^2y-y^3)i$

x, y は実数であるから，$z^3=i$ のとき，
$x^3-3xy^2=0$ ……① , $3x^2y-y^3=1$ ……②

①により，$x=0$ または $x^2-3y^2=0$

1° $x=0$ のとき，②により $y^3=-1$

y は実数であるから，$y=-1$ ∴ $z=-i$

2° $x^2=3y^2$ のとき，$x=\pm\sqrt{3}\,y$（以下複号同順）

②に代入して，$8y^3=1$ ∴ $(2y)^3=1$

y は実数であるから，$2y=1$

∴ $y=\dfrac{1}{2}$ ∴ $x=\pm\dfrac{\sqrt{3}}{2}$ ∴ $z=\dfrac{\pm\sqrt{3}+i}{2}$

1°, 2° により，$z=-i,\ \dfrac{\pm\sqrt{3}+i}{2}$

➡注 $z=r(\cos\theta+i\sin\theta)$（$r>0$, $0\le\theta<2\pi$）とおくと，ド・モアブルの定理（☞p.50）により，
$z^3=r^3(\cos3\theta+i\sin3\theta)$ ………………………①
$z^3=i=\cos\dfrac{\pi}{2}+i\sin\dfrac{\pi}{2}$ ………………………②
のとき，①，②の絶対値と偏角が等しいから，

$r^3=1,\ 3\theta=\dfrac{\pi}{2}+2n\pi$（$n$ は整数）

∴ $r=1,\ \theta=\dfrac{\pi}{6}+\dfrac{2n\pi}{3}$

$0\le\theta<2\pi$ により，$\theta=\dfrac{\pi}{6},\ \dfrac{5\pi}{6},\ \dfrac{9\pi}{6}$

$z=r(\cos\theta+i\sin\theta)$ に代入して答えを得る.

2 （ア）まず，$\left(\dfrac{1\pm i}{\sqrt{2}}\right)^2$ を計算してみよう.

（イ）$\omega^3=1$, $\omega^2+\omega+1=0$ が成り立つことを使う.

解 （ア）$\left(\dfrac{1\pm i}{\sqrt{2}}\right)^2=\dfrac{1\pm2i+i^2}{2}=\pm i$（複号同順）

であるから，

$\left(\dfrac{1\pm i}{\sqrt{2}}\right)^{2p}=\left\{\left(\dfrac{1\pm i}{\sqrt{2}}\right)^2\right\}^p=(\pm i)^p$（複号同順）

よって，

$\left(\dfrac{1+i}{\sqrt{2}}\right)^{2p}+\left(\dfrac{1-i}{\sqrt{2}}\right)^{2p}=i^p+(-i)^p$

$=i^p\{1+(-1)^p\}$ ……………①

p は奇数であるから，$(-1)^p=-1$. よって，①$=\mathbf{0}$

（イ）$x^2+x+1=0$ の両辺に $x-1$ を掛けると
$x^3-1=0$ になるから，$\omega^3=1$, $\omega^2+\omega+1=0$
が成り立つ. まず $\omega^3=1$ を使うと，

$1+2\omega+3\omega^2+\cdots+10\omega^9$
$=1+2\omega+3\omega^2+4+5\omega+6\omega^2+7+8\omega+9\omega^2+10$
$=22+15\omega+18\omega^2$ ……………②

$\omega^2=-\omega-1$ であるから，

②$=22+15\omega+18(-\omega-1)=\mathbf{4-3\omega}$

3 （2）背理法を使おう. なお，直接示すこともできる（☞注）.

解 $x^2+2ax+(a-1)=0$ の判別式を D とすると，
$D/4=a^2-(a-1)=a^2-a+1$

また，解と係数の関係により，
$\alpha+\beta=-2a$, $\alpha\beta=a-1$

（1）$\dfrac{D}{4}=a^2-a+1=\left(a-\dfrac{1}{2}\right)^2+\dfrac{3}{4}>0$

であるから，α, β は異なる実数である.

（2）背理法で示す. $\alpha\ge0$ かつ $\beta\ge0$ とすると，

$\alpha+\beta\ge0$ かつ $\alpha\beta\ge0$

∴ $-2a\ge0$ かつ $a-1\ge0$

∴ $a\le0$ かつ $a\ge1$

これは成り立たないから，$\alpha\ge0$ かつ $\beta\ge0$ となることはなく，α, β のうち少なくとも１つは負である.

（3） $\alpha \le 0$ かつ $\beta \le 0 \iff \alpha + \beta \le 0$ かつ $\alpha\beta \ge 0$
であるから，$-2a \le 0$ かつ $a-1 \ge 0$

$$\therefore \quad a \ge 1 \cdots\cdots\cdots\cdots\cdots\cdots ①$$

$$\begin{aligned}\alpha^2 + \beta^2 &= (\alpha + \beta)^2 - 2\alpha\beta \\ &= (-2a)^2 - 2(a-1) \\ &= 4a^2 - 2a + 2 = 4\left(a - \frac{1}{4}\right)^2 + \frac{7}{4}\end{aligned}$$

a は①の範囲を動くから，$\alpha^2 + \beta^2$ は $a=1$ のとき，最小値 $4 \cdot 1^2 - 2 \cdot 1 + 2 = \boldsymbol{4}$ をとる．

⇨注 （2） 定数項の符号で場合分けして示すこともできる．次のようになる．
　1° $a<1$ のとき，$\alpha\beta < 0$ であるから，一方は負．
　2° $a \ge 1$ のとき，$\alpha + \beta = -2a < 0$ であるから，少なくとも一方は負．

④ （ア） まず，$x = \pm1,\ \pm2,\ \cdots$ を入代してみる．
（イ） $f(x) = x$ の解を利用して，$f(x) - x$ を割り切る多項式を作る．

解 （ア） $3x^4 + x^3 - 21x^2 - 25x - 6 = 0 \cdots\cdots\cdots ①$
[$x = -1$ とすると，$3-1-21+25-6=0$．よって，①の左辺は $x+1$ で割り切れ，実行すると下のようになるので，$3x^4 + x^3 - 21x^2 - 25x - 6$
$= (x+1)(\underwave{3x^3 - 2x^2 - 19x - 6})$
$\underwave{\quad}$ で $x = -2$ とすると，$-24 - 8 + 38 - 6 = 0$．よって $\underwave{\quad}$ は $x+2$ で割り切れ，実行すると下のようになる．]

```
 −1| 3    1   −21   −25   −6
   |     −3     2    19    6
 −2| 3   −2   −19    −6  | 0
   |     −6    16     6
     3   −8    −3  | 0
```

①の左辺を変形すると，
$$(x+1)(x+2)(3x^2 - 8x - 3) = 0$$
$$\therefore \quad (x+1)(x+2)(x-3)(3x+1) = 0$$

$$\therefore \quad \boldsymbol{x = -1,\ -2,\ 3,\ -\dfrac{1}{3}}$$

（イ） $x^2 + x + 1 = 0 \cdots\cdots ①$　の解は，$x = \dfrac{-1 \pm \sqrt{3}\,i}{2}$
であり，これらが $\alpha,\ \beta$ である．
　$f(1) = 1,\ f(\alpha) = \alpha,\ f(\beta) = \beta$ であるから，$f(x) = x$，つまり $f(x) - x = 0$ は $x=1,\ \alpha,\ \beta$ を解に持つ（これらは互いに異なる）．よって，
　$f(x) - x$ は，$(x-1)(x-\alpha)(x-\beta)$ で割り切れる
$$\cdots\cdots②$$
ここで，$\alpha,\ \beta$ は①の解であるから，
$$x^2 + x + 1 = (x-\alpha)(x-\beta)$$

と因数分解できる．よって，
$$(x-1)(x-\alpha)(x-\beta) = (x-1)(x^2 + x + 1)$$
$$= x^3 - 1 \cdots\cdots\cdots\cdots ③$$
一方，$f(x) = ax^3 + bx^2 + cx + d$ により，$f(x) - x$ の 3 次の係数は a であるから，②，③により，
$$f(x) - x = a(x^3 - 1)$$
と表せる．$f(-1) = 1$ であるから，上式に $x = -1$ を代入すると，$1+1 = a(-1-1)$　$\therefore\quad a = -1$
　よって，$f(x) = a(x^3 - 1) + x = -x^3 + x + 1$

$$\therefore \quad \boldsymbol{a = -1,\ b = 0,\ c = 1,\ d = 1}$$

⇨注 $f(x) = x$ の解を活用できなかったら，「次数下げ」を利用すればよいだろう．
　①の解は「オメガ」である（☞○2）．そこで，$\alpha,\ \beta$ の代わりに $\omega,\ \omega'$ と書くことにする．
　$\omega^3 = 1,\ \omega^2 = -\omega - 1$ が成り立つので，
$$\begin{aligned}f(\omega) &= a\omega^3 + b\omega^2 + c\omega + d \\ &= a + b(-\omega - 1) + c\omega + d \\ &= (-b + c)\omega + a - b + d\end{aligned}$$
これが ω に等しいから，
$$(-b + c - 1)\omega + a - b + d = 0 \cdots\cdots\cdots\cdots ④$$
同様にして，
$$(-b + c - 1)\omega' + a - b + d = 0 \cdots\cdots\cdots\cdots ⑤$$
④−⑤と $\omega \ne \omega'$ により，$-b + c - 1 = 0 \cdots\cdots\cdots ⑥$
④に代入して，$a - b + d = 0 \cdots\cdots\cdots\cdots ⑦$
また，$f(-1) = 1,\ f(1) = 1$ により，
$-a + b - c + d = 1 \cdots⑧,\quad a + b + c + d = 1 \cdots\cdots⑨$
　以下，⑥，⑦，⑧，⑨を解けばよい．

⑤ （3） （1），（2）から $x,\ y,\ z$ を解とする 3 次方程式が作れる．解の定義を使って $x^5 + y^5 + z^5$ を次数下げして a の満たす方程式を作る．

解 （1）
$$xy + yz + zx = \frac{1}{2}\{(x+y+z)^2 - (x^2 + y^2 + z^2)\}$$
に，$x + y + z = 0,\ x^2 + y^2 + z^2 = a$ を代入して，
$$xy + yz + zx = -\frac{\boldsymbol{a}}{\boldsymbol{2}}$$

（2） $x^3 + y^3 + z^3 - 3xyz$
$$= (x+y+z)(x^2 + y^2 + z^2 - xy - yz - zx)$$
に，$x + y + z = 0,\ x^3 + y^3 + z^3 = 3$ を代入して，
$$3 - 3xyz = 0 \quad \therefore\quad xyz = \boldsymbol{1}$$

（3） $x + y + z = 0,\ xy + yz + zx = -\dfrac{a}{2},\ xyz = 1$
であるから，$x,\ y,\ z$ を解とする 3 次方程式は
$$t^3 - \frac{a}{2}t - 1 = 0$$
である．よって，$t^3 = \dfrac{a}{2}t + 1$ であり，t^2 を掛けて，

$$t^5 = \frac{a}{2}t^3 + t^2$$

ここに，$t=x,\ y,\ z$ を代入すると，

$$x^5 = \frac{a}{2}x^3 + x^2,\quad y^5 = \frac{a}{2}y^3 + y^2,\quad z^5 = \frac{a}{2}z^3 + z^2$$

これらを辺ごとに加えて，

$$x^5 + y^5 + z^5 = \frac{a}{2}(x^3 + y^3 + z^3) + x^2 + y^2 + z^2$$

$$\therefore \ 15 = \frac{a}{2}\cdot 3 + a \qquad \therefore \ \boldsymbol{a = 6}$$

別解（2）[解答では因数分解の公式を使ったが，次数下げで解くと] $xyz = k$ とおく．

$$x+y+z = 0,\quad xy+yz+zx = -\frac{a}{2},\quad xyz = k$$

であるから，$x,\ y,\ z$ を解とする3次方程式は，

$$t^3 - \frac{a}{2}t - k = 0 \qquad \therefore \ t^3 = \frac{a}{2}t + k$$

ここに $t=x,\ y,\ z$ を代入すると，

$$x^3 = \frac{a}{2}x + k,\quad y^3 = \frac{a}{2}y + k,\quad z^3 = \frac{a}{2}z + k$$

これらを辺ごとに加えて，

$$x^3 + y^3 + z^3 = \frac{a}{2}(x+y+z) + 3k$$

$$\therefore \ 3 = 3k \qquad \therefore \ \boldsymbol{k = 1}$$

⑥ 例題（イ）と同様に解く．$P(x)$ が2次式で割り切れることに着目するが，実際に割り算をする代わりに商を文字でおいて係数比較をしてもよい（☞注2）．

解（1）$P(x) = x^4 + ax^3 + bx^2 - 8(\sqrt{3}+1)x + 16$

$\gamma = 1 + \sqrt{3}\,i$ が実数係数の4次方程式 $P(x) = 0$ の解であるから，$1 - \sqrt{3}\,i$ もこの方程式の解である．

よって，$P(x)$ は，

$$\{x - (1+\sqrt{3}\,i)\}\{x - (1-\sqrt{3}\,i)\} \cdots\cdots ①$$

で割り切れる．ここで，

$$① = \{(x-1) - \sqrt{3}\,i\}\{(x-1) + \sqrt{3}\,i\}$$
$$= (x-1)^2 + 3 = x^2 - 2x + 4 \cdots\cdots ②$$

であり，実際に $P(x)$ を②で割ると（☞注1），

商：$x^2 + (a+2)x + 2a + b \cdots\cdots\cdots\cdots\cdots ③$

余り：$\{2b - 8(\sqrt{3}+2)\}x - 4(2a+b) + 16$

となる．余りが0であるから，

$$2b - 8(\sqrt{3}+2) = 0,\quad -4(2a+b) + 16 = 0$$

$$\therefore \ \boldsymbol{b = 4(\sqrt{3}+2)},\ 2a+b = 4$$

$$\therefore \ \boldsymbol{a = -2(\sqrt{3}+2) + 2 = -2\sqrt{3} - 2}$$

（2）$P(x) = ② \times ③$

$$= (x^2 - 2x + 4)(x^2 - 2\sqrt{3}\,x + 4)$$

であるから，求める x は，

$$\boldsymbol{x = 1 - \sqrt{3}\,i,\ \sqrt{3} \pm i}$$

⇒注1.

$$
\begin{array}{r}
1\ \ a+2\ \ 2a+b \\
1-2\,4\,)\overline{1\ \ \ a\ \ \ \ b\ \ \ \ \ \ -8(\sqrt{3}+1)\ \ \ \ \ \ 16} \\
\underline{1\,-2\ \ \ \ 4} \\
a+2\ \ b-4\ \ \ -8(\sqrt{3}+1) \\
\underline{a+2\ \ -2a-4\ \ \ \ 4a+8} \\
2a+b\ \ -4a - 8(\sqrt{3}+2)\ \ \ \ 16 \\
\underline{2a+b\ \ \ \ \ -4a - 2b\ \ \ \ 4(2a+b)} \\
2b - 8(\sqrt{3}+2)\ \ -4(2a+b)+16
\end{array}
$$

⇒注2. $P(x) = (x^2 - 2x + 4)(x^2 + cx + d)$

とおける．この両辺の係数を比較して

$x^3 : a = c - 2 \qquad x^2 : b = d - 2c + 4$

$x : -8(\sqrt{3}+1) = -2d + 4c$

定数項：$16 = 4d$

$\therefore \ d = 4,\ c = -2\sqrt{3},\ a = -2\sqrt{3} - 2,\ b = 8 + 4\sqrt{3}$

⑦ 最高次を消去して得られる式は因数分解できない．共通解 α の1次方程式が得られるので，α を t で表して α を消去して解くことにする（☞解答）．

問題文は，「共通解は $x = \boxed{}$ であり，$t = \boxed{}$」となっている．これはまず α から求めるといいよ，というヒントととらえると，t を α で表して t を消去して解くと別解のようになる．

解 $x^2 - 3tx - 6t = 0,\ tx^2 - x + 2t = 0\ (t \neq 0)$ が $x = \alpha$ を共通解にもつとき，

$$\alpha^2 - 3t\alpha - 6t = 0 \cdots\cdots ①,\quad t\alpha^2 - \alpha + 2t = 0 \cdots\cdots ②$$

② $-$ ① $\times t$ により，

$$(3t^2 - 1)\alpha + 6t^2 + 2t = 0$$

$t = \pm\dfrac{1}{\sqrt{3}}$ は上式を満たさないから，$3t^2 - 1 \neq 0$ で，

$$\alpha = \frac{-2t(3t+1)}{3t^2 - 1} \cdots\cdots\cdots\cdots\cdots\cdots ③$$

これを①に代入して，

$$\left\{\frac{-2t(3t+1)}{3t^2-1}\right\}^2 - 3t\cdot\frac{-2t(3t+1)}{3t^2-1} - 6t = 0$$

両辺を $\dfrac{(3t^2-1)^2}{2t}$ 倍して，

$$2t(3t+1)^2 + 3t(3t+1)(3t^2-1) - 3(3t^2-1)^2 = 0$$

$$\therefore \ 18t^3 + 12t^2 + 2t + 27t^4 + 9t^3 - 9t^2 - 3t$$
$$-27t^4 + 18t^2 - 3 = 0$$

$$\therefore \ 27t^3 + 21t^2 - t - 3 = 0$$

[$t=\dfrac{1}{3}$ とすると，$1+\dfrac{7}{3}-\dfrac{1}{3}-3=0$. よって，上式の

左辺は $t-\dfrac{1}{3}$ で割り

切れ，実行すると右の

ようになる．]

$$
\begin{array}{r|rrrr}
\dfrac{1}{3} & 27 & 21 & -1 & -3 \\
 & & 9 & 10 & 3 \\
\hline
 & 27 & 30 & 9 & 0
\end{array}
$$

この左辺を変形すると，

$$(3t-1)(9t^2+10t+3)=0$$

ここで，〜〜 の判別式を D とすると，$D/4=5^2-9\cdot3<0$

であるから，求める実数 t は，$\boldsymbol{t=\dfrac{1}{3}}$. このとき③により，

共通の実数解は **2**

別解 **後半**：〔例題(イ)の注の方針．②以降〕

②は t について 1 次なので t を消去する．

②により，$t(\alpha^2+2)=\alpha$ ∴ $t=\dfrac{\alpha}{\alpha^2+2}$ ………④

④を①に代入して，

$$\alpha^2-3\cdot\dfrac{\alpha}{\alpha^2+2}\cdot\alpha-6\cdot\dfrac{\alpha}{\alpha^2+2}=0$$

$\alpha=0$ のとき④から $t=0$ となり，$t\neq0$ に反するから，α

で割って，$\alpha-\dfrac{3\alpha}{\alpha^2+2}-\dfrac{6}{\alpha^2+2}=0$

∴ $\alpha(\alpha^2+2)-3\alpha-6=0$

∴ $\alpha^3-\alpha-6=0$

∴ $(\alpha-2)(\alpha^2+2\alpha+3)=0$

α は実数であるから $\alpha=\boldsymbol{2}$. ④により，$\boldsymbol{t=\dfrac{1}{3}}$

⇒注 本問の場合，解答より別解の方が計算量が少なくて済んだが，例題(イ)の場合は次のように，この方針の方が計算量が多くなる．〔以下，p.44 も参照〕

①により，$k=\dfrac{\alpha^2}{\alpha-1}$ ……④ であり，②に代入し

$$\alpha^2-\left(2\cdot\dfrac{\alpha^2}{\alpha-1}+1\right)\alpha+\left(\dfrac{\alpha^2}{\alpha-1}\right)^2=0$$

∴ $\alpha^2(\alpha-1)^2-(2\alpha^2+\alpha-1)\alpha(\alpha-1)+\alpha^4=0$

∴ $(\alpha^4-2\alpha^3+\alpha^2)-(2\alpha^4-\alpha^3-2\alpha^2+\alpha)+\alpha^4=0$

∴ $-\alpha^3+3\alpha^2-\alpha=0$ ∴ $\alpha(\alpha^2-3\alpha+1)=0$

∴ $\alpha=0,\ \dfrac{3\pm\sqrt{5}}{2}$

この α に対して，④から k を求める必要がある．

8 $x+\dfrac{1}{x}=t$ とおく．t の値を定めたとき，実数 x

の個数は，2 or 1 or 0 である．

解 $x=0$ は，$x^4-2x^3+bx^2-2x+1=0$…………①

を満たさないから，x^2 で割って，

$$x^2-2x+b-\dfrac{2}{x}+\dfrac{1}{x^2}=0$$

∴ $\left(x+\dfrac{1}{x}\right)^2-2-2\left(x+\dfrac{1}{x}\right)+b=0$

$t=x+\dfrac{1}{x}$ ……② とおくと，$t^2-2t+b-2=0$ ……③

②の両辺に x を掛けて整理すると，

$$x^2-tx+1=0\cdots\cdots\cdots\cdots②'$$

これを満たす実数 x が存在するための条件は，

判別式 $D=t^2-4\geqq0$

∴ $t\leqq-2$ または $2\leqq t$ …………④

①が実数解をもつための条件は，

③が④を満たす解を少なくとも 1 つもつこと…………⑤

である．

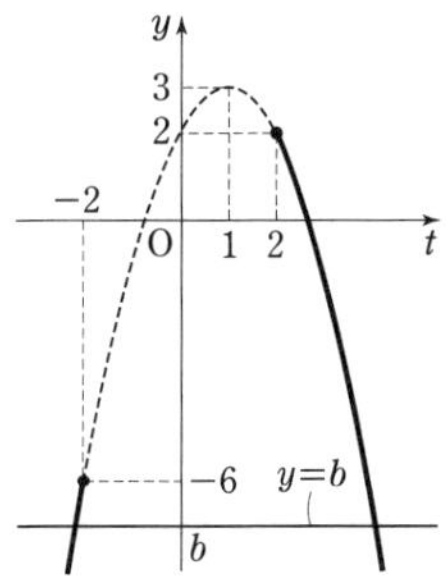

ここで，③は，

$$b=-t^2+2t+2$$
$$=-(t-1)^2+3$$

と変形できる．よって，⑤は

ty 平面において，

曲線 $C: y=-(t-1)^2+3$

　　（ただし，④の範囲）

と，直線：$y=b$

が共有点をもつことと同値であり（共有点の t 座標が③の実数解），右図により，b の範囲は，　　$\boldsymbol{b\leqq2}$

t の値を定めたとき，②つまり②′を満たす異なる実数 x の個数は，④を導く過程（D の符号）から，

1° $-2<t<2$ のとき，0 個

2° $t=-2$ または $t=2$ のとき，1 個

3° $t<-2$ または $2<t$ のとき，2 個

である．

よって，①の異なる実数解が 3 個となるのは，③の 2 解のうち一方が 2° を，他方が 3° を満たすときであり，右上図により，それは $\boldsymbol{b=-6}$ のときである．

$b=-6$ のとき，③は，$t^2-2t-8=0$

∴ $(t+2)(t-4)=0$ ∴ $t=-2,\ 4$

これらのとき，②′は，

$$x^2+2x+1=0,\ x^2-4x+1=0$$

∴ $\boldsymbol{x=-1,\ 2\pm\sqrt{3}}$

49

ミニ講座・3
$(1+\sqrt{3}\,i)^n$

p.39 の○2で，$(1+\sqrt{3}\,i)^8$ を求めよ，という問題を解きました．計算していけば解決しますが，「$1+\sqrt{3}\,i$」には何か特徴はあるのでしょうか？

実は数Ⅲで習う複素数平面の知識があると，そのネタが分かります．先取りですが，少し説明しておきます．

$z=a+bi$（a, b は実数）に対して，

点 (a, b)

を対応させた平面を，複素数平面と言います．

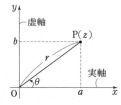

0 でない $z=a+bi$ が表す点を P とし，P と原点 O の距離を r，実軸（x軸）の正の部分から OP まで測った回転角を θ とします．このとき，

$$a=r\cos\theta, \quad b=r\sin\theta$$

ですから，　$z=r(\cos\theta+i\sin\theta)$

と表すことができ，この表し方を z の極形式と言います．

複素数 z に対し，r を z の絶対値，θ を偏角と言い

$$r=|z|, \quad \theta=\arg z$$

と表します．また，z の表す点 P を P(z) と表します．

極形式で表された2数の積を計算してみましょう．

$w=c(\cos\alpha+i\sin\alpha)$ に，$z=r(\cos\theta+i\sin\theta)$ を掛けると，

$$\begin{aligned}zw&=r(\cos\theta+i\sin\theta)\cdot c(\cos\alpha+i\sin\alpha)\\&=rc\{\cos\theta\cos\alpha-\sin\theta\sin\alpha\\&\qquad+i(\sin\theta\cos\alpha+\cos\theta\sin\alpha)\}\\&=rc\{\cos(\theta+\alpha)+i\sin(\theta+\alpha)\}\quad\cdots\cdots①\end{aligned}$$

となります．

したがって，w に，z=r(\cos\theta+i\sin\theta) を掛けると，絶対値が r 倍になり，偏角が $+\theta$ されます．

これを複素数平面の話に直すと次のようになります．

P(w), Q(zw)

とすると，

点 Q は，点 P を原点 O からの距離を r 倍し，さらに O を中心に θ 回転して得られる点

であることが分かります．

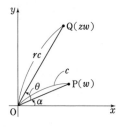

そこで，

$$\left.\begin{array}{l}z=r(\cos\theta+i\sin\theta)\text{を}\\ \text{「}r\text{ 倍と }\theta\text{ 回転」を表す複素数}\end{array}\right\}\cdots\cdots☆$$

と呼ぶことにしましょう．

例えば，$1+i$ であれば，

$$1+i=\sqrt{2}\,(\cos45°+i\sin45°)$$

なので，これは「$\sqrt{2}$ 倍と 45° 回転」を表す複素数です．

☆から，z^2 や z^n が容易にとらえられます．

z^2 を掛けることは，z を2回掛けることなので，

「r 倍と θ 回転」を2回行う，つまり

「r^2 倍と 2θ 回転」を表す複素数

$r^2(\cos2\theta+i\sin2\theta)$ を掛けること

と同じです．つまり，$z^2=r^2(\cos2\theta+i\sin2\theta)$ です．同様に，

z^n を掛けることは，z を n 回掛けることなので，

「r 倍と θ 回転」を n 回行う，つまり

「r^n 倍と $n\theta$ 回転」を表す複素数

$r^n(\cos n\theta+i\sin n\theta)$ を掛けること

と同じです．結局，$z=r(\cos\theta+i\sin\theta)$ のとき，

$$z^n=r^n(\cos n\theta+i\sin n\theta)$$

が成り立つことが分かりました．

ここで，有名な定理を紹介しましょう．

$r=1$ として，次の定理が得られます．

ド・モアブルの定理

n を自然数とするとき，次式が成り立つ．

$$(\cos\theta+i\sin\theta)^n=\cos n\theta+i\sin n\theta$$

⇨**注**　$\dfrac{1}{\cos\theta+i\sin\theta}=\cos\theta-i\sin\theta$

$$=\cos(-\theta)+i\sin(-\theta)$$

であるから，n が整数の範囲でも成り立つ．

さて，表題の「$(1+\sqrt{3}\,i)^n$」についてです．

$1+\sqrt{3}\,i$ を極形式で表すと，次のようになります．

$$1+\sqrt{3}\,i=2\left(\frac{1}{2}+\frac{\sqrt{3}}{2}i\right)=2(\cos60°+i\sin60°)$$

よって，$(1+\sqrt{3}\,i)^8=2^8(\cos480°+i\sin480°)$

$$=2^8\left(-\frac{1}{2}+\frac{\sqrt{3}}{2}i\right)=2^7(-1+\sqrt{3}\,i)$$

となることがすぐに分かります．

一般に，偏角が $180°\times k$（k は整数）の複素数は実数になります．$1+\sqrt{3}\,i$ の偏角は 60° なので，$(1+\sqrt{3}\,i)^3$ は，その偏角が 180° になるので実数です．○2と同様な問題は，ほとんど偏角が 45° や 60° などの有名角になっています．

指数・対数・三角関数

指数・対数・三角関数
要点の整理

1. 指数法則と指数関数

1・1 指数法則

$a>0$, $b>0$, x, y を実数とすると,

$$a^0=1, \quad a^{-x}=\frac{1}{a^x}, \quad a^x \cdot a^y=a^{x+y}, \quad (a^x)^y=a^{xy}$$

$$(ab)^x=a^x \cdot b^x, \quad \left(\frac{a}{b}\right)^x=\frac{a^x}{b^x}$$

➡注 $p\,(>0)$ と q を整数とするとき, $a^{\frac{q}{p}}=\sqrt[p]{a^q}$
また, m, n が整数ならば, $a<0$ でも
$a^m \cdot a^n=a^{m+n}$, $(a^m)^n=a^{mn}$ が成り立つ.

1・2 指数関数の定義

a を 1 でない正の定数とするとき, 関数 $y=a^x$ を, a を底とする指数関数という. (指数関数 $y=a^x$ と書かれていれば, $a>0$, $a\ne1$ が前提であるが, 単に関数 $y=a^x$ と書かれていれば, $a=1$ も含める.)

1・3 指数関数のグラフ

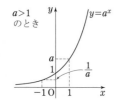
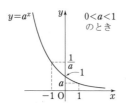

1・4 指数の大小

(i) $a^p=a^q \iff p=q$ $(a>0, a\ne1)$

(ii) $\begin{cases} 0<a<1 \text{ のとき, } a^p<a^q \iff p>q \\ a>1 \text{ のとき, } a^p<a^q \iff p<q \end{cases}$

2. 対数の性質と対数関数

2・1 対数関数の定義

$a>0$, $a\ne1$ とするとき, 任意の正の実数 x に対して, $a^y=x$ となる実数 y がただ 1 つ定まる (上のグラフを参照). この y を $y=\log_a x$ と表し, 関数 $y=\log_a x$ を対数関数という.

$\log_a x$ のことを, a を底とする x の対数といい, x をその真数という. $\log_a x$ は, $a>0$, $a\ne1$ (底の条件), $x>0$ (真数条件) のときにのみ意味をもつ.

定義から, $\log_a p=q$ のとき, $p=a^q$ である.

2・2 対数の性質

$a>0$, $a\ne1$, $x>0$, $y>0$ とすると,

$$\log_a a=1, \quad \log_a 1=0$$

$$\log_a xy=\log_a x+\log_a y$$

$$\log_a \frac{x}{y}=\log_a x-\log_a y$$

$$\log_a x^m=m\log_a x \ (m \text{ は実数})$$

➡注 上では $x>0$, $y>0$ としたが, 符号が不明な場合は, 例えば $\log_a x^2=2\log_a |x|$ となることに注意.

2・3 底の変換公式

$a>0$, $a\ne1$, $b>0$, $b\ne1$, $x>0$ とすると,

$$\log_a x=\frac{\log_b x}{\log_b a}$$

2・4 対数関数のグラフ

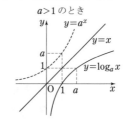
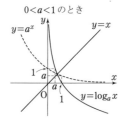

($y=\log_a x$ と $y=a^x$ とは, 直線 $y=x$ に関して対称)

2・5 対数の大小と真数の大小

$p>0$, $q>0$ として,

(i) $\log_a p=\log_a q \iff p=q$ $(a>0, a\ne1)$

(ii) $\begin{cases} 0<a<1 \text{ のとき, } \log_a p<\log_a q \iff p>q \\ a>1 \text{ のとき, } \log_a p<\log_a q \iff p<q \end{cases}$

3. 三角関数

3・1 三角関数の定義

点 A$(1, 0)$ を原点を中心に反時計まわりに θ 回転 ($0°$ 以下や $360°$ 以上も考える) して得られる単位円周上の点 P は θ によって定まる.

そこで, P の座標を (x, y) とすると,

$$x = \cos\theta, \quad y = \sin\theta, \quad \frac{y}{x} = \tan\theta \ (\text{OP の傾き})$$

は θ の関数である．これらを順に，余弦，正弦，正接といい，まとめて三角関数という．

図で，θ と $\overset{\frown}{\text{AP}}$（半径 1 の円弧）の長さは比例する．$\overset{\frown}{\text{AP}}$ の長さを角度とする測り方を弧度法という．

例えば，$2\pi = 360°$, $\pi = 180°$, $\dfrac{\pi}{2} = 90°$ である．

3・2 三角関数の基本関係

（ⅰ）$\cos^2\theta + \sin^2\theta = 1$　　（ⅱ）$\tan\theta = \dfrac{\sin\theta}{\cos\theta}$

3・3 三角関数の周期性

$$\begin{cases} \cos(\theta + 2n\pi) = \cos\theta \\ \sin(\theta + 2n\pi) = \sin\theta \quad (n \text{ は整数}) \\ \tan(\theta + n\pi) = \tan\theta \end{cases}$$

4. 加法定理

4・1 加法定理

（ⅰ）$\sin(\alpha + \beta) = \sin\alpha\cos\beta + \cos\alpha\sin\beta$

（ⅱ）$\sin(\alpha - \beta) = \sin\alpha\cos\beta - \cos\alpha\sin\beta$

（ⅲ）$\cos(\alpha + \beta) = \cos\alpha\cos\beta - \sin\alpha\sin\beta$

（ⅳ）$\cos(\alpha - \beta) = \cos\alpha\cos\beta + \sin\alpha\sin\beta$

（ⅴ）$\tan(\alpha + \beta) = \dfrac{\tan\alpha + \tan\beta}{1 - \tan\alpha\tan\beta}$

（ⅵ）$\tan(\alpha - \beta) = \dfrac{\tan\alpha - \tan\beta}{1 + \tan\alpha\tan\beta}$

4・2 2倍角の公式

（ⅰ）$\sin 2\theta = 2\sin\theta\cos\theta$

（ⅱ）$\cos 2\theta = \cos^2\theta - \sin^2\theta = 2\cos^2\theta - 1 = 1 - 2\sin^2\theta$

（ⅲ）$\tan 2\theta = \dfrac{2\tan\theta}{1 - \tan^2\theta}$

（ⅳ）$\cos^2\theta = \dfrac{1 + \cos 2\theta}{2}$, $\sin^2\theta = \dfrac{1 - \cos 2\theta}{2}$

$$\sin\theta\cos\theta = \dfrac{\sin 2\theta}{2}$$

4・3 3倍角の公式（$3\theta = 2\theta + \theta$ として導く）

（ⅰ）$\sin 3\theta = 3\sin\theta - 4\sin^3\theta$

（ⅱ）$\cos 3\theta = 4\cos^3\theta - 3\cos\theta$

5. 加法定理の応用

5・1 三角関数の合成

$(a, b) \neq (0, 0)$ のとき，

$$a\sin\theta + b\cos\theta = \sqrt{a^2 + b^2}\,\sin(\theta + \alpha)$$

ただし，α は，座標平面上に点 $\text{P}(a, b)$ をとるとき，OP が x 軸の正方向となす角（反時計まわりを正とする）である．

5・2 積を和（または差）に変える公式

加法定理において，$\sin(\alpha + \beta) + \sin(\alpha - \beta)$ などを考えることにより，

（ⅰ）$\sin\alpha\cos\beta = \dfrac{1}{2}\{\sin(\alpha + \beta) + \sin(\alpha - \beta)\}$

（ⅱ）$\cos\alpha\sin\beta = \dfrac{1}{2}\{\sin(\alpha + \beta) - \sin(\alpha - \beta)\}$

（ⅲ）$\cos\alpha\cos\beta = \dfrac{1}{2}\{\cos(\alpha - \beta) + \cos(\alpha + \beta)\}$

（ⅳ）$\sin\alpha\sin\beta = \dfrac{1}{2}\{\cos(\alpha - \beta) - \cos(\alpha + \beta)\}$

5・3 和（または差）を積に変える公式

$$A = \dfrac{A+B}{2} + \dfrac{A-B}{2}, \quad B = \dfrac{A+B}{2} - \dfrac{A-B}{2} \text{ とし}$$

て加法定理を用いる（☞ ○13）か，5・2 において，$\alpha + \beta = A$, $\alpha - \beta = B$ とおくことにより，

（ⅰ）$\sin A + \sin B = 2\sin\dfrac{A+B}{2}\cos\dfrac{A-B}{2}$

（ⅱ）$\sin A - \sin B = 2\cos\dfrac{A+B}{2}\sin\dfrac{A-B}{2}$

（ⅲ）$\cos A + \cos B = 2\cos\dfrac{A+B}{2}\cos\dfrac{A-B}{2}$

（ⅳ）$\cos A - \cos B = -2\sin\dfrac{A+B}{2}\sin\dfrac{A-B}{2}$

*　　　　　　*

加法定理と2倍角の公式は，絶対に丸暗記のこと．他の公式は，導き方をきちんと理解しておき，万が一忘れても導けるようにしておこう．

◆ 1 指数・対数／計算，式の値

（ア） $2^{\frac{5}{2}} \times 3^{\frac{3}{2}} \times 6^{\frac{1}{2}}$ を計算せよ． （東北工大）

（イ） $\log_{\frac{1}{4}} 6 + \log_{\frac{1}{2}} \sqrt{21} + \frac{1}{2}\log_2 56 + 2\log_4 12$ を簡単にせよ． （福島大・理工学群）

（ウ） $9^{-\log_3 8} = \boxed{}$ である． （法政大・理系）

（エ） $2^x = 3^y = \sqrt{6}$ ……① のとき，$\dfrac{1}{x} + \dfrac{1}{y} = \boxed{}$ である． （東海大）

【素因数分解ふうに】 （ア）では，$2°$ の系列と $3^\triangle$ の系列があるので，6 を素因数分解して，同じ素数の指数をまとめて計算する．

【底をそろえる】 （イ）では，底の変換公式 $\log_a b = \dfrac{\log_c b}{\log_c a}$ を使って底をそろえる（今は $c = 2$）．

【$a^{\log_a b} = b$】 $\log$ の定義から，$a^\square = b$ のときの $\boxed{}$ が $\log_a b$ であるから，$a^{\log_a b} = b$ である．これが使えるように，（ウ）では $9 = 3^2$ とする．

【指数を取り出す】 a^x の x について考えたいときは，対数をとって（底は 10 で大丈夫）x を取り出す．例えば，$a^x = b^y$ なら，$\log_{10} a^x = \log_{10} b^y$ から，$x\log_{10} a = y\log_{10} b$ とする．

▤ 解 答 ▤

（ア） 与式 $= 2^{\frac{5}{2}} \times 3^{\frac{3}{2}} \times (2 \cdot 3)^{\frac{1}{2}} = 2^{\frac{5}{2}} \times 3^{\frac{3}{2}} \times 2^{\frac{1}{2}} \times 3^{\frac{1}{2}}$

$\qquad = 2^{\frac{5}{2} + \frac{1}{2}} \times 3^{\frac{3}{2} + \frac{1}{2}} = 2^3 \times 3^2 = 8 \times 9 = \mathbf{72}$

（イ） $\log_{\frac{1}{4}} 6 = \dfrac{\log_2 6}{\log_2 (1/4)} = \dfrac{\log_2 6}{-2}$，$\quad \log_{\frac{1}{2}} \sqrt{21} = \dfrac{\log_2 \sqrt{21}}{\log_2 (1/2)} = \dfrac{\log_2 21}{-2}$

$\qquad\qquad\qquad\qquad\qquad\qquad$ $\Leftarrow \log_2 \dfrac{1}{4} = \log_2 2^{-2} = -2,$

$\log_4 12 = \dfrac{\log_2 12}{\log_2 4} = \dfrac{\log_2 12}{2}$ $\quad \therefore \quad 2\log_4 12 = \log_2 12 = \dfrac{1}{2} \cdot 2\log_2 12 = \dfrac{1}{2}\log_2 12^2$

$\qquad\qquad\qquad\qquad\qquad\qquad\qquad\qquad\qquad\qquad$ $\log_2 \sqrt{21} = \dfrac{1}{2}\log_2 21$

$\quad$ 与式 $= \dfrac{1}{2}(-\log_2 6 - \log_2 21 + \log_2 56 + \log_2 12^2) = \dfrac{1}{2}\log_2 \dfrac{56 \times 12^2}{6 \times 21} = \dfrac{1}{2}\log_2 8^2$

$\quad = \log_2 8 = \mathbf{3}$

$\qquad\qquad\qquad\qquad\qquad\qquad\qquad\qquad\qquad\qquad$ $a^{-b} = (a^{-1})^b = \left(\dfrac{1}{a}\right)^b$

（ウ） $9^{-\log_3 8} = (3^2)^{-\log_3 8} = (3^{\log_3 8})^{-2} = 8^{-2} = \dfrac{1}{8^2} = \dfrac{\mathbf{1}}{\mathbf{64}}$

$\qquad\qquad\qquad\qquad\qquad\qquad\qquad\qquad\qquad$ $\Leftarrow$ なお，$A = 9^{-\log_3 8}$ とおき，

$\qquad\qquad\qquad\qquad\qquad\qquad\qquad\qquad\qquad$ $\log_9 A = -\log_3 8 = -\dfrac{\log_9 8}{\log_9 3}$

（エ） ① の $\log_{10}$ を考えて，$x\log_{10} 2 = \dfrac{1}{2}\log_{10} 6$，$y\log_{10} 3 = \dfrac{1}{2}\log_{10} 6$

$\qquad\qquad\qquad\qquad\qquad\qquad\qquad\qquad\qquad\qquad$ $= -2\log_9 8 = \log_9 8^{-2}$

$\dfrac{1}{x} + \dfrac{1}{y} = \dfrac{2\log_{10} 2}{\log_{10} 6} + \dfrac{2\log_{10} 3}{\log_{10} 6} = 2 \cdot \dfrac{\log_{10} 2 + \log_{10} 3}{\log_{10} 6} = 2 \cdot \dfrac{\log_{10} 6}{\log_{10} 6} = \mathbf{2}$ $\quad$ から A を求めることもできる．

○ 1 演習題 （解答は p.69）

（ア） $\sqrt[3]{54} \times \sqrt{7} \times \sqrt[4]{14} \times \dfrac{1}{\sqrt[4]{490}} \times \sqrt[4]{10} \times \dfrac{1}{\sqrt[4]{7}} \times \dfrac{1}{\sqrt[12]{2}}$ を簡単にせよ．

$\qquad\qquad\qquad\qquad\qquad\qquad\qquad\qquad\qquad\qquad\qquad\qquad$ （立教大・経，法）

（イ） $(\log_2 3 + \log_4 9)(\log_3 4 + \log_9 2) = \boxed{}$ （職能開発大）

（ウ） $\log_3 5 = a$，$\log_5 7 = b$ とするとき，$\log_{105} 175$ を a と b で表せ． （弘前大）

（エ） a, b, c は正の数で $a \neq 1$ とする．$a^x = b^y = c^z$，$\dfrac{2}{x} + \dfrac{3}{y} = \dfrac{5}{z}$ のとき，c を a と b で

$\quad$ 表すと，$c = \boxed{}$ である． （工学院大）

> （ウ） まず $\log_{105} 175$ の底を 3 に直す．

◆ **2 指数・対数**／桁数，最高位の数字

$a=18^{50}$ とする．a の桁数，および a の最高位の数字を求めよ．ただし，$\log_{10}2=0.3010$，$\log_{10}3=0.4771$ とする．

（徳島大・医・理工／一部省略）

桁数　例えば，N が5桁の自然数であれば，$10000 \leqq N < 100000$　∴　$10^4 \leqq N < 10^5$ ⋯⋯⋯⋯⑦
を満たし，各辺の常用対数（10 を底とする対数）をとると，$4 \leqq \log_{10}N < 5$ ⋯⋯⋯⋯⋯⋯⋯⋯④
である．つまり $\log_{10}N$ の整数部分は4である．逆に自然数 N について，$\log_{10}N$ の整数部分が4であれば，④すなわち⑦が成り立ち，N は5桁の数であることが分かる．

一般に，「N の桁数が n $\Longleftrightarrow$ $10^{n-1} \leqq N < 10^n$」（$\Longleftrightarrow$ $n-1 \leqq \log_{10}N < n$）である．
（10^{n-1} は，1のあとに0が $n-1$ 個続くので，n 桁の数である）

最高位の数字　$\log_{10}N$ の整数部分から N の桁数が求められるが，$\log_{10}N$ の小数部分からは N の最高位の数字を求めることができる．N が n 桁とすれば，$\log_{10}N$ の整数部分は $n-1$ であり，小数部分を α とすると，$\log_{10}N=\alpha+(n-1)$　∴　$N=10^{\alpha+(n-1)}=10^\alpha \cdot 10^{n-1}$（$0 \leqq \alpha < 1$ により，$1 \leqq 10^\alpha < 10$）
つまり，$N=\beta \cdot 10^{n-1}$（$1 \leqq \beta < 10$）と表せ，$\beta(=10^\alpha)$ の整数部分が N の最高位の数字である．
例えば，$\log_{10}5 < \alpha < \log_{10}6$，つまり $5 < 10^\alpha < 6$ ならば，$10^\alpha = 5.\cdots$ で，N の最高位の数字は5である．このように，最高位の数字を求めるときは，$\log_{10}1$，$\log_{10}2$，$\cdots$，$\log_{10}9$ を利用することになる．
（なお，一般に，「N の桁数が n で，最高位の数字が m $\Longleftrightarrow$ $m \times 10^{n-1} \leqq N < (m+1) \times 10^{n-1}$」）
最高位の数字を求めよ，という問題では，$\log_{10}2$ と $\log_{10}3$ の値が与えられていることが多い．これらの値が与えられていれば，$\log_{10}1 \sim \log_{10}9$ のうち，$\log_{10}7$ 以外はすべて求めることができる．
$\log_{10}1=0$，$\log_{10}4=2\log_{10}2$，$\log_{10}6=\log_{10}2+\log_{10}3$，$\log_{10}8=3\log_{10}2$，$\log_{10}9=2\log_{10}3$
はすぐに気づくだろう．$\log_{10}5$ も求められるがピンと来るだろうか？　実は入試で頻出で，
$\log_{10}5=\log_{10}\dfrac{10}{2}=\log_{10}10-\log_{10}2=1-\log_{10}2$ と変形するのがポイントである．

▤ 解 答 ▤

$$\log_{10}a=\underline{\log_{10}18^{50}}=50\log_{10}18=50\log_{10}(2 \cdot 3^2)$$

⇦ $\log_a x^m = m\log_a x$

$$=50(\log_{10}2+2\log_{10}3)$$

⇦ $\log_a xy = \log_a x + \log_a y$

$$=50(0.3010+2 \cdot 0.4771)$$
$$=50 \times 1.2552 = 62.76 \quad\cdots\cdots\cdots\cdots\cdots\cdots\text{①}$$

よって，$a=10^{62.76}=10^{0.76} \times 10^{62}$
ここで，$\log_{10}6=\log_{10}2+\log_{10}3=0.3010+0.4771=0.7781$ ⋯⋯⋯⋯⋯⋯⋯②

⇦ $10^{0.76}=\beta$ の整数部分 m を求める．$m \leqq \beta < m+1$，$0.76=\log_{10}\beta$ により，
$\log_{10}m \leqq 0.76 < \log_{10}(m+1)$
となる m を求めればよいので，②，③を作る．

$$\log_{10}5=\log_{10}\dfrac{10}{2}=\log_{10}10-\log_{10}2=1-\log_{10}2=1-0.3010=0.6990 \cdots\text{③}$$

よって，$10^{0.7781}=6$，$10^{0.6990}=5$ であるから，$10^{0.76}=5.\cdots$
したがって，$a=5.\cdots \times 10^{62}$
よって，$a(=18^{50})$ は **63** 桁の整数であり，**最高位の数字は 5** である．

⇨**注**　答案では，①と②と③を導いたあと，
$\log_{10}5+62 < \log_{10}a < \log_{10}6+62$　∴　$5 \times 10^{62} < a < 6 \times 10^{62}$
としてもよい．

⇨**注**　$\log_{10}2=0.3010$，$\log_{10}3=0.4771$ という数は近似値で，本当は無理数（循環しない無限小数）である．

◯**2 演習題**（解答は p.69）

$\log_{10}2=0.3010$，$\log_{10}3=0.4771$ とする．0.45^{33} は小数第何位に初めて0以外の数字が現れるか．また，その数字は何か答えよ．

（福井工大）

$0.45^{33}=\beta \cdot 10^{-n}$ の形に直す．

3 指数・対数／大小比較

（ア）　不等式 $\log_{10}2<0.31$ を証明せよ．　　　　　　　　　　　　（群馬大・医）

（イ）　4, $\sqrt[3]{3^4}$, $2^{\sqrt{3}}$, $3^{\sqrt{2}}$ の大小を比べ，小さい順に並べよ．　　　（県立広島大）

（ウ）　次の数を小さい順に並べよ．$\log_3 5$, $\dfrac{1}{2}+\log_9 8$, $\log_9 26$　　　　　（琉球大）

大まかな値　例えば，$\log_{10}2$ の大まかな値を求めるには，$2^p\fallingdotseq10^q$ となる p, q を利用する．ここで，$2^{10}=1024\fallingdotseq1000=10^3$ は覚えておこう．これから，$\log_{10}2^{10}\fallingdotseq\log_{10}10^3$，よって，$10\log_{10}2\fallingdotseq3$ つまり，$\log_{10}2\fallingdotseq0.3$ が分かる．本問の場合，不等号が「$<$」の向きであるから，2^m が 10^n より小さい m, n を探す．

大小比較の回数はなるべく少なくしたい　（イ）は，2数ごとの大小を比較することで，4個の数の順序が定まるが，大小比較の回数はなるべく少なくしたいもの．底（a^b と書くときの a）の系列に2と3があるが，同じ系列同士の比較は容易である（例えば，$4=2^2$, $2^{\sqrt{3}}=2^{1.73\cdots}$ から $4>2^{\sqrt{3}}$）．

4 と $\sqrt[3]{3^4}$ の比較は，3乗して両者を有理数にして比較する．4 と $3^{\sqrt{2}}$ の比較は，$\log_2$ をとる（傍注）．

log は底を統一する　（ウ）の場合，底の変換公式を用いて底を統一するのがポイントである．log の形をしていない数は，$a\Rightarrow\log_b b^a$ によって log の形に直せる．

≡ 解 答 ≡

（ア）　$2^{13}=8192<10000=\underline{10^4}$ であるから，$\log_{10}2^{13}<\log_{10}10^4$

　　$\therefore$　$13\log_{10}2<4$　　$\therefore$　$\log_{10}2<\dfrac{4}{13}=0.307\cdots<0.31$

（イ）　$4=2^2$, $2^{\sqrt{3}}=2^{1.73\cdots}$ により，$\underline{4>2^{\sqrt{3}}}$

　　$\sqrt[3]{3^4}=3^{\frac{4}{3}}=3^{1.33\cdots}$, $3^{\sqrt{2}}=3^{1.41\cdots}$ により，$\sqrt[3]{3^4}<3^{\sqrt{2}}$

　　次に，4 と $\sqrt[3]{3^4}$ の大小を比較する．これらを3乗すると，

　　　　$4^3=64$, $(\sqrt[3]{3^4})^3=3^4=81$

　　$\therefore$　$4^3<(\sqrt[3]{3^4})^3$　$\therefore$　$4<\sqrt[3]{3^4}$　　$[x^3<y^3\Longleftrightarrow x<y$ による$]$

　　以上により，$\boldsymbol{2^{\sqrt{3}}<4<\sqrt[3]{3^4}<3^{\sqrt{2}}}$

（ウ）　3数を $\log_3\boxed{}$ の形に直す．

　　$\log_9 8=\dfrac{\log_3 8}{\log_3 9}=\dfrac{\log_3 8}{2}$ により，

　　$\dfrac{1}{2}+\log_9 8=\dfrac{1}{2}(1+\log_3 8)=\dfrac{1}{2}(\log_3 3+\log_3 8)=\dfrac{1}{2}\log_3 24$ $\cdots\cdots\cdots\cdots\cdots$①

　　また，$\log_9 26=\dfrac{\log_3 26}{\log_3 9}=\dfrac{1}{2}\log_3 26$ $\cdots\cdots\cdots\cdots\cdots\cdots\cdots\cdots\cdots\cdots$②

　　$\underline{\log_3 5=\dfrac{1}{2}(2\log_3 5)=\dfrac{1}{2}\log_3 5^2=\dfrac{1}{2}\log_3 25}$ $\cdots\cdots\cdots\cdots\cdots\cdots\cdots$③

　　①$<$③$<$② より，$\boldsymbol{\dfrac{1}{2}+\log_9 8<\log_3 5<\log_9 26}$

（右傍注）

$\Leftarrow 2^{10}=1024>1000=10^3$ だと失敗なので，10^4 に着目する．

$\Leftarrow x>y\Longleftrightarrow a^x>a^y$ $(a>1)$

$\Leftarrow 4$ と $3^{\sqrt{2}}$ の比較 $\cdots\cdots$㋐　より簡単だから，こちらから試す．結局，㋐を比較する必要はないが，比較するなら以下のようである．
$\log_2 4$ と $\log_2 3^{\sqrt{2}}$ の大小に等しい．
2 と $\sqrt{2}\log_2 3$ の大小に等しい．
$\sqrt{2}$ と $\log_2 3$ の大小に等しい．
ここで，$3>2\sqrt{2}=2^{\frac{3}{2}}$ により，
$\log_2 3>\log_2 2^{\frac{3}{2}}=\dfrac{3}{2}=1.5>\sqrt{2}$
$\therefore$　$\sqrt{2}<\log_2 3$　$\therefore$　$4<3^{\sqrt{2}}$

$\Leftarrow$①，②の形から，$\log_3 5$ も $\dfrac{1}{2}\log_3\boxed{}$ の形に直す．

⟳ 3 演習題（解答は p.69）

（ア）　4数 $\sqrt{2}$, $\sqrt[3]{3}$, $\sqrt[5]{5}$, $\sqrt[6]{7}$ を小さい順に並べるとき，その順番において，$\sqrt[3]{3}$ は $\boxed{}$ 番目であり，$\sqrt[6]{7}$ は $\boxed{}$ 番目である．　　　（東京工科大・メディア）

（イ）　3つの数 $\dfrac{4}{3}$, $\log_2 5$, $\log_5 7$ を小さい順に並べよ．　　　（福岡大・理，工／推薦）

（ア）　6乗すると $\sqrt[5]{5}$ 以外の大小が分かる．
（イ）　まず，2との大小に着目しよう．

56

◆ **4** 指数方程式・不等式

（ア）	方程式 $2^{2x+1}+11(1-2^x)+2(1-2^{1-x})=0$ を解け. （東北学院大・文系）
（イ）	不等式 $9^{-x}-4\cdot3^{-x}+3\leqq0$ を解け. （大阪経大／推薦）
（ウ）	$0<a<1$ とする. 不等式 $a^{2x+1}+a\leqq a^{x-1}+a^{x+3}$ を解け. （類 東京都立大・文系）

$a^x=X$ とおく 指数方程式・不等式では, $a^x=X$ $(a>0,\ a\neq1)$ とおくと, X についての普通の方程式・不等式に帰着されるのがほとんどである（2次や3次の方程式, 不等式になることが多い）. このとき, 「$X>0$」に注意しよう.

（$a^x=X$ を満たす実数 x が存在するための X の条件は $X>0$ である.）$X\leqq0$ となる解は削除する.

（ア）では 2^x, （イ）では 3^{-x}, （ウ）では a^x を X とおく.

指数の2数の大小 2つの実数 p, q について,

$$a^p<a^q \iff \begin{cases} p<q\ (a>1\text{のとき}) \\ p>q\ (0<a<1\text{のとき}) \end{cases}$$

である. $0<a<1$ のとき, 不等号の向きが逆転することに注意しよう.

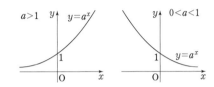

▥ 解 答 ▥

（ア） $2^x=X$ $(X>0)$ とおくと, $2^{2x+1}=2\cdot(2^x)^2=2X^2$,

$2^{1-x}=2\cdot(2^x)^{-1}=2\cdot X^{-1}$ であるから, 与えられた方程式は,

$$2X^2+11(1-X)+2\left(1-\frac{2}{X}\right)=0 \quad \therefore\quad 2X^3-11X^2+13X-4=0$$

⇦この左辺に $X=1$ を代入すると $2-11+13-4=0$ であるから, $X-1$ を因数にもつ.

$$\therefore\quad (X-1)(X-4)(2X-1)=0 \quad \therefore\quad 2^x=1,\ 4,\ \frac{1}{2}$$

$$\therefore\quad \boldsymbol{x=0,\ 2,\ -1}$$

（イ） $3^{-x}=X$ $(X>0)$ とおくと, $9^{-x}=X^2$ であるから, 与えられた不等式は

$$X^2-4X+3\leqq0 \quad \therefore\quad (X-1)(X-3)\leqq0$$

$$\therefore\quad 1\leqq X\leqq3 \quad \therefore\quad 1\leqq3^{-x}\leqq3 \quad \therefore\quad 3^0\leqq3^{-x}\leqq3^1$$

よって, $0\leqq-x\leqq1$ であるから, $\boldsymbol{-1\leqq x\leqq0}$

（ウ） $a^x=X$ $(X>0)$ とおくと,

$$a^{2x+1}=a\cdot(a^x)^2=aX^2,\quad a^{x-1}=a^{-1}\cdot a^x=a^{-1}X,\quad a^{x+3}=a^3a^x=a^3X$$

であるから, 与えられた不等式は,

$$aX^2+a\leqq a^{-1}X+a^3X \quad \therefore\quad aX^2-(a^3+a^{-1})X+a\leqq0$$

$$\therefore\quad X^2-(a^2+a^{-2})X+1\leqq0 \quad \therefore\quad (X-a^2)(X-a^{-2})\leqq0$$

$0<a<1$ により, $0<a^2<1<a^{-2}$ であるから,

$$a^2\leqq X\leqq a^{-2},\ \text{つまり},\ a^2\leqq a^x\leqq a^{-2}$$

$0<a<1$ であるから, $\boldsymbol{-2\leqq x\leqq2}$

○ **4** 演習題（解答は p.70）

（ア）	方程式 $2^{2x-1}-2^{x-2}+2^{-x-1}=1$ を解け. （日本医大）
（イ）	a を1と異なる正の定数とするとき, 次の不等式を満たす $(x,\ y)$ の範囲を図示せよ. $a^{2x}-a^{2y}-a^{2x+y}+a^{x+2y}-a^x+a^y<0$ （千葉大・理, 工, 園芸）

（イ）まず, 左辺を因数分解する.

◆ **5** 対数方程式

> (底・真数条件) $\log_a x$ と書くとき，「$a>0$, $a\neq 1$」（底の条件），「$x>0$」（真数条件）の条件がついて
> くることに注意する．
> (底をそろえる)　（ア）や（イ）を解くときは，底の条件・真数条件のもとで底をそろえた後，
> 1° log の形をしていない数は，必要ならば $p \Rightarrow \log_a a^p$ として log の形に直し，対数項を整理する．両
> 辺の log の中身が等しいなどとして，log が入らない式に直す．
> 2° log の項を $=t$ とおきかえて，t の式に直す．
> 　　例えば（ア）では，左辺の log をまとめて $\log_3 \bigcirc$ の形にし，右辺は $2 = \log_3 3^2$ として log の中身を比較
> するか，または，右辺は 2 のままで（log の定義から）$\bigcirc = 3^2$ とする．
> (対数を考える)　（エ）のように，指数のままでは扱いにくいときは，両辺の対数をとろう．

▦ 解 答 ▦

（ア）　真数条件から，$x^2 > 0$, $x - 8 > 0$　　∴　$x > 8$ ……………………………①

以下，このもとで考える．$\log_9 x^2 = \dfrac{\log_3 x^2}{\log_3 9} = \dfrac{2\log_3 x}{2} = \log_3 x$ により，与えられ

た方程式は，　　$\log_3 x + \log_3(x-8) = 2$　　∴　$\log_3 x(x-8) = 2$

　　∴　$\underline{x(x-8) = 3^2}$　　∴　$(x+1)(x-9) = 0$　　①により，$\boldsymbol{x = 9}$　　　　　⇦ $x^2 - 8x - 9 = 0$

（イ）　底の条件と真数条件から $x > 0$, $x \neq 1$ であり，$\underline{\log_x 4 = \dfrac{\log_2 4}{\log_2 x} = \dfrac{2}{\log_2 x}}$　　⇦ 底を 2 に統一

　　$\log_2 x = t$ とおくと，与方程式は $\underline{2t - \dfrac{2}{t} + 3 = 0}$　　　　　　　　　　　　⇦ $x > 0$ のとき，
　　　$\log_2 x^2 = 2\log_2 x = 2t$

　　∴　$2t^2 + 3t - 2 = 0$　　∴　$(2t-1)(t+2) = 0$

　　∴　$t = \dfrac{1}{2}$, -2　　∴　$x = 2^{\frac{1}{2}}$, 2^{-2}　　つまり $\boldsymbol{x = \sqrt{2}}$, $\boldsymbol{\dfrac{1}{4}}$

（ウ）　真数条件から $x > 0$ であり，$\log_4 x = \dfrac{\log_2 x}{\log_2 4} = \dfrac{\log_2 x}{2}$（$\underline{= t \text{ とおく}}$）　　⇦ $\log_4 x = t$, $\log_2 x = 2t$

　　与方程式は，$\underline{3^{2-2t} + 26\cdot 3^{-t} - 3 = 0}$　　∴　$9\cdot(3^{-t})^2 + 26\cdot 3^{-t} - 3 = 0$　　⇦ $3^{2-2t} = 3^2\cdot(3^{-t})^2 = 9\cdot(3^{-t})^2$

　　∴　$(9\cdot 3^{-t} - 1)\underline{(3^{-t} + 3)} = 0$　　∴　$9\cdot 3^{-t} = 1$　　　　　　　　　　⇦ $3^{-t} > 0$ により $3^{-t} + 3 > 0$

　　　　∴　$9 = 3^t$　　∴　$t = 2$　　∴　$x = 4^2 = \boldsymbol{16}$

（エ）　$\log_{10} x = t$ とおくと，$x > 1$ により $t > 0$ ………………………………①

　　与方程式は，$t^t = x^2$　　∴　$\log_{10} t^t = \log_{10} x^2$

　　∴　$t\log_{10} t = 2\log_{10} x = 2t$　　∴　$\log_{10} t = 2$　（∵　①）

　　よって，$t = 10^2 = 100$　　∴　$\log_{10} x = 100$　　∴　$\boldsymbol{x = 10^{100}}$

───────── ⟡**5** 演習題（解答は p.71）─────────

（ア）　方程式 $\log_2(x+2) + \log_4(3-x) = 1 + \log_4 3$ を解け．　　　　　　（龍谷大・農，文系）

（イ）　$(x^{\log_2 x})^{\log_2 x} = 64x^{6\log_2 x - 11}$ を満たす x を求めよ．　　　　　　（関西大・理系）

（ウ）　方程式 $\log_3\left(x - \dfrac{4}{3}\right) = \log_9(2x + a)$ が異なる 2 つの実数解をもつとき，実数 a の

　　値の範囲は，□□□ $< a <$ □□□ である．　　　　　　　　　　　　　　（名城大・薬）

> 底，真数の条件に注意.
> （ウ）は，定数分離（本シ
> リーズ数Ⅰ p.49）を活用
> しよう.

⬢ **6** 対数不等式

（ア） 不等式 $\log_2(5-x)\leqq 1-\log_{\frac{1}{4}}(2x+11)$ を解け． （東北学院大・文系）

（イ） $\log_x y+2\log_y x\leqq 3$ を満たす点 $(x,\ y)$ の存在する領域を図示せよ． （信州大・教）

対数方程式と同様 方程式と同様の方針で扱う．

対数の2数の大小 2つの正の数 $p,\ q$ について，

$$\log_a p<\log_a q \iff \begin{cases} p<q & (a>1 \text{のとき}) \\ p>q & (0<a<1 \text{のとき}) \end{cases}$$

が成り立つ．指数のときと同様に，$0<a<1$ のとき，不等号の向きが逆転することに注意しよう．

 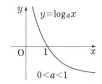

▨解 答▨

（ア） 真数条件から，$5-x>0,\ 2x+11>0$ ∴ $-\dfrac{11}{2}<x<5$ ……………① ⇦以下，①のもとで考える．

$\log_{\frac{1}{4}}(2x+11)=\dfrac{\log_2(2x+11)}{\log_2\left(\frac{1}{4}\right)}=\dfrac{\log_2(2x+11)}{-2}$ により，与えられた不等式は

$\log_2(5-x)\leqq 1+\dfrac{1}{2}\log_2(2x+11)$ ∴ $2\log_2(5-x)\leqq 2+\log_2(2x+11)$

∴ $\log_2(5-x)^2\leqq\log_2 2^2(2x+11)$ ∴ $(5-x)^2\leqq 4(2x+11)$ ⇦ $2+\log_2(2x+11)$

∴ $x^2-18x-19\leqq 0$ ∴ $(x+1)(x-19)\leqq 0$ ∴ $-1\leqq x\leqq 19$ $=\log_2 2^2+\log_2(2x+11)$

これと①により，$\boldsymbol{-1\leqq x<5}$

（イ） 底の条件と真数条件により，$x>0,\ x\neq 1,\ y>0,\ y\neq 1$ ……………①

$\log_x y=t$ とおくと，$\log_y x=\dfrac{\log_x x}{\log_x y}=\dfrac{1}{t}$ であるから，与不等式は，

$t+\dfrac{2}{t}\leqq 3$ ∴ $\dfrac{t^2-3t+2}{t}\leqq 0$ ∴ $\dfrac{(t-1)(t-2)}{t}\leqq 0$ ……………②

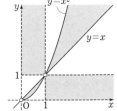

1° $t>0$ のとき，$(t-1)(t-2)\leqq 0$ を解くと，$1\leqq t\leqq 2$

2° $t<0$ のとき，$(t-1)(t-2)\geqq 0$ を解くと，$t<0$

よって，②のとき，$1\leqq t\leqq 2$ または $t<0$

∴ $1\leqq\log_x y\leqq 2$ ……③ または $\log_x y<0$ ……④

ここで，①にも注意すると，③は，（☞注）

　　「$x>1,\ x\leqq y\leqq x^2$」

　　または「$0<x<1,\ x^2\leqq y\leqq x$」

と同値であり，④は，

　　「$x>1,\ 0<y<1$」または「$0<x<1,\ y>1$」

と同値であるから，図示をすると網目部（境界は実線のみ含む）となる．

⇨注 $1\leqq\log_x y\leqq 2 \iff \log_x x^1\leqq\log_x y\leqq\log_x x^2$

[②は次のように考えると手早く解ける] ②の左辺は，分母か分子を0にする $t=0,\ 1,\ 2$ の前後で符号変化する．$t>2$ のとき，②の左辺が正であることに注意すると，②$\leqq 0$ となるのは下図の網目部のときである．

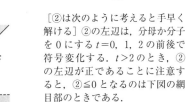

◗6 演習題（解答は p.71）

（ア） 不等式 $\log_2(x-1)-\log_{\frac{1}{2}}(x+3)\leqq 3+\log_2 x$ を解け． （金沢工大）

（イ） $\log_x(x^2-3x+5)\leqq\log_x(-3x^2+5x+2)$ を解け． （東京農大）

（ウ） x と y は不等式 $\log_x 2-(\log_2 y)(\log_x y)<4(\log_2 x-\log_2 y)$ を満たすとする．このとき，x と y の組 $(x,\ y)$ の範囲を座標平面上に図示せよ． （岩手大・農）

> 底，真数の条件に注意．
> （ウ）は，$\log_2 x=X$，
> $\log_2 y=Y$ とおこう．

◆ 7 指数・対数関数／最大・最小

（ア）　関数 $y=9^x+9^{-x}-2(3^x+3^{-x})$ の最小値は □ である.　　　（福岡大・理, 薬／一部省略）

（イ）　$x>1$ の範囲で x の関数 $y=\log_4\left(\dfrac{x^4}{8}\right)+\log_x\left(\dfrac{256}{\sqrt{x}}\right)$

の最小値と, そのときの x の値を求めよ.　　　　　　　　　　（城西大・薬）

> 【置き換え】　置き換えて, 簡単な形の関数の最大・最小に言い換える. 代表的な置き換えは,
>
> 1°　$(a^x+a^{-x})^2=a^{2x}+a^{-2x}+2$　∴　$a^{2x}+a^{-2x}=(a^x+a^{-x})^2-2$ を利用して, $a^x+a^{-x}=t$ とおく.
>
> 2°　$\log_x a=\dfrac{1}{\log_a x}$ （底の変換公式で確認できる）を利用して, $\log_a x=X$ とおく.
>
> 　1° においては, t の取り得る値の範囲が制限されることに注意しよう. 相加・相乗平均の関係により
>
> $\dfrac{a^x+a^{-x}}{2}\geqq\sqrt{a^x\cdot a^{-x}}=1$　∴　$t\geqq2$（等号は $a^x=a^{-x}\Longleftrightarrow a^{2x}=1$ のとき, つまり $x=0$ のとき）
>
> 【log を 1 つにまとめる】　例えば, $\log_2 x+\log_2(2-x)$ は, $y=\log_2\{x(2-x)\}$ として,
> $x(2-x)$ の取り得る値の範囲に帰着される.

▓ 解 答 ▓

（ア）　$3^x+3^{-x}=t$ とおくと, <u>相加平均≧相乗平均</u> により,

$\qquad t\geqq2\sqrt{3^x\cdot3^{-x}}=2$（$t$ はいくらでも大きな値を取り得る）

　等号は, $3^x=3^{-x}\Longleftrightarrow 3^{2x}=1\Longleftrightarrow x=0$ のときに成り立つ

　よって, t の取り得る値の範囲は, $t\geqq2$ である. このとき,

$\qquad y=(3^x)^2+(3^{-x})^2-2(3^x+3^{-x})=\{(3^x+3^{-x})^2-2\}-2(3^x+3^{-x})$

$\qquad\qquad =t^2-2t-2=(t-1)^2-3$

により, y は $t=2$ のとき最小値 **−2** をとる.

（イ）　<u>底を 2 に統一</u>すると,

$\qquad y=\dfrac{\log_2\left(\dfrac{x^4}{8}\right)}{\log_2 4}+\dfrac{\log_2\left(\dfrac{256}{\sqrt{x}}\right)}{\log_2 x}=\dfrac{4\log_2 x-3}{2}+\dfrac{8-\dfrac{1}{2}\log_2 x}{\log_2 x}$

$\qquad\quad =2\log_2 x+\dfrac{8}{\log_2 x}-2$

　ここで, $\log_2 x=X$ とおくと, $x>1$ により $X>0$ であり,

$\qquad y=2X+\dfrac{8}{X}-2\geqq2\sqrt{2X\cdot\dfrac{8}{X}}-2=2\cdot4-2=6$

$\qquad$（相加平均≧相乗平均 による. 等号は $2X=\dfrac{8}{X}\Longleftrightarrow X=2$ のとき）

$X=2$ のとき, $\log_2 x=2$ により, $x=2^2=4$ であるから,

$\qquad\qquad$ **$x=4$ のとき, y は最小値 6 をとる.**

⇦ $a,b>0$ のとき, $\dfrac{a+b}{2}\geqq\sqrt{ab}$

　∴　$a+b\geqq2\sqrt{ab}$

⇦

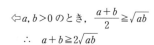

⇦ $8=2^3$, $256=2^8$ に着目して, 底を 2 に統一.

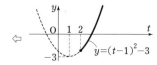

⇦ $\log_2\left(\dfrac{x^4}{8}\right)=\log_2 x^4-\log_2 8$

$\qquad\qquad =4\log_2 x-3$

$\log_2\left(\dfrac{256}{\sqrt{x}}\right)=\log_2 256-\log_2 x^{\frac{1}{2}}$

$\qquad\qquad =8-\dfrac{1}{2}\log_2 x$

=== ◐ 7 演習題 （解答は p.72）===

（ア）　$f(x)=3^{2x}-2a3^x+3^{-2x}-2a3^{-x}$ の最小値を求めよ.

（公立はこだて未来大, 一部省略）

（イ）　$f(x)=\log_2(-x^2+3x-2)+\log_{\frac{1}{2}}(ax)$ の最大値が 1 となるような a の値を求め
よ.　　　　　　　　　　　（大阪女子大, 改題）

> （ア）　a で場合分けが必要.
> （イ）　まず, 底を統一.

◆ **8 三角関数**／式の値，基本公式

（ア） $\sin 75° + \sin 15° = \boxed{}$ である． （東北学院大・工）

（イ） $\dfrac{\pi}{2} < \theta < \pi$ とする．$\tan\theta = -2$ であるとき，$\cos\left(\dfrac{3}{2}\pi - \theta\right) = \boxed{}$，

$\sin 2\theta + \cos 4\theta = \boxed{}$ である． （関西大・理工系）

（ウ） $\sin 1$，$\sin 2$，$\sin 3$，$\sin 4$ を小さい順に並べよ．（ただし角度はラジアンである） （北見工大）

【加法定理，2倍角の公式】 使いこなせるようにする．

【単位円の活用】 $(\cos\theta,\ \sin\theta)$ は単位円上の点と見ることができる（図1）．これを使うと，例えば，公式 $\cos(270° - \theta) = -\sin\theta$ を導くことができる（図2）．

（ウ）は，単位円上に1〜4の角度と有名角をとろう．

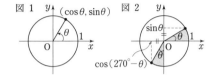
図1　　図2

▓ **解 答** ▓

（ア） $\sin 75° + \sin 15° = \sin(45° + 30°) + \sin(45° - 30°)$

$= (\sin 45°\cos 30° + \cos 45°\sin 30°) + (\sin 45°\cos 30° - \cos 45°\sin 30°)$

$= 2\sin 45°\cos 30° = 2 \cdot \dfrac{\sqrt{2}}{2} \cdot \dfrac{\sqrt{3}}{2} = \dfrac{\sqrt{6}}{2}$

（イ） 右図により，$\cos\theta = -\dfrac{1}{\sqrt{5}}$，$\sin\theta = \dfrac{2}{\sqrt{5}}$

⇦ $\tan\theta$ は「傾き」

よって，［前文の公式から］ $\cos\left(\dfrac{3}{2}\pi - \theta\right) = -\sin\theta = -\dfrac{2}{\sqrt{5}}$

⇦ 加法定理を使ってもよい．

$\sin 2\theta = 2\sin\theta\cos\theta = -\dfrac{4}{5}$，$\cos 4\theta = 1 - 2\sin^2 2\theta = 1 - \dfrac{32}{25} = -\dfrac{7}{25}$

したがって，$\sin 2\theta + \cos 4\theta = -\dfrac{4}{5} - \dfrac{7}{25} = -\dfrac{27}{25}$

⇦「$\sin 2\theta$，$\cos 2\theta$ は $\tan\theta$ で表せる」ことに着目する方法もある．

$\cos^2\theta + \sin^2\theta = 1$ に着目して，

$\sin 2\theta = \dfrac{\sin 2\theta}{1} = \dfrac{2\sin\theta\cos\theta}{\cos^2\theta + \sin^2\theta}$

$\tan\theta = t$ とおいて，上式の分母・分子を $\cos^2\theta$ で割ると

$\sin 2\theta = \dfrac{2t}{1 + t^2}$ ………①

（ウ） $\pi = 3.14\cdots$ であるから，［$1 ≒ \pi/3$ に着目して］

$0 < \dfrac{\pi}{6} < 1 < \dfrac{\pi}{3} < \dfrac{\pi}{2} < 2 < \dfrac{2\pi}{3} < \dfrac{5\pi}{6} < 3 < \pi < 4 < \dfrac{3\pi}{2}$

（図の単位円周上の点に対して，例えば $(\cos 1,\ \sin 1)$ の代わりに「1」と表示した）

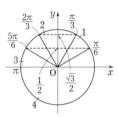

$\therefore\ \sin 4 < 0 < \sin 3 < \dfrac{1}{2} < \sin 1 < \dfrac{\sqrt{3}}{2} < \sin 2$

よって，$\sin 4 < \sin 3 < \sin 1 < \sin 2$

同様にして，$\cos 2\theta = \dfrac{1 - t^2}{1 + t^2}$ となる．本問の場合，①から $\sin 2\theta$ がすぐに分かる．

=== ♂**8 演習題**（解答は p.72）===

（ア） $\sin x + \sin y = 1$，$\cos x + \cos y = 1/3$ のとき，$\cos(x - y)$ の値を求めよ． （成蹊大・法）

（イ） $\tan 24°\tan 66° = \boxed{}$ である．また，$\tan 1°$ から $\tan 89°$ までの積の値

$\tan 1°\tan 2°\tan 3°\cdots\tan 87°\tan 88°\tan 89° = \boxed{}$ である． （同志社大・社会）

（ウ） $\tan\theta = 4/3$ のとき，次の値を求めよ．ただし，$0° \leqq \theta \leqq 90°$ とする．

$\cos\theta$，$\cos 2\theta$，$\tan 2\theta$，$\tan \dfrac{\theta}{2}$ （秋田大・医）

（エ） $\sin 1$，$\sin 2$，$\sin 3$，$\cos 1$ を小さい順に並べよ．（ただし角度はラジアンである）

（鹿児島大）

┌─────────────────────┐
│ （ア） 加法定理を使う． │
│ （イ） $24° + 66° = 90°$ │
└─────────────────────┘

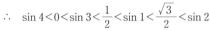

9 三角関数／合成

（ア）$f(\theta)=2\cos\theta-3\sin\theta$（$0\le\theta\le\pi$）の最大値は $\boxed{}$ であり，最小値は $\boxed{}$ である．

（日大・文理－理系）

（イ）$f(\theta)=3\sin^2\theta-2\sin\theta\cos\theta+\cos^2\theta$（$0\le\theta\le\pi/2$）は $\theta=\boxed{}$ で最大値 $\boxed{}$ をとり，
$\theta=\boxed{}$ で最小値 $\boxed{}$ をとる．

（星薬大）

$\boxed{\cos\text{ で合成}}$ $a\cos\theta+b\sin\theta\cdots\cdots$㋐ を cos で合成してみよう．
P$(a,\ b)$ とし，OP が x 軸の正方向となす角（左回りを正とする）を α とおく．㋐を OP の長さ $\sqrt{a^2+b^2}$ でくくることで，次のように変形できる．

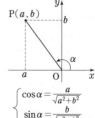

$$a\cos\theta+b\sin\theta=\sqrt{a^2+b^2}\left(\cos\theta\cdot\frac{a}{\sqrt{a^2+b^2}}+\sin\theta\cdot\frac{b}{\sqrt{a^2+b^2}}\right)$$
$$=\sqrt{a^2+b^2}(\cos\theta\cos\alpha+\sin\theta\sin\alpha)=\sqrt{a^2+b^2}\cos(\theta-\alpha)$$

$$\begin{cases}\cos\alpha=\dfrac{a}{\sqrt{a^2+b^2}}\\[2mm]\sin\alpha=\dfrac{b}{\sqrt{a^2+b^2}}\end{cases}$$

$\boxed{\sin\text{ で合成}}$ $a\sin\theta+b\cos\theta$（㋐と cos, sin が入れ替わっていることに注意）を，図の α を用いて sin で合成すると，次のようになる．

$$a\sin\theta+b\cos\theta=\sqrt{a^2+b^2}\left(\sin\theta\cdot\frac{a}{\sqrt{a^2+b^2}}+\cos\theta\cdot\frac{b}{\sqrt{a^2+b^2}}\right)=\sqrt{a^2+b^2}(\sin\theta\cos\alpha+\cos\theta\sin\alpha)$$
$$=\sqrt{a^2+b^2}\sin(\theta+\alpha)$$

$\boxed{\text{どちらで合成するか}}$ 最大・最小を求める問題で，変域に制限があるとき，上の α が有名角でなければ，sin よりも cos で合成した方がどこで最大・最小になるかが分かり易いだろう．

$\boxed{\sin x,\ \cos x\text{ の2次式}}$ $\sin^2 x=\dfrac{1-\cos 2x}{2}$，$\cos^2 x=\dfrac{1+\cos 2x}{2}$，$\sin x\cos x=\dfrac{\sin 2x}{2}$ を用いて，$\sin 2x$，$\cos 2x$ の1次式に直せる．この形に直せば，合成を利用できる．

▋解 答▋

（ア）図のように α を定めると，$-\pi/2<\alpha<0$ であり，

$$f(\theta)=2\cos\theta-3\sin\theta=\sqrt{13}\left(\cos\theta\cdot\frac{2}{\sqrt{13}}+\sin\theta\cdot\frac{-3}{\sqrt{13}}\right)$$
$$=\sqrt{13}(\cos\theta\cos\alpha+\sin\theta\sin\alpha)=\sqrt{13}\cos(\theta-\alpha)$$

$0\le\theta\le\pi$ により，$-\alpha\le\theta-\alpha\le\pi-\alpha$ （$-\alpha$ は正）であるから，図2により，$\theta-\alpha=-\alpha$ （つまり $\theta=0$）のとき最大値 $f(0)=2\cos 0-3\sin 0=\mathbf{2}$ をとり，
$\theta-\alpha=\pi$ のとき最小値 $-\sqrt{13}$ をとる．

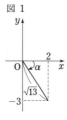

図1

図2

太線部の x 座標が $\cos(\theta-\alpha)$ の取り得る範囲

（イ）$f(\theta)=3\cdot\dfrac{1-\cos 2\theta}{2}-\sin 2\theta+\dfrac{1+\cos 2\theta}{2}$

$$=2-(\sin 2\theta+\cos 2\theta)=2-\sqrt{2}\left(\sin 2\theta\cdot\frac{1}{\sqrt{2}}+\cos 2\theta\cdot\frac{1}{\sqrt{2}}\right)$$

⇦ $\sqrt{1^2+1^2}=\sqrt{2}$

$$=2-\sqrt{2}\left(\sin 2\theta\cdot\cos\frac{\pi}{4}+\cos 2\theta\cdot\sin\frac{\pi}{4}\right)=2-\sqrt{2}\sin\left(2\theta+\frac{\pi}{4}\right)$$

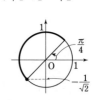

$0\le\theta\le\dfrac{\pi}{2}$ のとき，$\dfrac{\pi}{4}\le 2\theta+\dfrac{\pi}{4}\le\dfrac{5\pi}{4}$ なので，$2\theta+\dfrac{\pi}{4}=\dfrac{5\pi}{4}$ $\left(\theta=\dfrac{\pi}{2}\right)$ のとき最大値 $\mathbf{3}$，$2\theta+\dfrac{\pi}{4}=\dfrac{\pi}{2}$ $\left(\theta=\dfrac{\pi}{8}\right)$ のとき最小値 $\mathbf{2-\sqrt{2}}$ をとる．

―――― ⟲9 **演習題**（解答は p.73）――――

関数 $y=(2\cos\theta-3\sin\theta)\sin\theta$（$0\le\theta\le\pi/2$）の最大値と最小値を求めよ．

（奈良県医大／改題）

$\boxed{\text{まず展開する．}}$

◆ 10 三角関数／$\sin\theta$, $\cos\theta$ の対称式

$0\leqq\theta<2\pi$ のとき，関数 $y=\sin\theta+\cos\theta+\sin\theta\cos\theta$ の値域を求めなさい.　　　　　　（足利大・工）

（$\sin\theta$，$\cos\theta$ の対称式） x, y の対称式は $x+y$ と xy で表せるが，$\sin\theta$, $\cos\theta$ の対称式は $\sin\theta+\cos\theta$ だけで表せる．というのは，$\sin^2\theta+\cos^2\theta=1$ という関係式があるので，$\sin\theta+\cos\theta=t$ とおくと，$\sin\theta\cos\theta$ が次のように t で表されるからである.

$$t^2=(\sin\theta+\cos\theta)^2=\sin^2\theta+\cos^2\theta+2\sin\theta\cos\theta=1+2\sin\theta\cos\theta \text{ により，}\ \sin\theta\cos\theta=\frac{t^2-1}{2}$$

本問の場合，$\sin\theta+\cos\theta=t$ とおいて，y を t の式にするのが手早い．このような誘導がついていることも多いが，本問のようについていないこともあるので，ピンと来るようにしておこう.

なお，$\sin 2\theta=2\sin\theta\cos\theta$ であるから，$\sin 2\theta$ も $\sin\theta$, $\cos\theta$ の対称式である.

（$\sin\theta+\cos\theta=t$ の範囲を押さえる） $\sin\theta$, $\cos\theta$ の対称式は，$\sin\theta+\cos\theta=t$ で表せる．この対称式の最大・最小を求めるには，t で表して t の関数として求めればよい．ここで，t の取り得る値に制限があることに注意しよう．θ があらゆる角度（$0\leqq\theta<2\pi$）を動いたとしても，

$$t=\sin\theta+\cos\theta=\sqrt{2}\left(\sin\theta\cdot\frac{1}{\sqrt{2}}+\cos\theta\cdot\frac{1}{\sqrt{2}}\right)=\sqrt{2}\left(\sin\theta\cos\frac{\pi}{4}+\cos\theta\sin\frac{\pi}{4}\right)=\sqrt{2}\sin\left(\theta+\frac{\pi}{4}\right)$$

により，$-\sqrt{2}\leqq t\leqq\sqrt{2}$ である.

≣ 解 答 ≣

$t=\sin\theta+\cos\theta$ ……① とおくと，$t^2=1+2\sin\theta\cos\theta$

$$\therefore\ \ \sin\theta\cos\theta=\frac{1}{2}(t^2-1)$$

したがって，

$$y=t+\frac{1}{2}(t^2-1)=\frac{1}{2}(t^2+2t)-\frac{1}{2}=\frac{1}{2}(t+1)^2-1$$

ここで，①により，$t=\sqrt{2}\sin\left(\theta+\frac{\pi}{4}\right)$　　　　　　　　　　⇦合成. 前文参照.

であり，$0\leqq\theta<2\pi$ のとき，$\theta+\frac{\pi}{4}$ も 1 周期分 $\left(\frac{\pi}{4}\sim\frac{9}{4}\pi\right)$ のあらゆる角度を動くから，t の取り得る値の範囲は

$$-\sqrt{2}\leqq t\leqq\sqrt{2}$$

よって，y は $t=\sqrt{2}$ のとき最大値 $t+\frac{1}{2}(t^2-1)=\sqrt{2}+\frac{1}{2}$ をとる.　⇦

また，y は $t=-1$ のとき，最小値 -1 をとる.

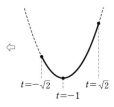

したがって，求める値域は，$-1\leqq y\leqq\sqrt{2}+\frac{1}{2}$

⟡ 10 演習題（解答は p.73）

（ア）a を実数の定数とする．$0\leqq\theta\leqq\pi$ のとき，$y=a\sin\theta-\frac{1}{2}\sin 2\theta+a\cos\theta$ の最小値を求めよ.　　　　　　　　　　　　　　　　　　　　　　　（佐賀大・農／誘導省略）

（イ）次の関数の最大値と最小値，およびそれぞれのときの x の値を求めよ．ただし，$0\leqq x\leqq 2\pi$ とする．$f(x)=\sin^3 x+\cos^3 x+3\sin x\cos x(\sin x+\cos x-2)$　　　　　（関西大・工）

> $\sin+\cos=t$ とおく．なお，（イ）は微分が必要.

◆ 11 三角方程式・不等式

（ア） $2\cos\theta-\sin\theta=1$ であるとき，$\cos\theta$，$\sin\theta$ の組を求めよ． （兵庫医療大・リハビリ，改題）

（イ） $0\leqq\theta\leqq2\pi$ のとき，$\sin\theta\geqq|\cos\theta|$ をみたす θ の範囲は $\boxed{}$ である． （芝浦工大）

（ウ） $0°<\theta<180°$ のとき，$2\cos^2\dfrac{\theta}{2}+\sin\theta-\dfrac{\sqrt{6}}{2}-1\geqq0$ を解け． （福岡大・経，商）

（エ） $\sin\theta+\sin2\theta+\sin3\theta>0$ を $0\leqq\theta<2\pi$ の範囲で解け． （信州大・繊維）

（ $\cos^2\theta+\sin^2\theta=1$ の利用 ） この基本関係式を用いて，$\cos\theta$ と $\sin\theta$ の入った式を $\cos\theta$ か $\sin\theta$ のどちらか一方だけの式にそろえるのが基本の手法である．

（ 単位円を利用 ） 三角関数の方程式・不等式を解く際にも単位円を活用しよう．

点 $P(\cos\theta,\ \sin\theta)$ は図1のような点を表す．よって例えば「$0\leqq\theta<2\pi$ のとき，$\sin\theta\geqq1/2$ を解け」なら，P は図2の太線部にある（$\sin\theta$ は P の y 座標だから，$y\geqq1/2$ の範囲にある）ことから，$\pi/6\leqq\theta\leqq5\pi/6$ となる．また，次頁の前文（1番目と2番目）も参照．

（ 角をそろえる ） （ウ）のように $\theta/2$ と θ が混在するときは，θ にそろえよう．

（ 合成の活用 ） 例えば $\sin\theta+\cos\theta$ は変数 θ が2か所にあるが，合成すると1か所になる効果がある．

（ 積の形に直す ） 多項式の方程式・不等式を解く際の基本は因数分解である．三角方程式・不等式を解くときも同様に，積>0 などの形にしよう．（エ）では，2倍角・3倍角の公式を利用すればよい．

▥ 解 答 ▥

（ア） 与式から $\sin\theta=2\cos\theta-1$ であり，$\cos^2\theta+\sin^2\theta=1$ に代入して，
$5\cos^2\theta-4\cos\theta=0$ ∴ $(\cos\theta,\ \sin\theta)=(0,\ -1),\ (4/5,\ 3/5)$

⇦次頁の別解のように解くのもよい．
⇦$\sin$ は $\sin\theta=2\cos\theta-1$ から計算．

（イ） $P(\cos\theta,\ \sin\theta)$ とおくと，<u>点 P は $y\geqq|x|$ の範囲にあるから</u>，図の太線上にあり，$\dfrac{\pi}{4}\leqq\theta\leqq\dfrac{3}{4}\pi$

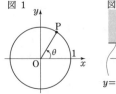

⇦$X=\cos\theta$，$Y=\sin\theta$ とおくと，$Y\geqq|X|$ をみたすから．

（ウ） 与式は，$(1+\cos\theta)+\sin\theta-\dfrac{\sqrt{6}}{2}-1\geqq0$

∴ $\sqrt{2}\sin(\theta+45°)\geqq\dfrac{\sqrt{6}}{2}$ ∴ $\sin(\theta+45°)\geqq\dfrac{\sqrt{3}}{2}$

$45°<\theta+45°<225°$ により，$60°\leqq\theta+45°\leqq120°$ ∴ $\mathbf{15°\leqq\theta\leqq75°}$

（エ） $\sin\theta+\sin2\theta+\sin3\theta=\sin\theta+2\sin\theta\cos\theta+(3\sin\theta-4\sin^3\theta)$
$=\sin\theta(4-4\sin^2\theta+2\cos\theta)=\underline{\sin\theta(4\cos^2\theta+2\cos\theta)}$
$=2\sin\theta\cos\theta(2\cos\theta+1)$

これが正のとき，$\sin\theta$，$\cos\theta$，$2\cos\theta+1$ について
すべてが正，または，1つが正で2つが負 ………Ⓐ
ここで，$\sin\theta>0\cdots$①，$\cos\theta>0\cdots$②，$2\cos\theta+1>0\cdots$③
を満たす $(\cos\theta,\ \sin\theta)$ は右図であり，Ⓐを満たすのは，

実線が3重 or 1重になっている，$\mathbf{0<\theta<\dfrac{\pi}{2}},\ \mathbf{\dfrac{2}{3}\pi<\theta<\pi},\ \mathbf{\dfrac{4}{3}\pi<\theta<\dfrac{3}{2}\pi}$

⇦$\sin2\theta=2\sin\theta\cos\theta$
$\sin3\theta=3\sin\theta-4\sin^3\theta$
（2倍・3倍角の公式）を用いた．
なお，和→積の公式を使って，
$\sin\theta+\sin3\theta$
$[=\sin(2\theta-\theta)+\sin(2\theta+\theta)]$
$=2\sin2\theta\cos\theta$
と変形してもよい．

⇦図の白丸のときは，与式=0の場合で不適．

♂11 演習題（解答は p.74）

（ア） $\sin2\theta>\sin\theta$ を $0\leqq\theta<2\pi$ で解け． （宮城教大）

（イ） $\cos3\theta+\sin2\theta+\cos\theta>0$ を $0\leqq\theta<2\pi$ で解け． （茨城大・教）

> 2倍角・3倍角を使う．

12 三角方程式・不等式

（ア） $\cos\theta = \sin(7\pi/8)$ を解け. （類　藤田保健衛生大・医療）

（イ） 連立方程式 $\begin{cases} \sin x + \cos y = \sqrt{3} \\ \cos x + \sin y = -1 \end{cases}$ $(0 \le x < 2\pi,\ 0 \le y < 2\pi)$ を解け. （関西大・総情）

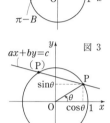

$\cos A = \cos B$ or $\sin A = \sin B$ の形にする
　上式の形の方程式は, 右図を描き（思い浮かべて）,
図1により, $\cos A = \cos B$
　　$\Longleftrightarrow A = B + (2\pi) \times n$ or $A = -B + (2\pi) \times n$
図2により, $\sin A = \sin B$
　　$\Longleftrightarrow A = B + (2\pi) \times n$ or $A = \pi - B + (2\pi) \times n$
とする. なお, $\sin A$ を $\cos$ の形に, $\cos A$ を $\sin$ の形に直すには,
$\sin A = \cos\left(\dfrac{\pi}{2} - A\right)$, $\cos A = \sin\left(\dfrac{\pi}{2} - A\right)$ を使う.

$a\cos\theta + b\sin\theta = c$　$X = \cos\theta$, $Y = \sin\theta$ とおくと, $X^2 + Y^2 = 1$,
$aX + bY = c$ を満たす. よって, 点 P を $P(\cos\theta, \sin\theta)$ とおくと, P は
円 $x^2 + y^2 = 1$ と直線 $ax + by = c$ の共有点である（図3）. このように視
覚化して, $\cos\theta$, $\sin\theta$ を求める手法（単位円を利用）も押さえておこう.

連立方程式は '一文字消去' が原則　（イ）では, まず $\cos y$, $\sin y$ を $\cos^2 y + \sin^2 y = 1$ を用いて消去
して, x だけの式にしよう.

解　答

（ア）$\cos\theta = \sin\dfrac{7}{8}\pi = \cos\left(\dfrac{\pi}{2} - \dfrac{7}{8}\pi\right) = \cos\left(-\dfrac{3}{8}\pi\right) = \cos\dfrac{3}{8}\pi$ により,

　　$\boldsymbol{\theta = \dfrac{3}{8}\pi + 2n\pi}$ または $\boldsymbol{\theta = -\dfrac{3}{8}\pi + 2n\pi}$ **（n は整数）**

（イ）$\cos y = \sqrt{3} - \sin x$, $\sin y = -1 - \cos x$ ……① を $\cos^2 y + \sin^2 y = 1$
に代入して, $(\sqrt{3} - \sin x)^2 + (-1 - \cos x)^2 = 1$

　∴　$3 - 2\sqrt{3}\sin x + \sin^2 x + 1 + 2\cos x + \cos^2 x = 1$

　∴　$\cos x - \sqrt{3}\sin x = -2$ ……②　∴　$2\left(\cos x \cdot \dfrac{1}{2} - \sin x \cdot \dfrac{\sqrt{3}}{2}\right) = -2$

　∴　$\cos\left(x + \dfrac{\pi}{3}\right) = -1$　∴　$x + \dfrac{\pi}{3} = \pi$　∴　$\boldsymbol{x = \dfrac{2}{3}\pi}$

①より, $\cos y = \dfrac{\sqrt{3}}{2}$, $\sin y = -\dfrac{1}{2}$　∴　$\boldsymbol{y = \dfrac{11}{6}\pi}$

⇐②から, $\cos x = \sqrt{3}\sin x - 2 \cdots$③
として, $\cos^2 x + \sin^2 x = 1$ に代入
して $\sin x$ を求め, ③から $\cos x$
を求めて x を求めてもよい（これ
を視覚化したものが別解）.

【別解（②を解く部分）】（単位円を利用する方法）
　$P(\cos x, \sin x)$ を, XY 平面上の点と見ると, P は,
単位円 $X^2 + Y^2 = 1$ 上にあり, また②により, 直線:
$X - \sqrt{3}Y = -2$ 上にもある. これらを連立させて X を
消去すると $(2Y - \sqrt{3})^2 = 0$ となり, 右図のように P は
単位円と直線の接点で, $\boldsymbol{x = 2\pi/3}$.

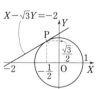

⇐前文の「$a\cos\theta + b\sin\theta = c$」を参
照.

⇐$\cos x = -\dfrac{1}{2}$, $\sin x = \dfrac{\sqrt{3}}{2}$

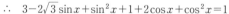

◊12 演習題 （解答は p.74）

（ア）$0 \le x < 2\pi$ のとき, 方程式 $\sin\dfrac{2\pi}{5} = \cos\left(2x + \dfrac{2\pi}{5}\right)$ を解け. （類　上智大・法）

（イ）$0° \le x, y < 360°$ の範囲で, 連立方程式 $\cos x + 3\sin y = 2\sqrt{3}$, $\sin x + 3\cos y = 2$ を満
たす x の値は ☐ ° であり, y の値は ☐ ° である. （金沢医大・医）　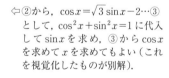

● 13 三角関数／「和 → 積」，「積 → 和」の公式

（ア）　$\cos 40° + \cos 80° + \cos 120° + \cos 160° = \boxed{}$　　　　　　　　（早大・商）

（イ）　次の等式を証明せよ．

（1）　$\cos 18° = 2\cos 54° \cos 36°$　　　（2）　$\sin 18° = 2\sin 84° \cos 66° - \dfrac{1}{2}$　　（東北学院大）

$\boxed{\text{和 → 積の公式の活用}}$　例えば，$\cos A + \cos B$ を積の形に直すには，A と B の平均 $\dfrac{A+B}{2}$ を用いて，

$A = \dfrac{A+B}{2} + \dfrac{A-B}{2}$，$B = \dfrac{A+B}{2} - \dfrac{A-B}{2}$ として，加法定理を使えばよい．つまり，

$$\cos A + \cos B = \cos\left(\dfrac{A+B}{2} + \dfrac{A-B}{2}\right) + \cos\left(\dfrac{A+B}{2} - \dfrac{A-B}{2}\right) = 2\cos\dfrac{A+B}{2}\cos\dfrac{A-B}{2}$$

[加法定理でバラすと sin のところがキャンセルされる]

（ア）では，この式を使って有名角（60° や 120°）が現れるようにする．

$\boxed{\text{積 → 和の公式の活用}}$　例えば，$\cos\alpha \cdot \cos\beta$ を和の形に直すには，展開すると $\cos\alpha \cdot \cos\beta$ が現れる

$\cos(\alpha+\beta) = \cos\alpha\cos\beta - \sin\alpha\sin\beta$，$\cos(\alpha-\beta) = \cos\alpha\cos\beta + \sin\alpha\sin\beta$ を用いて，

$$\cos\alpha\cos\beta = \dfrac{1}{2}\{\cos(\alpha+\beta) + \cos(\alpha-\beta)\}$$

とすればよい．（イ）の（1）は，$54° - 36° = 18°$，（2）は $84° - 66° = 18°$ に着目する．

▥ 解 答 ▥

（ア）　$\cos 40° + \cos 160° = \cos(100° - 60°) + \cos(100° + 60°) = 2\cos 100° \cos 60°$

$\qquad\qquad\qquad = \cos 100° = \underline{\cos(180° - 80°) = -\cos 80°}$　　　　　$\Leftarrow \cos(180° - \theta) = -\cos\theta$

$\cos 40° + \cos 160° + \cos 80° = 0$ であるから，求める値は，$\cos 120° = -\dfrac{1}{2}$

（イ）（1）　$2\cos\alpha\cos\beta = \cos(\alpha+\beta) + \cos(\alpha-\beta)$ であるから，

$2\cos 54° \cos 36° = \cos(54° + 36°) + \cos(54° - 36°) = \cos 90° + \cos 18° = \cos 18°$

【別解】　$\cos(90° - \theta) = \sin\theta$，$2\sin\theta\cos\theta = \sin 2\theta$ であるから，

$2\cos 54° \cos 36° = 2\sin 36° \cos 36° = \underline{\sin 72° = \cos 18°}$　　　　　$\Leftarrow \sin(90° - \theta) = \cos\theta$

（2）　$2\sin\alpha\cos\beta = \sin(\alpha+\beta) + \sin(\alpha-\beta)$ であるから，

$2\sin 84° \cos 66° - \dfrac{1}{2} = \sin(84° + 66°) + \sin(84° - 66°) - \dfrac{1}{2}$

$\qquad\qquad\qquad = \sin 150° + \sin 18° - \dfrac{1}{2} = \sin 18°$　　（証明終）

◯ 13 演習題（解答は p.75）

（ア）　A，B（$A \neq B$）がいずれも鋭角のとき，次の 3 つの数の最小値は $\boxed{}$，最大値は $\boxed{}$ である．

$$\sin\dfrac{A+B}{2}, \quad \sin\dfrac{A}{2} + \sin\dfrac{B}{2}, \quad \dfrac{\sin A + \sin B}{2}$$　　（神戸薬大）

（イ）　$0° < \theta < 180°$ を満たす 1 つの角 θ に対し，$a_n = \cos 2n\theta$（$n = 1,\ 2,\ \cdots$）を考える．

（1）　数列 $\{a_n\}$ の初項から第 n 項までの和を S_n とする．$2a_n\sin\theta$ を考えることにより，$S_n = \dfrac{1}{2}\left\{\dfrac{\sin(2n+1)\theta}{\sin\theta} - 1\right\}$ であることを示せ．

（2）　$\cos 24° + \cos 48° + \cos 72° + \cos 96° + \cos 120° + \cos 144° + \cos 168°$ の値を求めよ．

（小樽商大，改題）

> （ア）加法定理と和→積の公式を使う．
> （イ）（1）$2a_n\sin\theta$ を $f_{n+1} - f_n$ の形に直す（数列の和の手法）．

◆ 14 三角関数／三角形の内角に関する問題

三角形 ABC において，∠A＝60° であるとする．
（1）　$\sin B + \sin C$ の取り得る値の範囲を求めよ．
（2）　$\sin B \sin C$ の取り得る値の範囲を求めよ．

（一橋大）

$\boxed{A+B+C=180°}$　三角形の問題でも，辺が現れず内角だけが問題になっているときは，

「$A>0°$，$B>0°$，$C>0°$，$A+B+C=180°$ のとき，〜を求めよ」

と同じことである．

本問の場合，$A=60°$ であるから，$B+C=120°$（一定）である．そこで，「和 → 積」や「積 → 和」の公式を用いて，$B+C$ が現れるように変形してみよう．

もちろん，等式の条件式を活用する原則である「1 文字消去」をして解くこともできる（☞別解）．

▦ 解 答 ▦

（1）　$\sin B + \sin C = \sin\left(\dfrac{B+C}{2} + \dfrac{B-C}{2}\right) + \sin\left(\dfrac{B+C}{2} - \dfrac{B-C}{2}\right)$

　　　　　　　　　$= 2\sin\dfrac{B+C}{2}\cos\dfrac{B-C}{2}$

⇦ここでは，「和 → 積」の公式を導きながら答案を作った．

$B+C=120°$ により，$\sin B + \sin C = 2\sin 60°\cos\dfrac{B-C}{2} = \sqrt{3}\cos\dfrac{B-C}{2}$

$B+C=120°$，$B>0°$，$C>0°$ のとき，$-120° < B-C < 120°$ であるから，

　　　$-60° < \dfrac{B-C}{2} < 60°$　　∴　$\dfrac{1}{2} < \cos\dfrac{B-C}{2} \le 1$

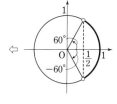

以上から，$\dfrac{\sqrt{3}}{2} < \sin B + \sin C \le \sqrt{3}$

（2）　$\sin B \sin C = \dfrac{1}{2}\{\cos(B-C) - \cos(B+C)\} = \dfrac{1}{2}\left\{\cos(B-C) + \dfrac{1}{2}\right\}$

⇦$\cos(B+C) = \cos 120° = -\dfrac{1}{2}$

であり，$-120° < B-C < 120°$ により，$-\dfrac{1}{2} < \cos(B-C) \le 1$

であるから，$0 < \sin B \sin C \le \dfrac{3}{4}$

【別解】（$B+C=120°$ により，$C=120°-B$ として C を消去すると）
（1）　与式 $= \sin B + \sin(120°-B) = \sin B + \sin 120°\cos B - \cos 120°\sin B$

⇦加法定理で展開

　　　　$= \dfrac{3}{2}\sin B + \dfrac{\sqrt{3}}{2}\cos B = \sqrt{3}\left(\sin B \cdot \dfrac{\sqrt{3}}{2} + \cos B \cdot \dfrac{1}{2}\right)$

⇦$\sqrt{\left(\dfrac{3}{2}\right)^2 + \left(\dfrac{\sqrt{3}}{2}\right)^2} = \sqrt{3}$

　　　　$= \sqrt{3}\sin(B+30°)$

⇦合成

（2）　与式 $= \sin B\sin(120°-B) = \sin B(\sin 120°\cos B - \cos 120°\sin B)$

　　　　$= \dfrac{\sqrt{3}}{2}\sin B\cos B + \dfrac{1}{2}\sin^2 B = \dfrac{\sqrt{3}}{4}\sin 2B + \dfrac{1}{4}(1-\cos 2B)$

⇦2 倍角の公式

　　　　$= \dfrac{1}{2}\left(\sin 2B \cdot \dfrac{\sqrt{3}}{2} - \cos 2B \cdot \dfrac{1}{2}\right) + \dfrac{1}{4} = \dfrac{1}{2}\sin(2B-30°) + \dfrac{1}{4}$

⇦$\sqrt{\left(\dfrac{\sqrt{3}}{4}\right)^2 + \left(\dfrac{1}{4}\right)^2} = \dfrac{1}{2}$

あとは，（1），（2）とも $0° < B < 120°$ を用いる．

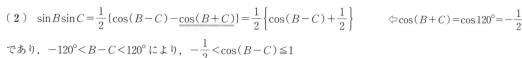

✐ 14 演習題（解答は p.76）

三角形 ABC において，等式 $\cos A + \cos B - \cos C = 4\cos\dfrac{A}{2}\cos\dfrac{B}{2}\sin\dfrac{C}{2} - 1$

が成立することを証明せよ．

（福井医大）

> C を消去し和→積の公式などを使う．

◆ 15 三角関数／36° など

（1） $\sin 3\theta$ を $\sin\theta$ を用いて表せ.

（2） $\sin\dfrac{2\pi}{5}=\sin\dfrac{3\pi}{5}$ に着目して $\cos\dfrac{\pi}{5}$ と $\sin\dfrac{\pi}{5}$ の値を求めよ.

（3） 積 $\sin\dfrac{\pi}{5}\sin\dfrac{2\pi}{5}\sin\dfrac{3\pi}{5}\sin\dfrac{4\pi}{5}$ の値を求めよ.

（中央大）

> $\boxed{\theta=36° \text{ は } 5\theta=180° \text{ を満たす}}$ これを使って $\cos 36°$ を求める有名な方法を紹介しよう.
> $5\theta=3\theta+2\theta$ と分解し, $3\theta=180°-2\theta$ $\quad\therefore\quad \sin 3\theta=\sin 2\theta$ （$\because$ $\sin(180°-2\theta)=\sin 2\theta$）
> これから 2 倍角の公式などを使って $\cos\theta$ の方程式を作り, $\cos\theta$ を求める方法である.
> $\theta=18°$ なら $5\theta=90°$, $\theta=72°$ なら $5\theta=360°$ を満たすので, 同様にして $\sin 18°$ や $\cos 72°$ も求めることができる.

▊ 解 答 ▊

（1） $\sin 3\theta=\sin(2\theta+\theta)=\sin 2\theta\cos\theta+\cos 2\theta\sin\theta$

$\qquad =2\sin\theta\cos\theta\cdot\cos\theta+(1-2\sin^2\theta)\sin\theta$

$\qquad =\sin\theta(2\cos^2\theta+1-2\sin^2\theta)=\sin\theta\{2(1-\sin^2\theta)+1-2\sin^2\theta\}$

$\qquad =\sin\theta(3-4\sin^2\theta)=\mathbf{3\sin\theta-4\sin^3\theta}$

（2） $\theta=\dfrac{\pi}{5}$ とおくと, $\underline{\sin\dfrac{2\pi}{5}=\sin\dfrac{3\pi}{5}}$ により, $\sin 2\theta=\sin 3\theta$ $\qquad$ ⇦ $\sin(\pi-\varphi)=\sin\varphi$ に $\varphi=\dfrac{3\pi}{5}$ を代入すると得られる.

これと（1）から, $\quad 2\sin\theta\cos\theta=3\sin\theta-4\sin^3\theta$

$\sin\theta\neq 0$ で割って, $\quad 2\cos\theta=3-4\sin^2\theta=3-4(1-\cos^2\theta)$

$\qquad\therefore\quad 4\cos^2\theta-2\cos\theta-1=0$ ⋯⋯⋯⋯⋯⋯⋯⋯⋯⋯⋯①

$\cos\theta>0$ により, $\cos\theta=\dfrac{\mathbf{1+\sqrt{5}}}{\mathbf{4}}$

$\sin\theta>0$ により, $\sin\theta=\sqrt{1-\cos^2\theta}=\sqrt{1-\dfrac{6+2\sqrt{5}}{16}}=\dfrac{\sqrt{\mathbf{10-2\sqrt{5}}}}{\mathbf{4}}$

（3） $5\theta=\pi$ であるから,

$\sin 4\theta=\sin(\pi-\theta)=\sin\theta$, $\sin 3\theta=\sin(\pi-2\theta)=\sin 2\theta$

よって, $\sin\theta\sin 2\theta\sin 3\theta\sin 4\theta=\sin^2\theta\sin^2 2\theta$

$\qquad =\sin^2\theta(2\sin\theta\cos\theta)^2=4\sin^4\theta\cos^2\theta=4(\sin^2\theta\cos\theta)^2$

$\qquad =4\left(\dfrac{\underline{5-\sqrt{5}}}{8}\cdot\dfrac{1+\sqrt{5}}{4}\right)^2=4\left(\dfrac{\sqrt{5}}{8}\right)^2=\dfrac{\mathbf{5}}{\mathbf{16}}$ $\qquad$ ⇦ $\sin^2\theta=\dfrac{10-2\sqrt{5}}{16}=\dfrac{5-\sqrt{5}}{8}$

【研究】 $5\theta=\pi$ または $5\theta=3\pi$ のとき, $\sin 2\theta=\sin 3\theta$ が成り立つので, ①を満たす $\cos\theta$ は, $\cos\dfrac{\pi}{5}$ と $\cos\dfrac{3\pi}{5}$ である. よって, $\cos\dfrac{3\pi}{5}=\dfrac{1-\sqrt{5}}{4}$ $\qquad$ ⇦ $5\theta=3\pi$ のとき, $2\theta=3\pi-3\theta$ により, $\sin 2\theta=\sin 3\theta$. また, $4x^2-2x-1=0$ の2解が $\cos 36°$ と $\cos 108°$

◯ 15 演習題（解答は p.76）

以下の問いに答えよ.

（1） 等式 $\cos 3\theta=4\cos^3\theta-3\cos\theta$ を示せ.

（2） $2\cos 80°$ は3次方程式 $x^3-3x+1=0$ の解であることを示せ.

（3） $x^3-3x+1=(x-2\cos 80°)(x-2\cos\alpha)(x-2\cos\beta)$

$\qquad$ となる角度 α, β を求めよ. ただし, $0°<\alpha<\beta<180°$ とする. $\qquad$ （筑波大）

> （2）（3）は, （1）の等式を反対向きに使う.

指数・対数・三角関数 演習題の解答

1…A**○   **2**…B**   **3**…A*○
4…A*B**   **5**…A*B*B**   **6**…B*B*○B**
7…A**B**   **8**…A○B*A*B*   **9**…B*
10…B**B**   **11**…B*B**   **12**…B*B*
13…B*○B**   **14**…B**   **15**…B***

---

1 （ア）まず4乗根の部分を整理して，あとは素因数分解ふうに計算するのがよさそう.

（イ）底を2にそろえる. まず各（ ）内を計算する.

（ウ）底を3にそろえ，logの中身を素因数分解してバラす.

（エ）第一式のlogをとり，x，yをzなどで表す.

解 （ア）$\sqrt[4]{14} \times \dfrac{1}{\sqrt[4]{490}} \times \sqrt[4]{10} \times \dfrac{1}{\sqrt[4]{7}}$

$$= \sqrt[4]{14 \cdot \dfrac{1}{490} \cdot 10 \cdot \dfrac{1}{7}} = \sqrt[4]{\dfrac{2}{49}} = \sqrt[4]{\dfrac{2}{7^2}} = \dfrac{2^{\frac{1}{4}}}{7^{\frac{1}{2}}}$$

であるから，

$$\sqrt[3]{54} \times \sqrt{7} \times \sqrt[4]{14} \times \dfrac{1}{\sqrt[4]{490}} \times \sqrt[4]{10} \times \dfrac{1}{\sqrt[4]{7}} \times \dfrac{1}{\sqrt[12]{2}}$$

$$= 54^{\frac{1}{3}} \times 7^{\frac{1}{2}} \times \dfrac{2^{\frac{1}{4}}}{7^{\frac{1}{2}}} \times \dfrac{1}{2^{\frac{1}{12}}} = (2 \cdot 3^3)^{\frac{1}{3}} \times 2^{\frac{1}{4}} \times 2^{-\frac{1}{12}}$$

$$= 3 \times 2^{\frac{1}{3} + \frac{1}{4} - \frac{1}{12}} = 3 \times 2^{\frac{6}{12}} = 3 \cdot 2^{\frac{1}{2}} = \mathbf{3\sqrt{2}}$$

（イ）$\log_2 3 + \log_4 9 = \log_2 3 + \dfrac{\log_2 9}{\log_2 4} = \log_2 3 + \dfrac{\log_2 3^2}{2}$

$$= \log_2 3 + \log_2 3 = 2\log_2 3$$

$$\log_3 4 + \log_9 2 = \dfrac{\log_2 4}{\log_2 3} + \dfrac{\log_2 2}{\log_2 9} = \dfrac{2}{\log_2 3} + \dfrac{1}{\log_2 3^2}$$

$$= \dfrac{2}{\log_2 3} + \dfrac{1}{2\log_2 3} = \dfrac{5}{2\log_2 3}$$

よって，与式 $= 2\log_2 3 \times \dfrac{5}{2\log_2 3} = \mathbf{5}$

（ウ）$\log_{105} 175 = \dfrac{\log_3 175}{\log_3 105} = \dfrac{\log_3 (5^2 \times 7)}{\log_3 (3 \times 5 \times 7)}$

$$= \dfrac{\log_3 5^2 + \log_3 7}{\log_3 3 + \log_3 5 + \log_3 7} = \dfrac{2\log_3 5 + \log_3 7}{1 + \log_3 5 + \log_3 7} \quad \cdots\cdots ①$$

ここで，$\log_3 5 = a$，$\log_5 7 = b$，$\log_5 7 = \dfrac{\log_3 7}{\log_3 5}$

であるから，$\log_3 7 = \log_3 5 \cdot \log_5 7 = ab$

よって，①$= \dfrac{\mathbf{2a + ab}}{\mathbf{1 + a + ab}}$

⇨注 $\log_3 5 \cdot \log_5 7 = \log_3 7$ となったが，一般に $\log_p q \cdot \log_q r = \log_p r$ が成り立つ.

（エ）$a^x = b^y = c^z \cdots\cdots①$，$\dfrac{2}{x} + \dfrac{3}{y} = \dfrac{5}{z} \cdots\cdots②$

①の$\log_{10}$を考え，左辺＝右辺，中辺＝右辺により，

$$x\log_{10} a = z\log_{10} c, \quad y\log_{10} b = z\log_{10} c$$

$$\therefore \quad \dfrac{1}{x} = \dfrac{\log_{10} a}{z\log_{10} c}, \quad \dfrac{1}{y} = \dfrac{\log_{10} b}{z\log_{10} c}$$

これらを②に代入して，

$$\dfrac{2\log_{10} a}{z\log_{10} c} + \dfrac{3\log_{10} b}{z\log_{10} c} = \dfrac{5}{z}$$

$$\therefore \quad 2\log_{10} a + 3\log_{10} b = 5\log_{10} c$$

$$\therefore \quad \log_{10} a^2 b^3 = \log_{10} c^5$$

$$\therefore \quad a^2 b^3 = c^5 \quad \therefore \quad \mathbf{c = \sqrt[5]{a^2 b^3}} \left(= a^{\frac{2}{5}} b^{\frac{3}{5}}\right)$$

---

2 例えば，$0.0032 = 3.2 \times 10^{-3}$ は，小数第3位に初めて0でない数字3が現れる.

$0.45^{33} (= A)$ を，$\beta \cdot 10^{-n}$（$1 \leq \beta < 10$，nは整数）の形にするには，例題と同様に$\log_{10} A$を考える.

解 $\log_{10} 0.45^{33} = 33\log_{10} 0.45 = 33\log_{10} \dfrac{45}{100}$

$$= 33\log_{10} \dfrac{9}{20} = 33\log_{10} \dfrac{3^2}{2 \cdot 10}$$

$$= 33\{2\log_{10} 3 - (\log_{10} 2 + 1)\}$$

$$= 33\{2 \cdot 0.4771 - (0.3010 + 1)\} = 33 \cdot (-0.3468)$$

$$= -11.4444 = -12 + 0.5556$$

$$\therefore \quad 0.45^{33} = 10^{0.5556} \times 10^{-12}$$

ここで，$\log_{10} 3 = 0.4771$，

$$\log_{10} 4 = 2\log_{10} 2 = 2 \cdot 0.3010 = 0.602$$

により，$10^{0.4771} = 3$，$10^{0.602} = 4$ であるから，

$$10^{0.5556} = 3.\cdots$$

したがって，$0.45^{33} = 3.\cdots \times 10^{-12}$

よって，0.45^{33} は，**小数第12位に初めて0以外の数字3** が現れる.

---

3 （ア）4数を30乗すれば，すべて整数になっていっぺんに比較できるが，全部を30乗するのは効率が悪そうである. まず6乗して $\sqrt[5]{5}$ 以外の大小を調べよう. $\sqrt[5]{5}$ 以外の大小が分かった後は，その真ん中の数と $\sqrt[5]{5}$ を比較するところだろう.

69

なお，各数の $\log_{10}$ の近似値を，$\log_{10}2 \fallingdotseq 0.301$ などを使って求め大小の見当をつける方法もある（☞注）.

（イ）　$\log_2 5 > \log_2 4 = 2$，$\log_5 7 < \log_5 25 = 2$ である．そこでまず $\dfrac{4}{3}$ と $\log_5 7$ の大小を比べよう．

解　（ア）　$\sqrt{2}$，$\sqrt[3]{3}$，$\sqrt[6]{7}$ を6乗すると，それぞれ $2^3 = 8$，$3^2 = 9$，7 となるから，
$$\sqrt[6]{7} < \sqrt{2} < \sqrt[3]{3} \quad \cdots\cdots\cdots\cdots① $$

次に，$\sqrt{2}$ と $\sqrt[5]{5}$ の大小を比較する．これらを10乗すると，$2^5 = 32$，$5^2 = 25$ となるから，
$$\sqrt[5]{5} < \sqrt{2} $$

$\sqrt[5]{5}$ と $\sqrt[6]{7}$ の大小を比較する．これらを30乗すると，$5^6 = 15625$，$7^5 = 16807$ であるから，
$$\sqrt[5]{5} < \sqrt[6]{7} \quad \cdots\cdots\cdots\cdots② $$

①，②により，$\sqrt[5]{5} < \sqrt[6]{7} < \sqrt{2} < \sqrt[3]{3}$
よって，**$\sqrt[3]{3}$ は4番目であり，$\sqrt[6]{7}$ は2番目である．**

☞注　$\log_{10}2 = 0.301\cdots$，$\log_{10}3 = 0.477\cdots$ となることは問題文に載っていることも多いので覚えてしまっている人も少なくないだろう．さらに $\log_{10}7 = 0.845\cdots$（はよこい：小数第5位を四捨五入すると 0.8451）も，余裕があれば記憶しておこう．
$\log_{10}5 = 1 - \log_{10}2 = 0.699\cdots$ も使うと，本問の場合
$$\log_{10}\sqrt{2} = (\log_{10}2) \div 2 = 0.150\cdots$$
$$\log_{10}\sqrt[3]{3} = (\log_{10}3) \div 3 = 0.159\cdots$$
$$\log_{10}\sqrt[5]{5} = (\log_{10}5) \div 5 = 0.139\cdots$$
$$\log_{10}\sqrt[6]{7} = (\log_{10}7) \div 6 = 0.140\cdots$$
となる．本問は穴埋めだから，これで用が足りる．

（イ）　$\dfrac{4}{3} = \log_5 5^{\frac{4}{3}}$ と $\log_5 7$ の大小は，$5^{\frac{4}{3}}$ と 7 の大小に等しく，さらにこれらを3乗した 5^4 と 7^3 の大小に等しい．$5^4 = 625$，$7^3 = 343$ であるから，
$$5^4 > 7^3 \quad \therefore \quad \dfrac{4}{3} > \log_5 7$$

また，$\log_2 5 > \log_2 4 = 2 > \dfrac{4}{3}$ であるから，
$$\boldsymbol{\log_5 7 < \dfrac{4}{3} < \log_2 5}$$

④　（ア）　$2^x = X$ とおく．
（イ）　不等式の左辺を因数分解して考える．
$0 < a < 1$ のときは，$a^{\square} < a^{\triangle} \iff \square > \triangle$ となることに注意．

解　（ア）　$2^{2x-1} - 2^{x-2} + 2^{-x-1} = 1$ のとき，
$$\frac{1}{2}(2^x)^2 - \frac{1}{4}(2^x) + \frac{1}{2}\cdot\frac{1}{2^x} = 1$$

$2^x = X (>0)$ とおくと，$\dfrac{1}{2}X^2 - \dfrac{1}{4}X + \dfrac{1}{2}\cdot\dfrac{1}{X} = 1$

$$\therefore \quad 2X^3 - X^2 - 4X + 2 = 0$$
［$X = 1/2$ が上式を満たすから，因数定理により，左辺は $2X - 1$ を因数にもつ］
$$X^2(2X-1) - 2(2X-1) = 0$$
$$\therefore \quad (X^2 - 2)(2X - 1) = 0$$

$X > 0$ であるから，$X = \sqrt{2}$，$\dfrac{1}{2}$
$$\therefore \quad 2^x = 2^{\frac{1}{2}}, \ 2^{-1} \quad \therefore \quad \boldsymbol{x = \dfrac{1}{2}, \ -1}$$

（イ）　$a^{2x} - a^{2y} - a^{2x+y} + a^{x+2y} - a^x + a^y < 0 \quad \cdots\cdots①$
ここで，$a^{2x} - a^{2y} = (a^x + a^y)(a^x - a^y)$
$\qquad -a^{2x+y} + a^{x+2y} = -a^{x+y}(a^x - a^y)$
であるから，①は，
$$(a^x - a^y)(a^x + a^y - a^{x+y} - 1) < 0$$
$$\therefore \quad (a^y - a^x)(a^{x+y} - a^x - a^y + 1) < 0$$
$$\therefore \quad (a^y - a^x)(a^x - 1)(a^y - 1) < 0 \quad \cdots\cdots②$$
［②の左辺の3つの因数について，負が3つか，負が1つで正が2つのとき，それらの積は負になる．］

● $a > 1$ の場合
1°　②の左辺が，負×負×負のとき
$$y < x \text{ かつ } x < 0 \text{ かつ } y < 0 \quad \cdots\cdots③$$
2°　②の左辺が，負×正×正のとき
$$y < x \text{ かつ } x > 0 \text{ かつ } y > 0 \quad \cdots\cdots④$$
3°　②の左辺が，正×負×正のとき
$$y > x \text{ かつ } x < 0 \text{ かつ } y > 0 \quad \cdots\cdots⑤$$
4°　②の左辺が，正×正×負のとき
$$y > x \text{ かつ } x > 0 \text{ かつ } y < 0 \quad \cdots\cdots⑥$$

● $0 < a < 1$ の場合，③～⑥の不等号の向きがすべて反対になる．

以上により，(x, y) の範囲は，下図の網目部（境界は含まない）のようになる．

$a > 1$ の場合　　　　　**$0 < a < 1$ の場合**

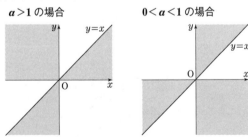

☞注1.　4° を満たす (x, y) は存在しない．

☞注2.　$a > 1$ の網目部分の (x, y) について，$0 < a < 1$ になると，②の左辺の各因数の符号が逆転して，②の左辺の符号も逆転する．よって，$a > 1$ と $0 < a < 1$ の場合で，網目部と白い部分が入れかわる．

☞注3.　②により，
$$(a^y - a^x)(a^x - a^0)(a^y - a^0) < 0 \quad \cdots\cdots⑦$$

$a>1$ の場合，『$a^p<a^q \Longleftrightarrow p<q$』により，
「a^p-a^q の符号」＝「$p-q$ の符号」
であるから，⑦のとき，$(y-x)(x-0)(y-0)<0$
つまり，$(y-x)xy<0$……⑧　と同値である.
⑧を p.109 のように図示して解くこともできる.
（$0<a<1$ のときは，$(y-x)xy>0$ となる.）

5 （ア）真数条件を忘れないように.
（イ）$\log_2 x=t$ とおく. 両辺の対数をとる.
（ウ）真数条件に文字定数 a が入ってきそうだが，実は結果的に a が入ってくる方の式は考えなくて済む.
　解の個数を考える部分は，文字定数 a を分離しよう.

解 （ア）真数条件から，$x+2>0$, $3-x>0$
$$\therefore\quad -2<x<3\ \cdots\cdots\cdots\cdots\cdots\cdots ①$$
次に，底を 2 にそろえると，与えられた方程式は，
$$\log_2(x+2)+\frac{\log_2(3-x)}{\log_2 4}=1+\frac{\log_2 3}{\log_2 4}$$
$$\therefore\quad \log_2(x+2)+\frac{\log_2(3-x)}{2}=1+\frac{\log_2 3}{2}$$
$$\therefore\quad 2\log_2(x+2)+\log_2(3-x)=2+\log_2 3$$
$$\therefore\quad \log_2(x+2)^2(3-x)=\log_2 2^2\cdot 3\quad [2=\log_2 2^2]$$
$$\therefore\quad (x+2)^2(3-x)=2^2\cdot 3$$
$$\therefore\quad (x^2+4x+4)(x-3)+12=0$$
$$\therefore\quad x(x^2+x-8)=0\quad \therefore\quad x=0,\ \frac{-1\pm\sqrt{33}}{2}$$
$5<\sqrt{33}<6$ であるから，このうち①を満たすものは
$$x=0,\ \frac{-1+\sqrt{33}}{2}$$

（イ）$(x^{\log_2 x})^{\log_2 x}=64 x^{6\log_2 x-11}\ \cdots\cdots\cdots\cdots\cdots ①$
真数条件により $x>0$ であり，$\log_2 x=t$ とおくと，①は，$(x^t)^t=64 x^{6t-11}$
両辺の $\log_2$ を考えて，$t\log_2 x^t=\log_2 64+\log_2 x^{6t-11}$
$$\therefore\quad t^2\log_2 x=\log_2 2^6+(6t-11)\log_2 x$$
$$\therefore\quad t^3=6+(6t-11)t$$
$$\therefore\quad t^3-6t^2+11t-6=0$$
$$\therefore\quad (t-1)(t-2)(t-3)=0$$
よって，$\log_2 x=1,\ 2,\ 3\quad \therefore\quad x=2,\ 4,\ 8$

（ウ）$\log_3\left(x-\dfrac{4}{3}\right)=\log_9(2x+a)\ \cdots\cdots\cdots\cdots\cdots ①$
真数条件により，$x-\dfrac{4}{3}>0$, $2x+a>0\ \cdots\cdots\cdots\cdots ②$
①により，$\log_3\left(x-\dfrac{4}{3}\right)=\dfrac{\log_3(2x+a)}{\log_3 9}$
$\log_3 9=2$ により，$2\log_3\left(x-\dfrac{4}{3}\right)=\log_3(2x+a)$

$$\therefore\quad \log_3\left(x-\frac{4}{3}\right)^2=\log_3(2x+a)$$
$$\therefore\quad \left(x-\frac{4}{3}\right)^2=2x+a\ \cdots\cdots\cdots\cdots\cdots ③$$
$x>\dfrac{4}{3}$ かつ③のとき，②が成り立つから，$x>\dfrac{4}{3}$ のもとで③を考えればよい.
　③を変形して，$a=x^2-\dfrac{14}{3}x+\dfrac{16}{9}$

よって，$x>\dfrac{4}{3}$ において，放物線 $y=x^2-\dfrac{14}{3}x+\dfrac{16}{9}$
と直線 $y=a$ が異なる 2 点で交わる条件を考えればよい.
放物線の式は，
$$y=\left(x-\frac{7}{3}\right)^2-\frac{11}{3}$$
であるから，右図のようになり，求める a の範囲は，
$$-\frac{11}{3}<a<-\frac{8}{3}$$

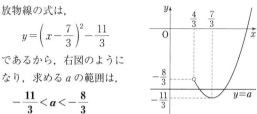

6 真数条件，底の条件を押さえて解いていく.
（ウ）例題（イ）と違って，$\log_x y=t$ とおいても，与式は t だけでは表せない．$\log_2 x=X$, $\log_2 y=Y$ とおこう.
分母の符号に無頓着に，分母を払わないこと.

解 （ア）真数条件により，
$$x-1>0,\ x+3>0,\ x>0\quad \therefore\quad x>1\ \cdots\cdots\cdots\cdots ①$$
次に，底を 2 にそろえると，与えられた不等式は，
$$\log_2(x-1)-\frac{\log_2(x+3)}{\log_2 \frac{1}{2}}\leqq 3+\log_2 x$$
$$\therefore\quad \log_2(x-1)+\log_2(x+3)\leqq 3+\log_2 x$$
$$\therefore\quad \log_2(x-1)(x+3)\leqq \log_2 2^3\cdot x\quad [3=\log_2 2^3]$$
$$\therefore\quad (x-1)(x+3)\leqq 2^3 x$$
$$\therefore\quad x^2+2x-3\leqq 8x\quad \therefore\quad x^2-6x-3\leqq 0$$
$$\therefore\quad 3-2\sqrt{3}\leqq x\leqq 3+2\sqrt{3}$$
これと①により，$1<x\leqq 3+2\sqrt{3}$

（イ）$\log_x(x^2-3x+5)\leqq \log_x(-3x^2+5x+2)\ \cdots\cdots ①$
底と真数の条件により，$x>0$, $x\neq 1\ \cdots\cdots\cdots\cdots\cdots ②$
$x^2-3x+5>0\ \cdots\cdots ③$　$-3x^2+5x+2>0\ \cdots\cdots ④$
③はつねに成り立つ（③の左辺＝0 の判別式が負だから）.
④により，$3x^2-5x-2<0\quad \therefore\quad (x-2)(3x+1)<0$
$$\therefore\quad -1/3<x<2$$
よって，②〜④の条件をまとめると，$0<x<2$, $x\neq 1$
●$1<x<2$ のとき，①は，
$$x^2-3x+5\leqq -3x^2+5x+2$$

$\therefore\quad 4x^2-8x+3\leqq 0 \quad \therefore\quad (2x-1)(2x-3)\leqq 0 \cdots ⑤$

$1<x<2$ とから，$1<x\leqq\dfrac{3}{2}$

● $0<x<1$ のとき，⑤の不等号の向きが反対になり

$$(2x-1)(2x-3)\geqq 0$$

$0<x<1$ とから，$0<x\leqq\dfrac{1}{2}$

以上により，**$0<x\leqq\dfrac{1}{2}$，$1<x\leqq\dfrac{3}{2}$**

（ウ）　$\log_x 2-(\log_2 y)(\log_x y)<4(\log_x x-\log_2 y)\cdots ①$

底と真数の条件により，

$$x>0,\ x\neq 1,\ y>0\cdots\cdots\cdots\cdots\cdots\cdots②$$

$\log_2 x=X$，$\log_2 y=Y$ とおく．

$$\log_x 2=\dfrac{\log_2 2}{\log_2 x}=\dfrac{1}{X},\quad \log_x y=\dfrac{\log_2 y}{\log_2 x}=\dfrac{Y}{X}$$

であるから，①は，

$$\dfrac{1}{X}-Y\cdot\dfrac{Y}{X}<4(X-Y)$$

● $X>0$ $(x>1)$ のとき，$1-Y^2<4(X-Y)X$

$\therefore\quad Y^2-4XY+4X^2-1>0$

$\therefore\quad (Y-2X)^2-1>0$

$\therefore\quad (Y-2X+1)(Y-2X-1)>0$

$\therefore\quad \{Y-(2X-1)\}\{Y-(2X+1)\}>0 \cdots\cdots\cdots ③$

$2X-1<2X+1$ である．③を Y の2次不等式として解くと，

$$Y<2X-1 \text{ または } 2X+1<Y$$

$\therefore\quad \log_2 y<2\log_2 x-1 \text{ または } \log_2 y>2\log_2 x+1$

$2\log_2 x-1=\log_2 x^2-\log_2 2=\log_2\dfrac{x^2}{2}$

$2\log_2 x+1=\log_2 x^2+\log_2 2=\log_2 2x^2$

であるから，$y<\dfrac{x^2}{2}$ または $y>2x^2$

● $X<0$ $(0<x<1)$ のとき，③の不等号の向きが反対になり，$\{Y-(2X-1)\}\{Y-(2X+1)\}<0$

$\therefore\quad 2X-1<Y<2X+1$

$\therefore\quad \dfrac{x^2}{2}<y<2x^2$

②にも注意すると，求める範囲は，右図の網目部分（境界は含まない）となる．

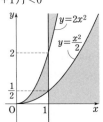

⑦　（ア）　$3^x+3^{-x}=t$ とおく．$t\geqq 2$ に注意.

（イ）　底を2にそろえて log を1つにまとめる.

解　（ア）　$3^x+3^{-x}=t$ とおくと，

相加平均≧相乗平均 により，

$$t\geqq 2\sqrt{3^x\cdot 3^{-x}}=2 \text{ （等号は }x=0\text{ のとき）}$$

また，$3^{2x}+3^{-2x}=(3^x+3^{-x})^2-2=t^2-2$

よって，$f(x)=3^{2x}+3^{-2x}-2a(3^x+3^{-x})$
$=t^2-2-2at=t^2-2at-2$

したがって，$t\geqq 2$ における，$g(t)=t^2-2at-2$ の最小値を求めればよい.

$$g(t)=(t-a)^2-a^2-2$$

であるから，最小値は，

$a\geqq 2$ のとき

$$g(a)=-a^2-2$$

$a\leqq 2$ のとき

$$g(2)=2^2-2a\cdot 2-2=2-4a$$

（イ）　$f(x)=\log_2(-x^2+3x-2)+\log_{\frac{1}{2}}(ax)\cdots\cdots ①$

真数条件は，

$$-x^2+3x-2>0 \quad \text{かつ} \quad ax>0$$

$\therefore\quad (x-1)(x-2)<0 \quad \text{かつ} \quad ax>0$

$\therefore\quad 1<x<2 \quad \text{かつ} \quad ax>0$

よって，$1<x<2 \quad$ かつ $\quad a>0\cdots\cdots\cdots\cdots②$

このもとで考える．①の底を2にそろえると，

$$f(x)=\log_2(-x^2+3x-2)+\dfrac{\log_2(ax)}{\log_2(1/2)}$$
$$=\log_2(-x^2+3x-2)-\log_2(ax)$$
$$=\log_2\left(\dfrac{-x^2+3x-2}{ax}\right)$$

ここで，$\dfrac{-x^2+3x-2}{x}=3-\left(x+\dfrac{2}{x}\right)\cdots\cdots\cdots\cdots③$

であり，相加平均≧相乗平均 により，

$$x+\dfrac{2}{x}\geqq 2\sqrt{2} \text{ （等号は }x=\sqrt{2}\text{ のとき）}$$

であるから，②のとき，③の最大値は $3-2\sqrt{2}$

よって，$f(x)$ の最大値は，$\log_2\dfrac{3-2\sqrt{2}}{a}$

これが1のとき，$\dfrac{3-2\sqrt{2}}{a}=2^1 \quad \therefore\quad \boldsymbol{a=\dfrac{3-2\sqrt{2}}{2}}$

⑧　（ア）　$\cos x\cos y+\sin x\sin y$ の値を求める.

（イ）　$\tan(90°-\theta)$ を $\tan\theta$ で表すと，様子がつかめる.

（ウ）　$\tan\dfrac{\theta}{2}$ の値は，$\tan\dfrac{\theta}{2}=x$ とおいて，2倍角の公式を使って $\tan\theta$ を x で表し，x の方程式を作って求めればよい.

（エ）　$\sin 1$，$\sin 2$，$\sin 3$ は，例題（ウ）と同様に考える．$\cos 1$ が問題だが，ここでは $(\cos\theta, \sin\theta)$ と $(\sin\theta, \cos\theta)$ が直線 $y=x$ に関して対称であることに着目してみる.

解 （ア）$\sin x + \sin y = 1$, $\cos x + \cos y = \dfrac{1}{3}$ の辺々を

それぞれ 2 乗して足すと，[$\sin^2 + \cos^2 = 1$ も使い]

$$2 + 2(\cos x \cos y + \sin x \sin y) = \frac{10}{9}$$

$$\therefore \quad 2 + 2\cos(x - y) = \frac{10}{9}$$

$$\therefore \quad \boldsymbol{\cos(x - y) = -\frac{4}{9}}$$

（イ）$\tan(90° - \theta) = \dfrac{\sin(90° - \theta)}{\cos(90° - \theta)} = \dfrac{\cos\theta}{\sin\theta} = \dfrac{1}{\tan\theta}$

であるから，

$$\tan\theta \tan(90° - \theta) = 1 \quad \cdots\cdots\cdots \text{①}$$

$\theta = 24°$ を代入して，

$$\tan 24° \tan 66° = \boldsymbol{1}$$

同様にして，

$$\tan 1° \tan 89° = 1, \ \tan 2° \tan 88° = 1, \ \cdots\cdots,$$
$$\tan 44° \tan 46° = 1$$

であり，$\tan 45° = 1$ であるから，

$$\tan 1° \tan 2° \tan 3° \cdots \tan 87° \tan 88° \tan 89° = \boldsymbol{1}$$

（ウ）$\tan\theta = \dfrac{4}{3}$, $0° \leqq \theta \leqq 90°$

により，θ は右図の角であるから，

$$\boldsymbol{\cos\theta = \frac{3}{5}}$$

$$\therefore \quad \boldsymbol{\cos 2\theta} = 2\cos^2\theta - 1 = 2\left(\frac{3}{5}\right)^2 - 1 = \boldsymbol{-\frac{7}{25}}$$

$$\boldsymbol{\tan 2\theta} = \frac{2\tan\theta}{1 - \tan^2\theta} = \frac{2 \cdot \dfrac{4}{3}}{1 - \left(\dfrac{4}{3}\right)^2} = \boldsymbol{-\frac{24}{7}}$$

$\tan\dfrac{\theta}{2} = x$ とおくと，

$$\tan\theta = \frac{2\tan(\theta/2)}{1 - \tan^2(\theta/2)} = \frac{2x}{1 - x^2}$$

であるから，

$$\frac{2x}{1 - x^2} = \frac{4}{3} \qquad \therefore \quad 2x^2 + 3x - 2 = 0$$

$$\therefore \quad (x + 2)(2x - 1) = 0$$

$x > 0$ により $\boldsymbol{\tan\dfrac{\theta}{2} = \dfrac{1}{2}}$

（エ）$A(\cos 1, \sin 1)$, $B(\cos 2, \sin 2)$, $C(\cos 3, \sin 3)$, $D(\sin 1, \cos 1)$ とおく．

A, B, C, D の y 座標の大小を比較する．

$\pi = 3.14\cdots$ であるから，

$$0 < \frac{\pi}{6} < \frac{\pi}{4} < 1 < \frac{\pi}{3} < \frac{\pi}{2} < 2 < \frac{2\pi}{3} < \frac{5\pi}{6} < 3 < \pi$$

右図において，単位円

周上の点に対して，例え

ば $(\cos 1,\ \sin 1)$ の代わ

りに「1」と表示すること

にする．点 A と点 D は

直線 $y = x$ に関して対称

であり，この直線上に点

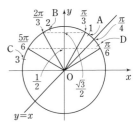

「$\dfrac{\pi}{4}$」があるから，図のようになる．

したがって，$\boldsymbol{\sin 3 < \cos 1 < \sin 1 < \sin 2}$

---

⑨ 展開した後，$\cos 2\theta$, $\sin 2\theta$ の式に直す．

解 $y = 2\cos\theta\sin\theta - 3\sin^2\theta \quad \cdots\cdots\cdots \text{①}$

$$= \sin 2\theta - 3 \cdot \frac{1 - \cos 2\theta}{2} = \frac{1}{2}(3\cos 2\theta + 2\sin 2\theta - 3)$$

右図のように α を定めると，

$0 < \alpha < \dfrac{\pi}{4}$ であり，

$$3\cos 2\theta + 2\sin 2\theta$$
$$= \sqrt{13}\left(\cos 2\theta \cdot \frac{3}{\sqrt{13}} + \sin 2\theta \cdot \frac{2}{\sqrt{13}}\right)$$
$$= \sqrt{13}(\cos 2\theta\cos\alpha + \sin 2\theta\sin\alpha) = \sqrt{13}\cos(2\theta - \alpha)$$

よって，$y = \dfrac{1}{2}\{\sqrt{13}\cos(2\theta - \alpha) - 3\}$

$0 \leqq \theta \leqq \pi/2$ により，$-\alpha \leqq 2\theta - \alpha \leqq \pi - \alpha$

よって，$2\theta - \alpha = 0$ のとき，最大値 $y = \dfrac{1}{2}(\sqrt{13} - 3)$ をとり，$2\theta - \alpha = \pi - \alpha$, つまり $\theta = \pi/2$ のとき，①により最小値 $y = \boldsymbol{-3}$ をとる．

---

⑩ （ア）$\sin 2\theta = 2\sin\theta\cos\theta$ であるから，y は $\sin\theta$, $\cos\theta$ の対称式である．$\sin\theta + \cos\theta = t$ とおくと，t の式で表せる．t の変域に注意．

（イ）（ア）と同様である．

解 （ア）$y = a\sin\theta - \dfrac{1}{2}\sin 2\theta + a\cos\theta$

$$= a(\sin\theta + \cos\theta) - \sin\theta\cos\theta \quad \cdots\cdots\cdots \text{①}$$

$\sin\theta + \cos\theta = t \quad \cdots\cdots \text{②}$ とおくと，

$$t^2 = 1 + 2\sin\theta\cos\theta \quad \therefore \quad \sin\theta\cos\theta = \frac{t^2 - 1}{2}$$

よって，①は，$y = at - \dfrac{t^2 - 1}{2}$

$$\therefore \quad y = -\frac{t^2}{2} + at + \frac{1}{2} = -\frac{1}{2}(t - a)^2 + \frac{a^2 + 1}{2} \quad \cdots\cdots \text{③}$$

ここで②を合成すると, $t=\sqrt{2}\sin\left(\theta+\dfrac{\pi}{4}\right)$…………④

$0\le\theta\le\pi$ のとき, $\dfrac{\pi}{4}\le\theta+\dfrac{\pi}{4}\le\dfrac{5\pi}{4}$ であるから,

④により, $\sqrt{2}\sin\dfrac{5\pi}{4}\le t\le\sqrt{2}$

$\qquad\qquad\therefore\ -1\le t\le\sqrt{2}$…………⑤

③のグラフは上に凸で
あるから, 最小値は対称
軸から遠い方の端点でと
る. 軸 $t=a$ の位置と区

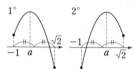

間⑤の中点 $\dfrac{\sqrt{2}-1}{2}$ の位置で場合分けする. ③の中辺

を $f(t)$ とおくと, 求める最小値は,

1° $a\le\dfrac{\sqrt{2}-1}{2}$ のとき, $f(\sqrt{2})=\sqrt{2}a-\dfrac{1}{2}$

2° $a\ge\dfrac{\sqrt{2}-1}{2}$ のとき, $f(-1)=-a$

（イ）$\sin x+\cos x=t$ ……① とおくと,

$\quad t^3=\sin^3 x+\cos^3 x+3\sin x\cos x(\sin x+\cos x)$

であるから,

$$f(x)=t^3-6\sin x\cos x$$

これと, $t^2=\sin^2 x+\cos^2 x+2\sin x\cos x$ により,

$2\sin x\cos x=t^2-1$ であるから,

$$f(x)=t^3-3(t^2-1)=t^3-3t^2+3$$

この右辺を $g(t)$ とおくと,

$\quad g'(t)=3t^2-6t$
$\qquad\quad=3t(t-2)$

また, ①を合成すると

t	$-\sqrt{2}$		0		$\sqrt{2}$
$g'(t)$		$+$	0	$-$	
$g(t)$		↗		↘	

$t=\sqrt{2}\sin\left(x+\dfrac{\pi}{4}\right)$ であるから,

$$-\sqrt{2}\le t\le\sqrt{2}$$

この範囲における $g(t)$ の増減は上表のようになる.

よって, **最大値**は, $t=0$ のときの $g(0)=\mathbf{3}$ で, このとき

$\sin\left(x+\dfrac{\pi}{4}\right)=0$ により, $x=\dfrac{3}{4}\pi,\ \dfrac{7}{4}\pi$

また, $g(-\sqrt{2})=-2\sqrt{2}-3,\ g(\sqrt{2})=2\sqrt{2}-3$ により,

最小値は, $t=-\sqrt{2}$ のときの $g(-\sqrt{2})=\mathbf{-2\sqrt{2}-3}$ で,

このとき $\sin\left(x+\dfrac{\pi}{4}\right)=-1$ により, $x=\dfrac{5}{4}\pi$

⑪ （ア）2倍角の公式を使った後,

$(\cos\theta,\ \sin\theta)$ を単位円上の点と見る.

（イ）3倍角の公式か, 和→積の公式を使う.

解 （ア）$\sin 2\theta>\sin\theta$ のとき, 2倍角の公式から,

$\quad 2\sin\theta\cos\theta>\sin\theta$

$\therefore\ \sin\theta(2\cos\theta-1)>0$

$[X=\cos\theta,\ Y=\sin\theta$ とお

く] $Y(2X-1)>0]$

$P(\cos\theta,\ \sin\theta)$ とおくと,

点 P は $y(2x-1)>0$……①

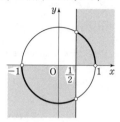

の範囲（☞注）にある. ①は,

「$y>0$ かつ $x>\dfrac{1}{2}$」 または 「$y<0$ かつ $x<\dfrac{1}{2}$」

である（図の網目部）から, 点 P は図の太線上にあり,

$$0<\theta<\dfrac{\pi}{3}\ \ \text{または}\ \ \pi<\theta<\dfrac{5}{3}\pi$$

⇒注 p.109のように図示するのもよい.

2直線 $y=0$, $2x-1=0$ で4分割された領域のうち,

$(x,\ y)=(2,\ 2)$ は①を満たすので右上は適する. 境

界線を越えるごとに①の左辺の符号が反対になるから,

図の網目部を得る.

（イ）$\cos 3\theta+\sin 2\theta+\cos\theta$………………………⑦

$\quad=(4\cos^3\theta-3\cos\theta)+2\sin\theta\cos\theta+\cos\theta$

$\quad=\cos\theta(4\cos^2\theta+2\sin\theta-2)$

$\quad=\cos\theta\{4(1-\sin^2\theta)+2\sin\theta-2\}$

$\quad=2\cos\theta(1+\sin\theta-2\sin^2\theta)$

$\quad=2\cos\theta(1-\sin\theta)(1+2\sin\theta)$………………⑦

これが正のとき, $\sin\theta\ne 1$ $(1-\sin\theta>0)$ のもとで,

「$\cos\theta,\ 1+2\sin\theta$」について,

ともに正かともに負………Ⓐ

ここで, $\cos\theta>0$ ………①

$\qquad 1+2\sin\theta>0$ ………②

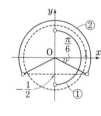

を満たす $(\cos\theta,\ \sin\theta)$ は右図で

あり, Ⓐを満たすのは, ①, ②を

ともに満たす（実線が2重）かと

もに満たさないとき.

（図の白丸のときは⑦$=0$ の場合で不適）

よって, $0\le\theta<\dfrac{\pi}{2},\ \dfrac{7}{6}\pi<\theta<\dfrac{3}{2}\pi,\ \dfrac{11}{6}\pi<\theta<2\pi$

⇒注 $\cos 3\theta+\cos\theta=\cos(2\theta+\theta)+\cos(2\theta-\theta)$

$\qquad\qquad\qquad=2\cos 2\theta\cos\theta=2(1-2\sin^2\theta)\cos\theta$

と, $\sin 2\theta=2\sin\theta\cos\theta$ を用いると,

$\qquad$⑦$=2\cos\theta(1-2\sin^2\theta+\sin\theta)$

⑫ （ア）一般解（一般角の形）を求めよう.

（イ）まず y（または x）を消去する.

解 （ア）$\sin\dfrac{2\pi}{5}=\cos\left(\dfrac{\pi}{2}-\dfrac{2\pi}{5}\right)=\cos\dfrac{\pi}{10}$

により，与えられた方程式は，
$$\cos\left(2x+\frac{2\pi}{5}\right)=\cos\frac{\pi}{10}$$
よって，
$$2x+\frac{2\pi}{5}=\frac{\pi}{10}+2m\pi$$
または $2x+\frac{2\pi}{5}=-\frac{\pi}{10}+2n\pi$ （m, n は整数）

$\therefore\ x=-\frac{3\pi}{20}+m\pi$ または $x=-\frac{\pi}{4}+n\pi$

$0\leq x<2\pi$ のとき，$m=1$, 2：$n=1$, 2

よって，$x=\dfrac{17\pi}{20}$, $\dfrac{37\pi}{20}$, $\dfrac{3\pi}{4}$, $\dfrac{7\pi}{4}$

（イ）$3\sin y=2\sqrt3-\cos x\cdots\text{①}$, $3\cos y=2-\sin x\cdots\text{②}$

①²＋②² により，
$$9=12-4\sqrt3\cos x+\cos^2 x+4-4\sin x+\sin^2 x$$
$\therefore\ 4\sqrt3\cos x+4\sin x=8$
$\therefore\ \sqrt3\cos x+\sin x=2$
$\therefore\ 2\left(\cos x\cdot\dfrac{\sqrt3}{2}+\sin x\cdot\dfrac{1}{2}\right)=2$
$\therefore\ \cos(x-30°)=1$　$\therefore\ x-30°=0°$

よって，$x=30°$ であり，これを①，②に代入して，
$$3\sin y=\frac{3\sqrt3}{2},\quad 3\cos y=\frac{3}{2}$$
$\therefore\ (\cos y,\ \sin y)=\left(\dfrac{1}{2},\ \dfrac{\sqrt3}{2}\right)$
$$\therefore\ y=60°$$

⑬（ア）$\sin\dfrac{A+B}{2}\cdots$㋐ と $\sin\dfrac{A}{2}+\sin\dfrac{B}{2}\cdots$㋑

の比較では，$\dfrac{A+B}{2}=\dfrac{A}{2}+\dfrac{B}{2}$ として㋐に加法定理を

使い，㋐を㋑と同じ角度 $\left(\dfrac{A}{2}$ と $\dfrac{B}{2}\right)$ が現れる式にする．

㋐と $\dfrac{\sin A+\sin B}{2}\cdots$㋒ の比較では，㋒に和→積の公

式を使い，両方に $\dfrac{A+B}{2}$ が現れるようにする．同様に

考え，㋑と㋒の比較では，$\sin A$, $\sin B$ に2倍角の公式

を使う（☞注1）．実は，㋒＜㋐＜㋑ となる（☞注2）の

で，㋑と㋒の比較は不要である．

（イ）$2a_n\sin\theta=2\cos 2n\theta\sin\theta$ に積→和の公式を使う

と，$f_{n+1}-f_n$ の形が現れる．

⦿解（ア）$\sin A+\sin B$
$$=\sin\left(\frac{A+B}{2}+\frac{A-B}{2}\right)+\sin\left(\frac{A+B}{2}-\frac{A-B}{2}\right)$$

$$=2\sin\frac{A+B}{2}\cos\frac{A-B}{2}$$

が成り立つ．また，A, B は鋭角であるから，
$$\sin\frac{A}{2},\ \cos\frac{B}{2},\ \cos\frac{A}{2},\ \sin\frac{B}{2},\ \sin\frac{A+B}{2}$$
はいずれも0と1の間にあり，$A\neq B$ により
$$\cos\frac{A-B}{2}<1 \text{ である．}$$

以上のことから，
$$\frac{\sin A+\sin B}{2}=\sin\frac{A+B}{2}\cos\frac{A-B}{2}<\sin\frac{A+B}{2}$$
$$\sin\frac{A+B}{2}=\sin\frac{A}{2}\cos\frac{B}{2}+\cos\frac{A}{2}\sin\frac{B}{2}$$
$$<\sin\frac{A}{2}+\sin\frac{B}{2}$$

最小値は $\dfrac{\sin A+\sin B}{2}$，最大値は $\sin\dfrac{A}{2}+\sin\dfrac{B}{2}$

➡**注1.** $\sin A=2\sin\dfrac{A}{2}\cos\dfrac{A}{2}$ により，
$$\frac{\sin A+\sin B}{2}=\sin\frac{A}{2}\cos\frac{A}{2}+\sin\frac{B}{2}\cos\frac{B}{2}$$
$$<\sin\frac{A}{2}+\sin\frac{B}{2}$$

➡**注2.** 大小の見当をつけるときは，鋭角の範囲を
$0°\sim90°$ に拡げ，$A=B$ のときも利用して構わない．
前文の㋐, ㋑, ㋒の値について，$A=B=60°$
$\left(\text{㋐}=\text{㋒}=\dfrac{\sqrt3}{2}\text{，㋑}=1 \text{ により㋑が最大のはず}\right)$ と
$A=0°$, $B=90°$ $\left(\text{㋐}=\dfrac{\sqrt2}{2}\text{，㋒}=\dfrac{1}{2}\right)$ の場合から，
㋒＜㋐＜㋑ と見当をつけることができる．

【研究】　グラフの凸性
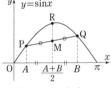
　$y=\sin x$ のグラフは
$0\leq x\leq\pi$ において上に凸
である．このグラフ上に
　$P(A,\ \sin A)$
　$Q(B,\ \sin B)$ をとり，
PQ の中点を M，M と x 座
標が等しいグラフ上の点を R とする．このとき，M，
R の y 座標をそれぞれ y_M，y_R とすると，
$$y_M=\frac{\sin A+\sin B}{2},\quad y_R=\sin\frac{A+B}{2}$$
$y=\sin x$ のグラフは上に凸なので，上図のようにな
り，$y_M<y_R$ が分かる．つまり
$$\frac{\sin A+\sin B}{2}<\sin\frac{A+B}{2} \text{ の成立が分かる．}$$

（イ）（1）$2a_n\sin\theta=2\cos 2n\theta\sin\theta$
$$=\sin(2n\theta+\theta)-\sin(2n\theta-\theta)$$
$$=\sin(2n+1)\theta-\sin(2n-1)\theta$$
$$\therefore\ a_n=\frac{\sin(2n+1)\theta-\sin(2n-1)\theta}{2\sin\theta}$$

よって，$f_k = \dfrac{\sin(2k-1)\theta}{2\sin\theta}$ とおくと，$a_k = f_{k+1} - f_k$

であり，$k = 1,\ 2,\ 3,\ \cdots,\ n$ とした式を辺ごとに加え

$$S_n = \sum_{k=1}^{n} a_k = \sum_{k=1}^{n}(f_{k+1} - f_k) = f_{n+1} - f_1$$

$$= \frac{\sin(2n+1)\theta}{2\sin\theta} - \frac{\sin\theta}{2\sin\theta} = \frac{1}{2}\left\{\frac{\sin(2n+1)\theta}{\sin\theta} - 1\right\}$$

（2）求める値は $\theta = 12°$ としたときの S_7 である．

このとき，$S_7 = \dfrac{1}{2}\left(\dfrac{\sin 180°}{\sin 12°} - 1\right) = -\dfrac{\mathbf{1}}{\mathbf{2}}$

---

(14) A と B は対等なので，$A + B + C = 180°$ から C を消去する．「和 → 積」等の公式をうまく利用する．

解 左辺 $= \cos A + \cos B - \cos C$ ……………①

を変形する．$C = 180° - (A+B)$ により，

$\cos C = -\cos(A+B)$ $\therefore$ $-\cos C = \cos(A+B)$…②

また，$\cos A + \cos B$

$$= \cos\left(\frac{A+B}{2} + \frac{A-B}{2}\right) + \cos\left(\frac{A+B}{2} - \frac{A-B}{2}\right)$$

$$= 2\cos\frac{A+B}{2}\cos\frac{A-B}{2}$$

これに合わせて，②の右辺をさらに2倍角の公式で

$$\cos(A+B) = 2\cos^2\frac{A+B}{2} - 1$$

と書き直すことによって，

$$① = 2\cos\frac{A+B}{2}\left(\cos\frac{A-B}{2} + \cos\frac{A+B}{2}\right) - 1$$

［カッコ内を加法定理でバラして］

$$= 4\cos\frac{A+B}{2}\cos\frac{A}{2}\cos\frac{B}{2} - 1 \cdots\cdots\cdots\cdots①'$$

一方，$\dfrac{A+B}{2} = \dfrac{180° - C}{2} = 90° - \dfrac{C}{2}$ により，

$\cos\dfrac{A+B}{2} = \sin\dfrac{C}{2}$ であるから，

$$①' = 4\cos\frac{A}{2}\cos\frac{B}{2}\sin\frac{C}{2} - 1$$

よって，与式が示された．

---

(15) （2）方程式の解とは，「代入したら成り立つ」ということ．$2\cos 80°$ を代入した後は，（1）の式を反対向きに使って，$80°$ を $240°$ に直す．

（3）$2\cos\alpha$，$2\cos\beta$ が解であるから，$2\cos\theta$ が解になる条件を考えることにする．（2）と同様な変形をする．

解 （1）$\cos 3\theta = \cos(2\theta + \theta)$

$\quad = \cos 2\theta\cos\theta - \sin 2\theta\sin\theta$

$\quad = (2\cos^2\theta - 1)\cos\theta - 2\sin^2\theta\cos\theta$

$\quad = (2\cos^2\theta - 1)\cos\theta - 2(1 - \cos^2\theta)\cos\theta$

$\quad = 4\cos^3\theta - 3\cos\theta$

（2）$x = 2\cos 80°$ のとき，

$\quad x^3 - 3x + 1 = (2\cos 80°)^3 - 3(2\cos 80°) + 1$

$= 2(4\cos^3 80° - 3\cos 80°) + 1$

$= 2\cos 240° + 1$ （$\because$ （1））

$= 0$

したがって，$2\cos 80°$ は $x^3 - 3x + 1 = 0$ の解である．

（3）$x = 2\cos\theta$ （$0° < \theta < 180°$）のとき，

$\quad x^3 - 3x + 1 = (2\cos\theta)^3 - 3(2\cos\theta) + 1$

$= 2(4\cos^3\theta - 3\cos\theta) + 1$

$= 2\cos 3\theta + 1$ （$\because$ （1））

これが0となるとき，

$\quad 2\cos 3\theta + 1 = 0$

$\therefore$ $\cos 3\theta = -\dfrac{1}{2}$

$0° < 3\theta < 540°$ により

$\quad 3\theta = 120°,\ 240°,\ 480°$

$\therefore$ $\theta = 40°,\ 80°,\ 160°$

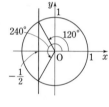

したがって，$x = 2\cos 40°,\ 2\cos 80°,\ 2\cos 160°$ ………①

は，$x^3 - 3x + 1 = 0$ ……② を満たす．

ここで，$2\cos 40° > 2\cos 80° > 2\cos 160°$ により，①の3数は異なるから，②の3解は①である．よって，

$$x^3 - 3x + 1 = (x - 2\cos 80°)(x - 2\cos 40°)(x - 2\cos 160°)$$

したがって，$\boldsymbol{\alpha = 40°}$，$\boldsymbol{\beta = 160°}$

座標

本書の前文の解説などを教科書的に詳しくまとめた本として,「教科書Next 図形と方程式の集中講義」(小社刊)があります. 是非ともご活用ください.

座標
要点の整理

1. 点, 直線

1・1 分点の座標

A(x_1, y_1), B(x_2, y_2) を結ぶ線分 AB を $m:n$ に内分する点の座標は,

$$\left(\frac{nx_1+mx_2}{m+n}, \ \frac{ny_1+my_2}{m+n} \right)$$

である. 外分のときは, m, n の一方にマイナスをつける(m, n が具体的に与えられているときは, 小さい方につけるのがよい), という修正をすればよい.

1・2 直線の方程式

1° x 軸に垂直でない直線は, $y=mx+n$
　　（傾きが m で y 切片が n の直線）
　　x 軸に垂直な直線は, $x=c$

2° $ax+by+c=0$（ただし, $(a, b) \neq (0, 0)$）

⇒注　直線に垂直なベクトルを直線の法線ベクトルと言う. 2° のとき, その1つは $\vec{n} = \begin{pmatrix} a \\ b \end{pmatrix}$ である.

3° x 切片 a, y 切片 b（ただし $ab \neq 0$）の直線は,

$$\frac{x}{a} + \frac{y}{b} = 1 \quad (\text{切片形})$$

[A$(a, 0)$, B$(0, b)$ が上式を満たすから, 上式は直線 AB の方程式に他ならない]

1・3 直線の平行条件・垂直条件

傾きが m_1, m_2 である2直線 l_1, l_2 について,

$$l_1 /\!/ l_2 \iff m_1 = m_2$$
$$l_1 \perp l_2 \iff m_1 m_2 = -1$$

1・4 2直線のなす角

傾き m_1 の直線から傾き m_2 の直線へ反時計回りに測った回転角を θ とすると,

$$\tan\theta = \frac{m_2 - m_1}{1 + m_2 m_1} \quad \cdots\cdots\cdots ①$$

⇒注　直線 l と x 軸の正方向とのなす角（反時計回りに測った回転角）を φ とすると, l の傾きは $\tan\varphi$（ただし, $\varphi \neq 90°$）である. 上図で $m_1 = \tan\alpha$, $m_2 = \tan\beta$ であり, $\theta = \beta - \alpha$ と加法定理から, ①が得られる.

1・5 傾き m の線分の長さ

点 A, B の x 座標を α, β $(\alpha < \beta)$ とし, AB の傾きを m とすると, 線分 AB の長さは
AB$=\sqrt{1+m^2}\,(\beta-\alpha)$

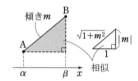

1・6 点と直線の距離の公式

点 (p, q) と直線 $ax+by+c=0$ との距離は,

$$\frac{|ap+bq+c|}{\sqrt{a^2+b^2}}$$

［略証］　図のように, P, l を定め, P から l に下ろした垂線の足を H$(p+s, q+t)$ とおくと, H は l 上にあるから

$$a(p+s)+b(q+t)+c=0 \quad \cdots\cdots\cdots ①$$

PH の傾きは $\dfrac{t}{s}$, l の傾きは $-\dfrac{a}{b}$ であるから,

PH$\perp l$ により, $\dfrac{t}{s} \cdot \left(-\dfrac{a}{b}\right) = -1$ ∴ $t = \dfrac{b}{a}s$ ……②

①, ②により,

$$s = \frac{-a(ap+bq+c)}{a^2+b^2}, \quad t = \frac{-b(ap+bq+c)}{a^2+b^2}$$

（$a=0$ や $b=0$ のときもこれでよい）

$$\text{PH} = \sqrt{s^2+t^2} = \frac{|ap+bq+c|}{\sqrt{a^2+b^2}}$$

1・7 三角形の面積

O$(0, 0)$, A(a, b), B(c, d) を3頂点とする三角形の面積は　△OAB$=\dfrac{1}{2}|ad-bc|$

⇒注　$\overrightarrow{PQ} = \begin{pmatrix} a \\ b \end{pmatrix}$, $\overrightarrow{PR} = \begin{pmatrix} c \\ d \end{pmatrix}$ のとき, △PQR$=\dfrac{1}{2}|ad-bc|$

2. 円

2・1 円の方程式

点 (a, b) を中心とする半径 r の円の方程式は,

$$(x-a)^2 + (y-b)^2 = r^2 \quad \cdots\cdots\cdots ①$$

2・2　円と直線の位置関係

中心 A，半径 r の円 C と，直線 l について，A と l との距離を d とすると，

1° C と l が 2 点で交わる
$\iff d < r$

2° C と l が接する
$\iff d = r$

3° C と l が離れている
$\iff d > r$

なお，1° において，l が C によって切り取られる弦の長さは，$2\sqrt{r^2 - d^2}$

2・3　円の接線の公式

①上の点 $(x_0,\ y_0)$ における円の接線の方程式は，

$$(x_0 - a)(x - a) + (y_0 - b)(y - b) = r^2$$

とくに，中心が原点のときは，$\boldsymbol{x_0 x + y_0 y = r^2}$

2・4　2 円の位置関係

（1）O_1 を中心とする半径 r_1 の円と，O_2 を中心とする半径 r_2 の円との関係は，$O_1 O_2 = d$ として，

1° 2 円が互いに他の外側にある $\iff d > r_1 + r_2$

2° 2 円が外接する $\iff d = r_1 + r_2$

3° 2 円が内接する $\iff d = |r_1 - r_2|$

4° 一方が他方の内側にある $\iff d < |r_1 - r_2|$

であり，以上の否定として，

5° **2 円が 2 点で交わる** $\iff \boldsymbol{|r_1 - r_2| < d < r_1 + r_2}$

（2）2 つの円の中心を通る直線に関して対称である．

1° 2 点 A，B で交わる 2 円では，中心を O_1，O_2 とすると，$AB \perp O_1 O_2$

2° 2 円が接するとき，2 円の中心と接点は一直線上にある．

3.　曲線の平行移動

3・1　曲線の平行移動の公式

曲線 $C : f(x,\ y) = 0$ を x 軸方向に a，y 軸方向に b だけ平行移動させて得られる曲線 C' の方程式は，

$$f(x - a,\ y - b) = 0$$

⇨**注**　$C : y = f(x)$ なら，$C' : y - b = f(x - a)$

[解説]　点 $P(X,\ Y)$ が C' 上にあるとする．点 P の平行移動前の位置は，$(X - a,\ Y - b)$ であるから，

点 $(X,\ Y)$ が C' 上にある

$\iff$ 点 $(X - a,\ Y - b)$ が C 上にある

$\iff f(X - a,\ Y - b) = 0$

C' 上の点 $(X,\ Y)$ が満たす関係式が C' の方程式に他ならず，X，Y を x，y に書き換えて，

$$f(x - a,\ y - b) = 0$$

4.　領域，その他

4・1　$\boldsymbol{y < f(x)}$

xy 平面で $y < f(x)$ が表すものは，曲線 $y = f(x)$ の下側の領域である（境界は含まない）．なお，$y \leqq f(x)$ なら境界を含む．

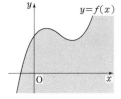

⇨**注**　$y > f(x)$ は，曲線の上側を表す．

4・2　円の内部と外部

円 $C : (x - a)^2 + (y - b)^2 = r^2$ について，

C の内部 $\iff (x - a)^2 + (y - b)^2 < r^2$

C の外部 $\iff (x - a)^2 + (y - b)^2 > r^2$

4・3　束（2 曲線の交点を通る曲線）

2 曲線 $f(x,\ y) = 0$，$g(x,\ y) = 0$ が交わるとき，

曲線 $m \cdot f(x,\ y) + n \cdot g(x,\ y) = 0$

（m，n は実数で，$(m,\ n) \neq (0,\ 0)$）は，2 曲線のすべての交点を通る曲線である．

[例]　2 直線 $ax + by + c = 0$，$px + qy + r = 0$ が点 A で交わるとき，

$$m(ax + by + c) + n(px + qy + r) = 0$$

は A を通る直線を表す．

[例]　円 $C : x^2 + y^2 + ax + by + c = 0$ ……………①

と，　円 $D : x^2 + y^2 + dx + ey + f = 0$ ……………②

が 2 点 P，Q で交わるとき，

$$m(x^2 + y^2 + ax + by + c)$$
$$+ n(x^2 + y^2 + dx + ey + f) = 0$$

は，P，Q を通る円または直線を表す．

とくに，$m = 1$，$n = -1$ のときは 2 次の項が消えて直線の式になるが，要するに

2 円の交点を通る直線は，①－②から得られる．

◆ **1 直線**／なす角

（ア）　2直線 $x-3y+5=0$，$x+2y+4=0$ のなす角 $\theta\left(0\leqq\theta\leqq\dfrac{\pi}{2}\right)$ を求めよ．　　　　　（高知工科大－後）

（イ）　原点を通り，直線 $x+2y-4=0$ と $45°$ の角をなす直線の方程式を求めよ．　　　　（高崎経済大）

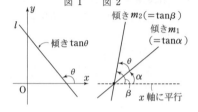

（**傾きは $\tan\theta$**）　直線 l と x 軸の正方向とのなす角（反時計回りに測った回転角）を θ とすると，l の傾きは $\tan\theta$（ただし，$\theta\neq90°$）である．

（**2直線のなす角**）　2直線のなす角は，交点のまわりに角を集め，回転角でとらえよう．傾き m_1 の直線から傾き m_2 の直線に反時計回りに測った角 θ は $\tan$ の加法定理でとらえられる．図2において，$\theta=\beta-\alpha$ であるから，

$$\tan\theta=\tan(\beta-\alpha)=\frac{\tan\beta-\tan\alpha}{1+\tan\beta\tan\alpha}=\frac{m_2-m_1}{1+m_2m_1}$$

また，m_1 と θ から m_2 をとらえることもできて，$m_2=\tan(\alpha+\theta)=\dfrac{\tan\alpha+\tan\theta}{1-\tan\alpha\tan\theta}=\dfrac{m_1+\tan\theta}{1-m_1\tan\theta}$ となる．ただし直線が y 軸に平行なときや，2直線が垂直（$m_1m_2=-1$）のときは使えないことに注意．

▓ 解 答 ▓

（ア）　右図のように，回転角 α，β を定めると，

$$\tan\theta=\tan(\alpha-\beta)=\frac{\tan\alpha-\tan\beta}{1+\tan\alpha\tan\beta}$$

$$=\frac{\dfrac{1}{3}-\left(-\dfrac{1}{2}\right)}{1+\dfrac{1}{3}\left(-\dfrac{1}{2}\right)}=\frac{\dfrac{5}{6}}{\dfrac{5}{6}}=1$$

$$\therefore\quad \boldsymbol{\theta=\pi/4}$$

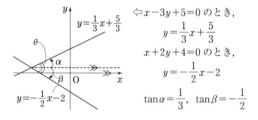

⇦$x-3y+5=0$ のとき，
$$y=\frac{1}{3}x+\frac{5}{3}$$
$x+2y+4=0$ のとき，
$$y=-\frac{1}{2}x-2$$
$\tan\alpha=\dfrac{1}{3}$，$\tan\beta=-\dfrac{1}{2}$

（イ）　x 軸の正方向から，$l:x+2y-4=0$ までの回転角を α（右図のように定める）とし，x 軸の正方向から求める直線までの回転角を β とする．

　右図より，$\underline{\beta=\alpha\pm45°}$

$\tan\alpha=-\dfrac{1}{2}$ により，複号同順で，

⇦回転角だから β は $180°$ を越えてもよい．

$$\tan\beta=\tan(\alpha\pm45°)=\frac{\tan\alpha\pm\tan45°}{1\mp\tan\alpha\tan45°}=\frac{(-1/2)\pm1}{1\mp(-1/2)\cdot1}=\frac{1}{3},\ -3$$

⇦$\dfrac{-1\pm2}{2\pm1}=\dfrac{1}{3}$，$-3$（複号同順）

したがって，求める直線は，$\boldsymbol{y=\dfrac{1}{3}x}$，$\boldsymbol{y=-3x}$

━━━━━ ♢**1 演習題**（解答は p.99）━━━━━

　座標平面において，放物線 $y=x^2$ 上の点で x 座標が p，$p+1$，$p+2$ である点をそれぞれ P，Q，R とする．また，直線 PQ の傾きを m_1，直線 PR の傾きを m_2，$\angle QPR=\theta$ とする．

（1）　m_1，m_2 をそれぞれ p を用いて表せ．また $\tan\theta$ を p を用いて表せ．

（2）　p が実数全体を動くとき，m_1m_2 の最小値と，θ が最大になる p の値を求めよ．

（立教大・理）

> x 軸正方向から PQ，PR まで測った回転角を利用して $\tan\theta$ をとらえよう．

◆ 2 直線／角の二等分線

2 直線 $8x-y=0$ と $4x+7y-2=0$ の交角（2 つある）の 2 等分線の方程式は，

$$2x+\boxed{}y+\boxed{}=0, \quad 6x+\boxed{}y+\boxed{}=0$$

である．

（東京薬大・薬(男)）

角の二等分線をとらえる方法 2 直線 l, m の交角の二等
分線は，右のように 2 本ある．代表的な求め方は，

1° 点 P と直線 l, m との距離が等しいような点 P の軌跡と
して求める．このとき，次の公式を用いる．

点 (a, b) と直線 $px+qy+r=0$ との距離は，
$$\frac{|pa+qb+r|}{\sqrt{p^2+q^2}}$$

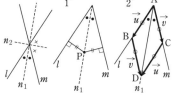

2° 長さの等しいベクトルを活用する（数 C）．2° の図で，$|\vec{u}|=|\vec{v}|$ のとき，四角形 ABDC はひし形で，
$\overrightarrow{\rm AD}=\vec{u}+\vec{v}$ が，角の二等分線 n_1 の方向である．

▤ 解 答 ▤

角の二等分線上の点を $P(X, Y)$ とおく．

（P と $8x-y=0$ の距離）=（P と $4x+7y-2=0$ の距離）

により，
$$\frac{|8X-Y|}{\sqrt{8^2+(-1)^2}}=\frac{|4X+7Y-2|}{\sqrt{4^2+7^2}}$$

$\therefore \quad |8X-Y|=|4X+7Y-2|$

$\therefore \quad \underline{8X-Y=\pm(4X+7Y-2)}$

±が＋のとき，$4X-8Y+2=0$

±が－のとき，$12X+6Y-2=0$

(X, Y) を (x, y) に書き換えて，答えは，

$$\boldsymbol{2x-4y+1=0, \quad 6x+3y-1=0}$$

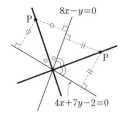

⇦ $\sqrt{8^2+(-1)^2}=\sqrt{4^2+7^2}=\sqrt{65}$

⇦ $|F|=|G| \Longleftrightarrow F=\pm G$
　（この±によって，2 本の二等分
　線が同時に得られる）

【別解】 $8x-y=0$ ……………………① $4x+7y-2=0$ ………………………② ⇦前文の 2° の方法

①の傾きは 8，②の傾きは $-4/7$ であるから，

$$① /\!/ \binom{1}{8}\ (=\vec{u}\ とおく), \quad ② /\!/ \binom{7}{-4}\ (=\vec{v}\ とおく)$$

$|\vec{u}|=|\vec{v}|$ であるから，角の二等分線の方向は，$\vec{u}\pm\vec{v}$（右図）

$\vec{u}+\vec{v}=\binom{8}{4}, \quad \vec{u}-\vec{v}=\binom{-6}{12}$ により，傾きは $\dfrac{4}{8}=\dfrac{1}{2}$ または $-\dfrac{12}{6}=-2$

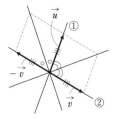

①，②の交点 $\left(\dfrac{1}{30}, \dfrac{4}{15}\right)$ を通るから，

$$y=\frac{1}{2}\left(x-\frac{1}{30}\right)+\frac{4}{15}, \quad y=-2\left(x-\frac{1}{30}\right)+\frac{4}{15}$$

$$\therefore \quad \boldsymbol{2x-4y+1=0, \quad 6x+3y-1=0}$$

♡ 2 演習題（解答は p.99）

2 直線 $l : 3x+4y-24=0$，$m : 5x+12y-40=0$ の交点を P とおく．また，直線 l と y
軸の交点を Q，直線 m と y 軸の交点を R とおく．

（1） 点 P の座標を求めよ．

（2） ∠QPR を 2 等分する直線 n の方程式を求めよ．

（3） △PQR に内接する円の方程式を求めよ．

（類　北里大・獣医畜産，水産）

> （3） ∠PQR の二等分
> 線と n の交点を求める
> か，円と直線が接するこ
> とを ○10 のようにとら
> える．

●3 直線／定点通過，平行・垂直条件

2直線 $(a+2)x+(a+3)y=10$ ……①，$6x+(2a-1)y=5$ ……② が与えられている．

（1） 直線①は a の値にかかわらず定点 A($\boxed{}$, $\boxed{}$) を通る．

（2） $a=\boxed{}$，または $\boxed{}$ のとき，2直線①，②は平行である．

（3） $a=\boxed{}$，または $\boxed{}$ のとき，2直線①，②は垂直である． （麻布大・生命環境）

$\boxed{\text{定点通過}}$　$f(x, y)+a \cdot g(x, y)=0$ ……Ⓐ が a の値によらず成立するための条件は，$f(x, y)=0$ かつ $g(x, y)=0$ が成り立つことである．なぜなら，$a=0$ のときⒶが成り立たなければならないから $f(x, y)=0$．このときⒶは $a \cdot g(x, y)=0$ となり，$a \neq 0$ のときも成り立つから $g(x, y)=0$ でもあるからである．そこで，（1）は，まずはこの式を文字定数 a について整理する．

$\boxed{\text{平行条件，垂直条件}}$
1° 傾きが m_1, m_2 である2直線 l_1, l_2 について，$l_1 /\!/ l_2 \iff m_1=m_2$，$l_1 \perp l_2 \iff m_1 m_2=-1$
2° 2直線 $l_1: a_1 x+b_1 y+c_1=0$，$l_2: a_2 x+b_2 y+c_2=0$ について，

$l_1 /\!/ l_2 \iff x$, y の係数の比が等しい $\iff a_1:b_1=a_2:b_2$

$\boxed{\text{法線ベクトル}}$ （ベクトル未習の人は飛ばして構わない）
直線に垂直なベクトルを直線の法線ベクトルと言う．直線 $ax+by+c=0$ の法線ベクトル（の1つ）は，$\begin{pmatrix} a \\ b \end{pmatrix}$ [x と y の係数がつくるベクトル] である．

このことは傾きを考えれば当然だろう．上の 2° について，

$$l_1 /\!/ l_2 \iff \begin{pmatrix} a_1 \\ b_1 \end{pmatrix} /\!/ \begin{pmatrix} a_2 \\ b_2 \end{pmatrix}, \quad l_1 \perp l_2 \iff \begin{pmatrix} a_1 \\ b_1 \end{pmatrix} \perp \begin{pmatrix} a_2 \\ b_2 \end{pmatrix} \iff a_1 a_2+b_1 b_2=0 \text{ [内積=0]}$$

▤ 解 答 ▤

（1） ①を a について整理すると，$2x+3y-10+a(x+y)=0$ ……………①′　　⇐①′ が a についての恒等式になる．

これが a の値にかかわらず成立する条件は，

$2x+3y-10=0$ ……③ かつ $x+y=0$ ……④　　⇐2直線 $2x+3y-10=0$, $x+y=0$ の交点が定点．

④×3−③より，$x=-10$ で，よって求める定点は，**A(-10, 10)**．

（2） ①と②が平行となる条件は，x, y の係数の比が等しいことであるから，

$(a+2):(a+3)=6:(2a-1)$

∴ $(a+2)(2a-1)=6(a+3)$ 　∴ $2a^2-3a-20=0$

∴ $(a-4)(2a+5)=0$ 　∴ **$a=4$, $-\dfrac{5}{2}$**

（3） $a=-3$ のとき，①は y 軸に平行であるが，②は x 軸に平行でない．
$a=1/2$ のとき，②は y 軸に平行であるが，①は x 軸に平行でない．

$a \neq -3$ かつ $a \neq \dfrac{1}{2}$ のとき，①の傾きは $-\dfrac{a+2}{a+3}$，②の傾きは $-\dfrac{6}{2a-1}$

であるから，①と②が垂直となる条件は，$-\dfrac{a+2}{a+3} \times \left(-\dfrac{6}{2a-1}\right)=-1$

∴ $(a+2) \cdot 6+(a+3)(2a-1)=0$ 　∴ $\underline{2a^2+11a+9=0}$ 　∴ **$a=-1$, $-\dfrac{9}{2}$** 　⇐$(a+1)(2a+9)=0$

［法線ベクトルを用いると］
①⊥② $\iff \begin{pmatrix} a+2 \\ a+3 \end{pmatrix} \perp \begin{pmatrix} 6 \\ 2a-1 \end{pmatrix}$
$\iff (a+2) \cdot 6+(a+3)(2a-1)=0$
であり，場合分けは不要である．

○3 演習題（解答は p.100）

直線 $(3+2k)x+(4-k)y+5-3k=0$ がある．この直線は，k の値によらず，定点（$\boxed{}$, $\boxed{}$）を通る．また，点 $(1, -1)$ とこの直線との距離が最大となるのは $k=\boxed{}$ のときで，そのときの距離は $\boxed{}$ である． （獨協医大）

後半は，定点を生かして図形的に処理できる．

◆**4** 直線／折り返し

座標平面上に 2 点 A(1, 3)，B(3, 7) があり，直線 $y=2x-4$ を l とする．

（1） 直線 l に関して点 A と対称な点を C とする．点 C の座標を求めよ．

（2） 直線 BC の方程式を求めよ．

（3） 点 P が直線 l 上を動くとき，AP+PB の最小値とそのときの点 P の座標を求めよ．

（神戸学院大／一部省略）

点の折り返し 直線に関する点の対称移動（折り返し）については，

2 点 A，C が直線 l に関して対称

$\iff$ 線分 AC$\perp l$ かつ 線分 AC の中点が l 上にある

と考えればよい．点 A の座標が分かっていて，点 C の座標を求める際，いろいろな方針があるが，ここでは，垂直に着目してまず l と AC の交点を求めることにする．

折れ線の長さの最小 対称点をとって考える．「"まっすぐ"のときが最小」に帰着させる．（折れ線はまっすぐにのばすのが定石．）

▤解 答▤

（1） A(1, 3) を通り，$l : y=2x-4$ ……………① に垂直な直線は，

$$y=-\frac{1}{2}(x-1)+3 \quad \therefore \quad y=-\frac{1}{2}x+\frac{7}{2}\cdots\cdots②$$

① と ② の交点を H とする．① と ② を連立させて，

$$2x-4=-\frac{1}{2}x+\frac{7}{2} \quad \therefore \quad \frac{5}{2}x=\frac{15}{2} \quad \therefore \quad x=3$$

よって，H(3, 2) であり，C(a, b) とおくと，AC の中点が H であるから，

$$\frac{1+a}{2}=3,\ \frac{3+b}{2}=2 \quad \therefore \quad a=5,\ b=1 \quad \therefore \quad \textbf{C(5, 1)}$$

（2） 直線 BC の方程式は，

$$y=\frac{1-7}{5-3}(x-5)+1 \quad \therefore \quad \boldsymbol{y=-3x+16} \cdots\cdots\cdots\cdots\cdots③$$

（3） AP=CP であるから，

$$AP+PB=CP+PB\geqq CB=\sqrt{2^2+6^2}=2\sqrt{10}$$

等号は P が線分 CB 上にあるとき，つまり P が図の P_0 のとき成立する．

P_0 は ① と ③ の交点で，①，③ を連立させて，$2x-4=-3x+16$

$$\therefore \quad 5x=20 \quad \therefore \quad x=4 \quad \therefore \quad P_0(4, 4)$$

したがって，求める最小値は $\boldsymbol{2\sqrt{10}}$ で，そのときの P の座標は **(4, 4)**

⟸l の傾きは 2 であるから，l に垂直な直線の傾きは $-\frac{1}{2}$

⟸y 座標は①（or ②）から計算．

⟸①（$\iff 2x-y-4=0$）の法線ベクトルは $\begin{pmatrix}2\\-1\end{pmatrix}$ であるから，

$\overrightarrow{AH}=t\begin{pmatrix}2\\-1\end{pmatrix}$ と表せ，

$\overrightarrow{OH}=\overrightarrow{OA}+\overrightarrow{AH}=\begin{pmatrix}1+2t\\3-t\end{pmatrix}$

H が①上にあることから t を求め，$\overrightarrow{OC}=\overrightarrow{OA}+2\overrightarrow{AH}$ から C の座標を求めることもできる．

──── ○**4** 演習題（解答は p.100）────

座標平面上に点 A(1, 1) をとる．

（1） 直線 $y=2x$ に関して点 A と対称となる点 B の座標を求めなさい．

（2） 直線 $y=\frac{1}{2}x$ に関して点 A と対称となる点 C の座標を求めなさい．

（3） 点 P は直線 $y=2x$ 上に，点 Q は直線 $y=\frac{1}{2}x$ 上にあり，3 点 A，P，Q は一直線上にないとする．このとき，△APQ の周の長さを最小にする点 P，Q の座標を求めなさい．

（愛知学院大・歯，薬）

（3） P，Q の 2 点が動点であるが，例題と同様に考えればよい．

◆ **5 三角形の面積**

A$(0, -4)$, B$(4, 0)$ とし，P を放物線 $y = x^2$ 上の点とするとき，三角形 PAB の面積の最小値は $\boxed{}$ である．

（東海大・医）

> **△OPQ の面積** 右図の △OPQ の面積 S は，$S = \dfrac{1}{2}|ad - bc|$（公式）である．

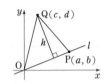

（証明） l は，$y = (b/a)x$ ∴ $ay - bx = 0$（$a = 0$ のときもこれでよい）

図の h は，$h = \dfrac{|ad - bc|}{\sqrt{a^2 + b^2}}$ ∴ $S = \dfrac{1}{2} \cdot \text{OP} \cdot h = \dfrac{1}{2}|ad - bc|$

> **△ABC の面積** 3頂点とも原点でないときは，1頂点が原点となるように平行移動すれば，上記の公式が使える．数 C のベクトルを用いて公式化すると，

$$\overrightarrow{\text{AB}} = \begin{pmatrix} a \\ b \end{pmatrix}, \ \overrightarrow{\text{AC}} = \begin{pmatrix} c \\ d \end{pmatrix} \text{ のとき，} \triangle\text{ABC} = \frac{1}{2}|ad - bc| \text{（公式）}$$

となる．[△ABC ≡ △OPQ であるから]

▥ 解 答 ▥

P(t, t^2) とおく．△ABP を，A が原点 O に一致するように平行移動して △OB′P′ になるとすると，

B′$(4, 4)$, P′$(t, t^2 + 4)$

△PAB の面積を S とすると，

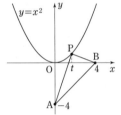

⇦ y 軸方向に $+4$

$$S = \triangle\text{OB′P′} = \frac{1}{2}|4(t^2 + 4) - 4t|$$

$$= 2|t^2 - t + 4|$$

$$= 2\left|\left(t - \frac{1}{2}\right)^2 + \frac{15}{4}\right| = 2\left\{\left(t - \frac{1}{2}\right)^2 + \frac{15}{4}\right\}$$

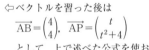

⇦ ベクトルを習った後は
$\overrightarrow{\text{AB}} = \begin{pmatrix} 4 \\ 4 \end{pmatrix}, \ \overrightarrow{\text{AP}} = \begin{pmatrix} t \\ t^2 + 4 \end{pmatrix}$
として，上で述べた公式を使おう．

よって，$t = \dfrac{1}{2}$ のとき，最小値 $2 \cdot \dfrac{15}{4} = \dfrac{\mathbf{15}}{\mathbf{2}}$ をとる．

【別解】（面積最小を図形的にとらえる）

△PAB の面積が最小になるのは，<u>点 P と直線 AB の距離が最小になるとき</u>であり，それは，P での $y = x^2$ の接線が AB と平行になるときである．

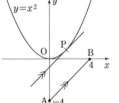

⇦ △PAB の AB を底辺と見る．

$y = x^2$ のとき，$y' = 2x$ であるから，P における接線の傾きは $2t$．これが AB の傾き 1 に一致するとき，$t = 1/2$．よって P$(1/2, 1/4)$ のとき，面積が最小．（以下省略）

⇦ 微分法を用いた．

◊ **5 演習題**（解答は p.101）

2次関数 $y = x^2$ で表される放物線と，直線 $y = 4$ が異なる2点 A, B で交わっている（ただし，二つの交点のうち x 座標の小さいほうを A とする）．また，点 $(0, 4)$ を C，点 $(1, 1)$ を D とする．点 P を線分 AC 上にとる．さらに，原点を O としたとき，放物線の曲線 AO 上に1点を取り，その点と P と D を頂点とする三角形のうち面積が最大になる点を Q とする．そのときできる三角形 PQD の面積を S で表す．

（1） 点 P の x 座標が -1 のとき，S の値を求めよ．

（2） $S = 3$ をみたす点 P の x 座標を求めよ．

（神戸女子大）

> （1）から，P$(p, 4)$ として，S の一般式を求めておいた方が効率がよい．

◆**6 放物線／接線**

（１）　放物線 $y=x^2$ の2本の接線 g, h が点 (a, b) で交わるとする．接線 g, h が直交するための a, b の条件を求めよ．

（２）　(a, b) が（１）で求めた条件をみたしながら動くとき，2接線 g, h の2つの接点を結ぶ直線は常にある定点を通ることを示せ．

（津田塾大・国際関係）

〔放物線と直線が接する〕　この条件は，放物線と直線の方程式を連立して得られる2次方程式が重解をもつこととしてとらえることができる（判別式 $D=0$）．

また，例えば，$y=kx^2$ と $y=mx+n$ が $x=\alpha$ で接する条件は，
$$kx^2-(mx+n)=k(x-\alpha)^2 \text{ と表せる} \cdots\cdots\cdots\cdots\cdots\cdots\cdots\cdots ☆$$
ととらえることができる（左辺$=0$ は $x=\alpha$ を重解にもち，左辺の x^2 の係数が k であることから）．

〔放物線上の $x=\alpha$ における接線〕　通常は微分法でとらえる．☆を使うこともできる．☆により，$y=kx^2$ の $x=\alpha$ における接線の方程式は，$y=kx^2-k(x-\alpha)^2$ により，$y=2k\alpha x-k\alpha^2$ となる．

▤解　答▤

（１）　点 (a, b) を通る傾き m の直線 $y=m(x-a)+b$ が $y=x^2$ と接する条件は，$x^2=m(x-a)+b$　∴　$x^2-mx+(ma-b)=0 \cdots\cdots\cdots\cdots\cdots\cdots\cdots ①$
が重解をもつことで，判別式を D とすると，$D=0$

$D=m^2-4(ma-b)$ が0であるから，$m^2-4am+4b=0 \cdots\cdots\cdots\cdots\cdots ②$

　m の2次方程式②の実数解が，点 (a, b) を通る接線の傾きを表すから，2接線の直交条件は，②の2解の積 $4b$ が -1 であること．

　したがって，求める条件は，$\boldsymbol{b=-\dfrac{1}{4}}$（$\boldsymbol{a}$ は任意）

⇦ 一般に，実数係数の2次方程式 $x^2+cx+d=0$ の2解 α, β が $\alpha\beta<0$ を満たすとき，解と係数の関係から $d<0$ であり，判別式 $D=c^2-4d>0$ となるので，2解は異なる実数であることが保証される．

（２）　①が重解をもつとき，$\left(x-\dfrac{m}{2}\right)^2=0$ となるから，重解は $\dfrac{m}{2}$ であり，これは接点の x 座標である．よって，②の2解を α, β とすると，2つの接点は，$\left(\dfrac{\alpha}{2}, \dfrac{\alpha^2}{4}\right)$, $\left(\dfrac{\beta}{2}, \dfrac{\beta^2}{4}\right)$ である．この2点を通る直線の傾きは $\dfrac{\alpha+\beta}{2}$，直線の式は，$y=\dfrac{\alpha+\beta}{2}\left(x-\dfrac{\alpha}{2}\right)+\dfrac{\alpha^2}{4}=\dfrac{\alpha+\beta}{2}x-\dfrac{\alpha\beta}{4} \cdots\cdots\cdots\cdots\cdots ③$

⇦ $\dfrac{\dfrac{\alpha^2}{4}-\dfrac{\beta^2}{4}}{\dfrac{\alpha}{2}-\dfrac{\beta}{2}}=\dfrac{\alpha}{2}+\dfrac{\beta}{2}$

　②の解と係数の関係により，$\alpha+\beta=4a$, $\alpha\beta=4b=-1$

　よって③は，$y=2ax+\dfrac{1}{4}$ であり，定点 $\left(0, \dfrac{1}{4}\right)$ を通る．

⇦ "焦点" と呼ばれる．（数Ⅲ）

⇦ "準線" と呼ばれる．（数Ⅲ）

⇨注　（１）　直交する2接線の交点の軌跡が直線 $y=-\dfrac{1}{4}$ ということ．

○**6 演習題**（解答は p.101）

放物線 $y=\dfrac{1}{2}x^2$ 上の原点以外の2点 P，Q を接点とする接線の交点を R とする．さらに点 P，Q の中点を M とする．点 P，Q の x 座標をそれぞれ p, q $(p>q)$ とする．

（１）　点 M，R の座標をそれぞれ p, q で表し，線分 MR は y 軸に平行であることを示せ．

（２）　$t=p-q$ とする．三角形 PMR の面積 S を t の式で表せ．

（３）　P，Q を接点とする接線が直交しながら点 P，Q が動くとき，（２）で求めた S の最小値を求めよ．

（姫路工大・理）

（３）　直交条件から q を消去する．

◆ 7 放物線，円／弦の長さ

（ア） 放物線 $y=x^2-6x+10$ と直線 $y=3x+k$ が2点 P，Q で交わり，2点 P，Q 間の距離が $5\sqrt{10}$ であるとき，定数 k の値を求めよ． （滋賀大）

（イ）（1） 円 $C: x^2+y^2-2x-4y=0$ の中心 A の座標を求めよ．

（2） 直線 $l: y=m(x-5)$ が円 C によって切り取られてできる線分の長さが $2\sqrt{3}$ であるとき，m の値を求めよ． （金沢工大／改題）

斜めの線分長 一般に，右図の線分 AB の長さは

$$\text{AB}=\sqrt{1+m^2}\,(\beta-\alpha)$$

となる．斜めの線分長は，x 座標の差と傾きをもとに求めるのが原則．放物線と直線が2点で交わるとき，その交点の x 座標 α，β は2次方程式の2解であり，きれいに求まらないときは，その差を解の公式から求める．2解の差は，解の公式の $\sqrt{\quad}$ の部分だけが残り，意外にきれいな形である．

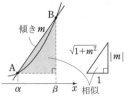

円の弦の長さ 右図の網目部の直角三角形に着目する．半径を r，弦の長さを $2l$，中心と弦との距離を d とすると， $d^2+l^2=r^2$

が成り立つ．点と直線の距離を求める公式があるので，d は求め易い．そこで，弦の長さは，$l^2=r^2-d^2$ から求めるのがよい．

$l=\sqrt{r^2-d^2}$ により，変化する直線が定円によって切り取られる線分（弦）の長さが最大になるのは，円の中心を通るとき（長さは直径）であり，弦の長さの最大・最小は，d の最小・最大に対応する．このような図形的な考察をしよう．

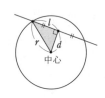

⫶解 答⫶

（ア） 右図のように，p，q $(p<q)$ を定めると，$\text{PQ}=\sqrt{10}\,(q-p)$ ………①
一方，p，q は，$x^2-6x+10=3x+k$，すなわち，$x^2-9x+10-k=0$
の2解 $\dfrac{9\pm\sqrt{41+4k}}{2}$ であるから，$q-p=\sqrt{41+4k}$ ∴ ①$=\sqrt{10}\,\sqrt{41+4k}$

これが $5\sqrt{10}$ であるとき，$\sqrt{41+4k}=5$ ∴ $41+4k=25$ ∴ $\boldsymbol{k=-4}$

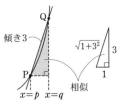

（イ）（1） C の式を x，y について平方完成して，$C:(x-1)^2+(y-2)^2=5$
よって，C の中心は $\mathbf{A(1,2)}$，半径は $\sqrt{5}$ である．

（2） 右図の網目部の直角三角形に着目すると，A から l までの距離は

$$\sqrt{(\sqrt{5}\,)^2-(\sqrt{3}\,)^2}=\sqrt{2}$$

一方，$\text{A}(1,2)$ と $l: mx-y-5m=0$ の距離を，公式を使って求めると，

$\dfrac{|m-2-5m|}{\sqrt{m^2+1}}=\dfrac{|4m+2|}{\sqrt{m^2+1}}$ であるから，$\dfrac{2|2m+1|}{\sqrt{m^2+1}}=\sqrt{2}$

よって，$\sqrt{2}\,|2m+1|=\sqrt{m^2+1}$ であり，両辺0以上なので2乗しても同値．

$2(2m+1)^2=m^2+1$ ∴ $\underline{7m^2+8m+1=0}$ ∴ $\boldsymbol{m=-1,\ -1/7}$ ⇦ $(m+1)(7m+1)=0$

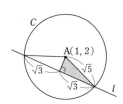

⟲ 7 演習題 （解答は p.102）

（ア） 2次関数 $y=x^2+1$ のグラフを x 軸方向に平行移動した $y=\boxed{}$ のグラフと直線 $y=x+1$ のグラフが2個の共有点を持ち，その2つの共有点の距離は $3\sqrt{2}$ である． （帝塚山大）

（イ） 円 $x^2+y^2=1$ と直線 $2kx-y+k+1=0$ が異なる2点 A，B で交わる．このとき，定数 k のとりうる値の範囲は $\boxed{}$ であり，また線分 AB の長さが $\sqrt{3}$ のとき，k の値を求めると，$k=\boxed{}$ である． （福岡大・人文, 法, 商）

> （ア） a だけ平行移動して，弦の長さを a を用いて表す．
> （イ） 円と直線の位置関係は，p.79を参照．

◈ **8 円**／中心と半径に着目

（ア） 2つの円 $x^2+y^2-4x-6y+4=0$ と $x^2+y^2+2x+2y-r^2+2=0$ が共有点をもたないように r の値の範囲を定めよ．ただし $r>0$ とする． (酪農学園大)

（イ） 点 A の座標を $(7, -3)$ とする．点 P が円 $x^2+y^2+2x-6y-10=0$ 上を動くとき，線分 AP の最大値と最小値を求めよ． (崇城大)

>【円と直線の位置関係，2円の位置関係】 p.79 にあるように，円と直線の位置関係は「円の中心と直線との距離」と「半径」で決まり，2円の位置関係は，「中心間の距離」と「半径」で決まる．例えば，2円が外接する条件は，(中心間の距離)＝(半径の和) である．このように，中心と半径に着目するのがポイントである．

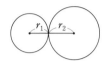

>【円がらみの距離】 円がらみの距離の最大・最小を考えるときは，円の中心を持ち出すのが定石．

▨ 解 答 ▨

（ア） 2円を順に C_1, C_2 とすると，
 $C_1 : (x-2)^2+(y-3)^2=3^2$
により，中心 $O_1(2, 3)$，半径 3
 $C_2 : (x+1)^2+(y+1)^2=r^2$
により，中心 $O_2(-1, -1)$，半径 r
また，$O_1O_2=\sqrt{(2+1)^2+(3+1)^2}=5$

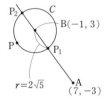

 2円が互いの外側にあるとき，$O_1O_2=5>3+r$ ∴ $r<2$
$O_1O_2>3$ により，C_1 が C_2 を含むことはなく，C_2 が C_1 を含むとき，
  $O_1O_2=5<r-3$ ∴ $r>8$
以上により，$(0<)\,\boldsymbol{r<2}$ または $\boldsymbol{r>8}$

（イ） この円を C とすると，
 $C : (x+1)^2+(y-3)^2=20$
により，中心は $B(-1, 3)$，半径 r は $r=2\sqrt{5}$
 直線 AB と円 C との交点のうち，A に近い方を P_1，遠い方を P_2 とすると，AP は P＝P_1 のとき最小，P＝P_2 のとき最大となる．

 ⇦ C 上の P_2 以外の点は，A を中心とする半径 AP_2 の円の内部にあるので，最大値は AP_2 である．

 ここで，$AB=\sqrt{(-1-7)^2+(3+3)^2}=10$ であるから，
  最小値は，$AP_1=AB-r=\boldsymbol{10-2\sqrt{5}}$，最大値は，$AP_2=AB+r=\boldsymbol{10+2\sqrt{5}}$

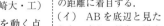

◎ **8 演習題**（解答は p.102）

（ア） 座標平面上の3つの円 C_1, C_2, C_3 は，それぞれ中心が $(0, 0)$, $(0, 3)$, $(4, 0)$，半径が r_1, r_2, r_3 であり，どの2つの円も互いに外側で接しているとする．このとき，
（1） r_1, r_2, r_3 の値を求めよ．
（2） 円 C が C_1, C_2, C_3 のそれぞれと互いに外側で接しているとき，円 C の半径 r と中心の座標 (a, b) を求めよ． (宮崎大・工)

（イ） 2点 $A(3, 1)$, $B(1, 4)$ と，円 $(x-1)^2+(y+2)^2=4$ がある．この円上を動く点 P と，A，B とでできる $\triangle ABP$ の面積の最小値は □$-\sqrt{□}$，最大値は □$+\sqrt{□}$ である． (慶大・薬)

> （ア） 円の半径と中心間の距離に着目する．
> （イ） AB を底辺と見たときの高さの最大・最小を，円の中心を補助にしてとらえる．

87

◆9 円／2円の交点を通る直線・円

座標平面上の2つの円 $C_1 : x^2-2x+y^2-2y-3=0$ と $C_2 : x^2+y^2-6y+5=0$ は異なる2点で交わる．C_1 と C_2 の2つの交点を通る直線の方程式は，$y=\boxed{}x+\boxed{}$ である．また，C_1 と C_2 の2つの交点および点 $(1, 4)$ を通る円の中心の座標は $\boxed{}$，半径は $\boxed{}$ である．

(流通科学大／一部省略)

2曲線の交点を通る曲線 ○3の「定点通過」で現れた考え方は，与えられた2曲線の交点を通る曲線を作ることに応用できる．2曲線 $f(x, y)=0$，$g(x, y)=0$ が共有点をもつとき，
$$k \cdot f(x, y) + l \cdot g(x, y) = 0 \quad (k, l \text{ は実数で，} (k, l) \neq (0, 0)) \cdots\cdots\cdots ⒜$$
は，2曲線のすべての共有点を通る曲線を表す．

なぜなら，任意の共有点を (α, β) とすると，$f(\alpha, \beta)=0$ かつ $g(\alpha, \beta)=0$ を満たすので，$k \cdot f(\alpha, \beta) + l \cdot g(\alpha, \beta) = 0$ が成り立つからである．

例えば，$f(x, y)=2x+y+1$，$g(x, y)=x-2y-1$ とすれば，$f(x, y)=0$，$g(x, y)=0$ はともに直線を表し，⒜はこの2直線の交点を通る直線を表す．

2円の場合 円 $C : x^2+y^2+ax+by+c=0$ ……① , 円 $D : x^2+y^2+dx+ey+f=0$ ……②
が2点 P，Q で交わるとき，$k(x^2+y^2+ax+by+c) + l(x^2+y^2+dx+ey+f) = 0$ ……③
は，P，Q を通る円または直線を表す．（③の左辺が2次式なら円，そうでないなら直線．）

特に $k=1$，$l=-1$ のときは，P，Q を通る直線を表すが，要するに，
2円の交点を通る直線は，①−②から得られる．

▥ 解 答 ▥

(前半) C_1 と C_2 の2つの交点を A，B とすると，A，B の座標は，
$x^2-2x+y^2-2y-3=0$ と $x^2+y^2-6y+5=0$ を同時に満たすから，
$$k(x^2-2x+y^2-2y-3) + l(x^2+y^2-6y+5) = 0 \cdots\cdots\cdots\cdots ①$$
も満たす．よって，①は，2円の2交点 A，B を通る図形を表す．
[2次の項が消えるように，] $\underline{k=1,\ l=-1}$ とすると，①は，
$$-2x+4y-8=0 \quad \therefore \quad \boldsymbol{y=\frac{1}{2}x+2}$$

⇦ 2円の式の差を作ると，A，B を通る直線の式が得られる．

これは直線を表すから，求める直線 AB の方程式に他ならない．

(後半) ①が点 $(1, 4)$ を通るとき，$x=1$，$y=4$ を代入して，
$$4k-2l=0 \quad \therefore \quad l=2k$$
これを①に代入して，k で割って，
$$x^2-2x+y^2-2y-3+2(x^2+y^2-6y+5)=0$$
$$\therefore \quad 3x^2+3y^2-2x-14y+7=0$$
$$\therefore \quad x^2-\frac{2}{3}x+y^2-\frac{14}{3}y+\frac{7}{3}=0 \quad \therefore \quad \left(x-\frac{1}{3}\right)^2+\left(y-\frac{7}{3}\right)^2=\frac{29}{9}$$

中心の座標は $\left(\dfrac{1}{3},\ \dfrac{7}{3}\right)$，半径は $\dfrac{\sqrt{29}}{3}$ である．

⇦ 後半の別解：
円 $x^2+y^2-6y+5=0$ と直線 AB $x-2y+4=0$ に対して⒜を用いると，
$$x^2+y^2-6y+5 +k(x-2y+4)=0$$
は，A，B を通る図形（式の形から円）を表す．$x=1$，$y=4$ を代入して，$k=-2/3$（以下略）

◯9 演習題 (解答は p.103)

(1) 中心が (a, b)，半径が2の円の方程式を求めよ．

(2) 円 $x^2+y^2=9$ と(1)の円との2つの共有点を通る直線の方程式が $6x+2y-15=0$ となるような (a, b) を求めよ．

(3) (2)の2つの共有点と原点とを通る円の方程式を求めよ．

(佐賀大・農)

> (2) 安直に係数比較をしないように．
> (3) 円と直線でも前文の⒜が使える．

◆ 10 円／接線

（ア） 点 $(2, 4)$ を通り，円 $x^2+y^2=4$ に接する直線の方程式は，〔　　　〕，〔　　　〕である．

（北九州市立大・国際環境工）

（イ） 円 $x^2+y^2-2x-9=0$ 上の点 $(2, 3)$ におけるこの円の接線が x 軸と交わる点を A，y 軸と交わる点を B とし，原点を O とする．このとき △OAB の面積は〔　　　〕である． （拓殖大）

〔**円と直線が接する条件**〕 主要なとらえ方は次の 2 つで，1° でとらえるほうが楽なことが多い．

1° 直線 l が円 C に接する $\iff$ C の中心と l との距離＝半径
2° 直線 l と円 C の方程式を連立させて，l が C に接する $\iff$ 重解をもつ

〔**円上の点における接線**〕 $A(a, b)$ を中心とする円 $C : (x-a)^2+(y-b)^2=r^2$ 上の点 $P(x_0, y_0)$ における接線 l の方程式を求めてみよう．$l \perp AP$ により l の傾きが分かり，P を通ることから，結果は

$$l : (x_0-a)(x-a)+(y_0-b)(y-b)=r^2 \quad [公式]$$

と整理することができる．〔上式は，$\overrightarrow{AP}=(x_0-a, y_0-b)$ を法線ベクトルとする直線の式である．上式の左辺に P の座標を代入すると，P が C 上にあることから r^2 となり，確かに P は l 上にある．〕

▤ 解 答 ▤

（ア） 右図より，<u>直線 $x=2$ は答えの 1 つである</u>．
もう 1 つの接線 l の傾きを m とおくと，l の式は

$$y=m(x-2)+4 \quad \therefore \quad mx-y-2m+4=0$$

とおける．l と円が接する条件は，

（円の中心 O と l の距離）＝（半径）

$$\therefore \quad \frac{|-2m+4|}{\sqrt{m^2+(-1)^2}}=2 \quad \therefore \quad |-m+2|=\sqrt{m^2+1}$$

両辺 0 以上であるから，2 乗しても同値で，$(-m+2)^2=m^2+1$

$$\therefore \quad m^2-4m+4=m^2+1 \quad \therefore \quad m=\frac{3}{4} \quad \therefore \quad l : \boldsymbol{y=\frac{3}{4}x+\frac{5}{2}}$$

（イ） 円の式は，$(x-1)^2+y^2=10$

円上の点 E$(2, 3)$ における接線 l の式は，

$$(2-1)(x-1)+3y=10 \quad \therefore \quad x+3y=11$$

$y=0$ として A$(11, 0)$，$x=0$ として B$(0, 11/3)$

$$\triangle OAB=\frac{1}{2}\cdot 11\cdot\frac{11}{3}=\boldsymbol{\frac{121}{6}}$$

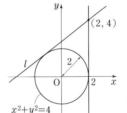

⇦ x 軸に垂直な場合を考慮するのを忘れないように．

⇦ 分母を払い，両辺を 2 で割った．

⇦ $y=m(x-2)+4$ に $m=\frac{3}{4}$ を代入．

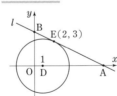

⇦ 前文の公式が使える形に直す．なお，前文の公式がうろ覚え（覚えられない）なら，円の中心を D として，DE $\perp l$ に着目して l の方程式を求めればよい．

◔ 10 演習題 （解答は p.103）

（ア） 直線 l は円 $C_1 : x^2+y^2=5$ と点 $(-1, 2)$ で接し，かつ点 $(1, 1)$ を中心とする円 C_2 にも接する．

（1） 直線 l の方程式を求めよ．

（2） 円 C_2 の半径を求めよ．また，直線 l と円 C_2 の接点の座標を求めよ．

（3） 円 C_1 と円 C_2 の両方に接する直線で，l 以外のものを求めよ． （北海学園大・経）

（イ） x 軸上に中心をもつ半径 6 の円が，第 1 象限内の点 P において，放物線 $y=x^2$ と接している．すなわち，円と放物線はともに点 P を通り，かつ点 P において共通の接線をもつ．このとき，この円の中心の x 座標は〔　　　〕$\sqrt{}$〔　　　〕である．

（東邦大・医）

> 円の接線と，その接点を端点とする半径について
> （接線）$\perp$（半径）
> が成り立つことに着目．

◆11 円と放物線

放物線 $C: y = \dfrac{1}{4}x^2$ と，点 B$(0, b)$ を中心とする半径 r の円（ただし，$r < b$）は，異なる 2 点を共有し，それ以外に共有点をもたないとする．円の中心 B の座標を r を用いて表せ．さらに，r の値の範囲を求めよ．

(香川大・工，教，農，法／一部)

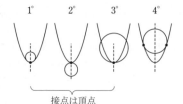

1° 2° 3° 4°

接点は頂点

> 円と放物線の位置関係　放物線（2 次関数のグラフ）の軸上に中心がある円がその放物線と接するとき，位置関係について，右図の 4 タイプが考えられる．1°~3° は放物線の頂点が円周上にあるタイプである．
>
> 　入試では，1° と 4° の内接タイプがよく出題される．円と放物線の式を連立させて x を消去すると，1°~4° のすべてについて y の 2 次方程式となる．4° のタイプは y の重解条件でとらえることができる．しかし，1°~3° は，y の重解条件でとらえることができない……Ⓐ　ことに注意しよう．

> 4° を重解条件でとらえる　放物線 $y = x^2$……① 　と円 $x^2 + (y-a)^2 = r^2$……② 　が異なる 2 点で接するための条件は，①，②から x を消去して得られる y の 2 次方程式が，$y > 0$ に重解をもつことである．4° はこのように重解条件でとらえることができる．
>
> 　上のⒶを説明しよう．例えば②が $x^2 + (y-1)^2 = 1$ の場合，①と②は原点で接するが，①と②から x を消去して得られる y の 2 次方程式 $y^2 - y = 0$ は重解をもたない．
>
> 　したがって，安易に '接する ⟺ 重解条件' としてはいけない．
> [詳しくは，☞「教科書 Next 図形と方程式の集中講義」§17]

▓ 解 答 ▓

$C: y = \dfrac{1}{4}x^2$……① 　と円 $x^2 + (y-b)^2 = r^2$……②

が y 軸に関して対称な 2 点（y 座標は等しい）で接するから，①，②から x^2 を消去した y の方程式

$$4y + (y-b)^2 = r^2$$

すなわち，$y^2 - 2(b-2)y + b^2 - r^2 = 0$……③

が $y > 0$ である重解を持つ．その条件は，③の判別式を D として，

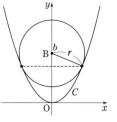

$$\begin{cases} D/4 = (b-2)^2 - (b^2 - r^2) = 0 & \cdots\cdots④ \quad \text{かつ} \\ (\text{重解}) = \dfrac{(2\,\text{解の和})}{2} = b - 2 > 0 & \cdots\cdots⑤ \end{cases}$$

④より，$-4b + 4 + r^2 = 0$　∴ $b = \dfrac{1}{4}r^2 + 1$　∴ **B$\left(0, \dfrac{1}{4}r^2 + 1\right)$**

これを⑤に代入して，$\dfrac{1}{4}r^2 - 1 > 0$　∴ $(r+2)(r-2) > 0$　∴ **$r > 2$**

⇦①と②は y 軸に関して対称．前文の 4° のタイプになる．

⇦解と係数の関係を使った．

⇦$r > 0$

➡注　$r \leqq 2$ のとき，放物線と円は 4° のように接することはなく，y 軸の上方から円を下げていくとき，円が放物線と初めて共有点をもつのは，原点で接する 1° のときである．

=== 💿11 演習題 (解答は p.104) ===

（1）放物線 $y = x^2$ と円 $x^2 + (y-16)^2 = 16$ との共有点の個数を求めなさい．

（2）放物線 $y = x^2$ と円 $x^2 + (y-a)^2 = 16$ との共有点の個数を求めなさい．

(愛知学院大・薬)

> 図を補助に考える．円が原点を通るときは別に調べておく．

◆ 12 軌跡／パラメータを消去

座標平面上に直線 $l: y = mx - 4m$ と放物線 $C: y = \dfrac{1}{4}x^2$ がある．m は，l と C が異なる 2 点 P，Q で交わるような値をとるとする．また，線分 PQ の中点を M とする．

（1） l は m の値にかかわりなく，ある定点を通る．この点の座標を求めよ．

（2） m のとりうる値の範囲を求めよ．

（3） M の軌跡を求め，座標平面上にそれを図示せよ． （南山大・外国語，法）

軌跡の素朴な求め方 動点の軌跡の素朴な求め方は，動点 $M(X, Y)$ を原動力（本問では m，以下パラメータと呼ぶ）で表して，それがどんな図形であるかをとらえる方法である．直接読み取れることもあるが，一般的には，パラメータによらない X と Y の関係式（パラメータを消去した式）を作ることで，軌跡の方程式を求めることになる．なお，実際には X と Y の関係式を作るとき，必ずしも X，Y をパラメータだけで表した式を用意する必要はない．本問の場合「M が l 上」に着目するのがうまい．

「軌跡」と「軌跡の方程式」 問題が「軌跡を求めよ」という要求なら，軌跡の限界（範囲：不等式）を考慮しなければならないが，「軌跡の方程式を求めよ」という要求ならば，その必要はなく，単に方程式（等式）を求めるだけでよい，というのが慣習である．

本問（3）の場合 M の x 座標は，解と係数の関係を使う．y 座標は l の式から．（2）にも注意．

▤ 解 答 ▤

（1） 直線 l は，$y = mx - 4m$ …………………①
①の右辺を m について整理して，$y = m(x - 4)$
これは定点 $(4, 0)$ を通る．

（2） $y = \dfrac{1}{4}x^2$ と①を連立して得られる方程式

$$\dfrac{1}{4}x^2 - mx + 4m = 0 \quad \text{…………②}$$

が異なる 2 つの実数解を持つ．判別式を D とすると，

$$D = m^2 - 4m > 0 \quad \therefore \quad \boldsymbol{m < 0 \text{ または } 4 < m} \quad \text{…………③}$$

⇦これから軌跡の限界が出てくる．

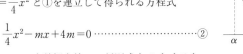

（3） P，Q の x 座標を α，β とし，$M(X, Y)$ とおくと，$X = \dfrac{\alpha + \beta}{2}$

α，β は②の 2 解であるから，解と係数の関係により，$\alpha + \beta = 4m$

よって，$X = 2m$ ……④ であり，M は①上にあるから，$Y = mX - 4m$ ……⑤

④より $m = \dfrac{X}{2}$ で，⑤に代入し $Y = \dfrac{1}{2}X^2 - 2X$

③，④により，$X < 0$ または $8 < X$

X，Y を x，y に書き換え，求める M の軌跡は

$$\boldsymbol{y = \dfrac{1}{2}x^2 - 2x \quad (x < 0 \text{ または } 8 < x)}$$

であり，右図太線である（○を除く）．

⇦P，Q の座標を m で表す必要はない．このようなときは具体化を急がず，とりあえず文字でおく．

⇦⑤ではなく，

$$Y = \dfrac{1}{2}\left(\dfrac{\alpha^2}{4} + \dfrac{\beta^2}{4}\right)$$
$$= \dfrac{(\alpha + \beta)^2 - 2\alpha\beta}{8}$$
$$= 2m^2 - 4m$$

と④から Y を X で表しても大したことはないが（本問の場合），⑤（直線上にあること）に着目するのがうまい．

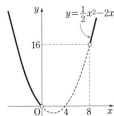

◐ 12 演習題 （解答は p.104）

円 $(x - 2)^2 + y^2 = 1$ と直線 $y = mx$ が異なる 2 点 P，Q で交わっているとき，

（1） m の値の範囲を求めよ．

（2） 線分 PQ の中点 M が描く軌跡を求め，それを図示せよ（軌跡に端点がある場合はその座標を明示せよ）． （群馬大・理工，情／改題）

M が直線上にあることをうまく使う．なお，図形的に解くこともできる．

◆ 13 軌跡／逆手流

O を原点とする座標平面上に，2 直線 $l_1 : y = k(x+4)$，$l_2 : ky = 2-x$ がある．ただし，k は定数である．2 直線 l_1 と l_2 の交点 P の軌跡は，点（ ☐ ，☐ ）を中心とする半径 ☐ の円である．ただし，点（ ☐ ，☐ ）を除く．

(類 同志社女子大)

交点を k で表す必要はない P(X, Y) とするとき，欲しいのは X，Y の関係式．X，Y を k で表してから k を消去する必要はない．k を消去することが目標なら，交点の座標を k で具体化しなくてもよい．次のように考える．（逆手流については，本シリーズ「数 I」p.66 の「ミニ講座・3 逆手流」で詳しく解説してあるので，是非もう一度目を通しておいて欲しい．）

逆手流 「t が実数を動くときの 2 直線 $y = 2x+t$ ……⑦，$y = x+2t$ ……① の交点の軌跡」を逆手流（点 (X, Y) が求める軌跡上にある条件を考える）によって解いてみよう．

例えば，点 $(1, 2)$ が軌跡上の点であるかどうかは，$x=1$，$y=2$ を⑦，①に代入した式 $2 = 2 \cdot 1 + t$，$2 = 1+2t$ を同時に成立させるうまい t を選ぶことができるかどうかで判断できる．

（この場合，このような t は存在しないので，点 $(1, 2)$ は軌跡上の点ではない．）

そこで，「点 (X, Y) が求める軌跡上の点である」

$\iff$「$Y = 2X+t$ ……⑦′ かつ $Y = X+2t$ ……①′ を満たす実数 t が存在する」 ……※

と言い換える．（⑦′ により，$t = Y-2X$ であるから，※ $\iff Y = X+2(Y-2X) \iff Y = 3X$）

▤ 解 答 ▤

P(X, Y) が求める軌跡上の点であるための条件は，

$$Y = k(X+4) \quad \cdots\cdots\cdots ① \quad かつ \quad kY = 2-X \quad \cdots\cdots\cdots ②$$

を満たす実数 k が存在することである．この条件は，

1° $Y \neq 0$ のときは，②によって定まる実数 $k = \dfrac{2-X}{Y}$ が①を満たすこと，つまり

$$Y = \frac{2-X}{Y}(X+4) \qquad \therefore \quad X^2 + 2X + Y^2 - 8 = 0 \quad \cdots\cdots\cdots ③$$

（ただし，$Y \neq 0$ により，③で $Y = 0$ となる $(-4, 0)$，$(2, 0)$ は除く．）

2° $Y = 0$ のときは，②を満たす実数 k が存在するための条件は $X = 2$．

よって，$(X, Y) = (2, 0)$ で，このとき①は $0 = 6k$ であるから，①，②を満たす実数 $k = 0$ が存在する．したがって，点 $(2, 0)$ は軌跡上にある．

以上により，求める軌跡は，③は $(X+1)^2 + Y^2 = 3^2$ と変形できることから

　　点 $(-1, 0)$ を中心とする半径 3 の円．ただし，**点 $(-4, 0)$ を除く**．

【別解】（図形的に解くこともできる）

2 直線 l_1，l_2 は，それぞれ定点 A$(-4, 0)$，B$(2, 0)$ を通る直線であり，傾きを調べると直交している（$k = 0$ のときも OK）．

よって，円周角の定理により，交点 P は AB を直径とする円周上にある．

l_1 は y 軸に平行にならず，l_2 は x 軸に平行にならないから，点 $(-4, 0)$ が抜ける．（以下省略）

⇦例えば，$X = -2$，$Y = 2$ のとき，①から $k = 1$ となるが，これを②に代入すると

　　左辺 = 2，右辺 = 4

となるので，①かつ②は不成立．よって，点 $(-2, 2)$ は軌跡上にないことが分かる．

⇦このとき，②はつねに成立．

⇦1° で除かれている点のうち $(2, 0)$ は軌跡に入る．

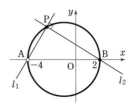

◯ **13 演習題**（解答は p.105）

点 P(x, y) が単位円周上を動くとき，点 $(x+y, xy)$ はいかなる曲線上を動くか，その曲線を図示しなさい．

(立正大・経)

逆手流で考える．

◆ **14 軌跡／反転**

原点 O と異なる点 P に対して，O を端点とする半直線 OP 上にあり，OP·OQ=2 を満たす点 Q を考える．

（1） 点 P の座標を $(x,\ y)$，点 Q の座標を $(X,\ Y)$ とする．$x,\ y$ を $X,\ Y$ の式で表せ．

（2） 点 P が直線 $2x+y=1$ 上を動くとき，点 Q の軌跡を求めよ．　　　　　　　　　　（工学院大）

___

$\boxed{\text{変換による像}}$　本問のように，P に Q を対応させることを変換という．

　例えば，P$(x,\ y)$ に対して，点 Q$(X,\ Y)$ を，$X=x-1,\ Y=2y$……㋐　と定める変換について，P が曲線 $C:y=x^2$ 上を動くとき，Q の描く軌跡（C の像）D を求めてみよう．逆手流で考える．例えば，点 $(2,\ 4)$ が D 上の点であるかどうかは，点 $(2,\ 4)$ の変換前の点 $(3,\ 2)$ [← $x-1=2,\ 2y=4$ を解いて得られる] が C 上にあるかどうかで判断できる．$2\neq3^2$ なので，$(3,\ 2)$ は C 上の点でなく，$(2,\ 4)$ は D 上の点ではないと分かる．同様に考えて，

　　　　　「点 $(X,\ Y)$ が D 上にある」⟺「変換前の点 $(X+1,\ Y/2)$ が C 上にある」

（〜〜は，㋐を $x,\ y$ について解いて得られる．変換前の点を変換後の点で表す．例題の（1）に相当）というように，変換前の点が C 上にある条件に言い換える．すると，

$\dfrac{Y}{2}=(X+1)^2$ により，D の方程式は，$y=2(x+1)^2$ と分かる．

$\boxed{\text{反転}}$　本問の変換は，とくに '反転' とよばれていて，入試では頻出である．

▨ 解 答 ▨

（1）　OP$=p$，OQ$=q$ とおくと，

$x:X=p:q,\ y:Y=p:q$ であるから，

$$x=\frac{p}{q}X,\ y=\frac{p}{q}Y$$

OP·OQ=2 により，$p=\dfrac{2}{q}$　∴ $\dfrac{p}{q}=\dfrac{2}{q^2}$

であるから，$\boldsymbol{x=\dfrac{2}{q^2}X=\dfrac{2X}{X^2+Y^2}}$，$\boldsymbol{y=\dfrac{2}{q^2}Y=\dfrac{2Y}{X^2+Y^2}}$

⇦ベクトルを用いれば，$\overrightarrow{\text{OP}}$ は $\overrightarrow{\text{OQ}}$ と同じ向きで，大きさが $p=\dfrac{2}{q}$ であるから

$\overrightarrow{\text{OP}}=\dfrac{2}{q}\cdot\dfrac{\overrightarrow{\text{OQ}}}{q}=\dfrac{2}{q^2}\overrightarrow{\text{OQ}}$ となる．
ベクトル既習者はこうしたい．

⇦$q^2=\text{OQ}^2=X^2+Y^2$

（2）　（1）により，Q$(X,\ Y)$ のとき，P$\left(\dfrac{2X}{X^2+Y^2},\ \dfrac{2Y}{X^2+Y^2}\right)$ であり，これらの点 P，Q について，Q が求める軌跡上にあるための条件は，P が直線 $2x+y=1$ 上にあること，すなわち，

$$2\cdot\frac{2X}{X^2+Y^2}+\frac{2Y}{X^2+Y^2}=1$$

∴　$4X+2Y=X^2+Y^2,\ \underline{(X,\ Y)\neq(0,\ 0)}$

∴　$(X-2)^2+(Y-1)^2=5,\ (X,\ Y)\neq(0,\ 0)$

⇦P≠O と OP·OQ=2 より，Q≠O

したがって，求める軌跡は，円 $\boldsymbol{(x-2)^2+(y-1)^2=5}$，ただし原点を除く．

【研究】　反転によって，次のように移される．

⇦「OP·OQ＝一定」の反転について

　　　原点を通る直線 → 直線　　　原点を通らない直線 → 円
　　　原点を通る円　 → 直線　　　原点を通らない円　 → 円

=== ⟡ **14 演習題**（解答は p.105）===

原点 O を中心とし，半径 1 の円を C とする．また t を実数とする．

（1） 直線 $y=2$ 上の点 P$(t,\ 2)$ から円 C に 2 本の接線を引き，その接点を M，N とする．直線 OP と弦 MN の交点を Q とする．点 Q の座標を t を用いて表せ．

（2） 点 P が直線 $y=2$ 上を動くとき，点 Q の軌跡を求めよ．　　　　（長崎大・医）

> 結局，OP·OQ=1 となるので，反転である．

◆ 15 通過範囲／逆手流

（ア）　k を実数とする．直線 L を $y=kx+1-k-k^2$ とする．
　（1）　直線 L が点 $(2,1)$ を通るような k の値を求めよ．
　（2）　k の値が実数全体を動くとき，直線 L が通る範囲を求め，図示せよ．

（岐阜聖徳学園大・教）

（イ）　m が実数全体を動くとき，xy 平面において $(x-2m)^2+(y+m)^2=m^2$ の表す図形が通過する範囲を図示せよ．

（工学院大）

> **パラメータの存在条件に帰着させる**　○13 と同様に，通過範囲の問題は逆手流で処理できる．つまり，パラメータの存在条件に結びつければよい．パラメータについて整理したときに，パラメータについての2次式になって，パラメータが実数全体を動くときは，判別式 $D\geqq0$ に帰着される．

▒解 答▒

（ア）（1）　L が点 $(2,1)$ を通るとき，$1=2k+1-k-k^2$
　　　　$\therefore\ k^2-k=0$　　$\therefore\ \boldsymbol{k=0,\ 1}$

⇦（1）は（2）を逆手流で考えよ，というヒントであろう．

（2）　直線 L が点 (X,Y) を通るとき，$Y=kX+1-k-k^2$
　　　　　　$\therefore\ k^2-(X-1)k+Y-1=0$ $\cdots\cdots\cdots\cdots$ ①

⇦直線 L が点 (X,Y) を通るように実数 k の値を定めることができれば，点 (X,Y) は通過範囲に属する．

　点 (X,Y) が求める通過範囲に属するための条件は，①を満たす実数 k が存在することである．

　この条件は，①の判別式を D とすると，
　　$D=(X-1)^2-4(Y-1)\geqq0$
　　　$\therefore\ 4Y\leqq(X-1)^2+4$

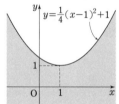

$y=\frac{1}{4}(x-1)^2+1$

　したがって，求める範囲は，$\boldsymbol{y\leqq\dfrac{1}{4}(x-1)^2+1}$
であり，右図網目部である（境界を含む）．

⇦（1）により点 $(2,1)$ は通過範囲に属する．

（イ）　点 (X,Y) が求める通過範囲に属するための条件は，
$(X-2m)^2+(Y+m)^2=m^2$　$\therefore\ 4m^2-2(2X-Y)m+X^2+Y^2=0$ $\cdots\cdots$ ①
を満たす実数 m が存在することである．

　この条件は，①の判別式を D とすると，
　　$D/4=(2X-Y)^2-4(X^2+Y^2)\geqq0$
　　　$\therefore\ Y(4X+3Y)\leqq0$

　したがって，求める範囲は，$y(4x+3y)\leqq0$
　　$\therefore$　「$y\geqq0$ かつ $y\leqq-\dfrac{4}{3}x$」

　　または「$y\leqq0$ かつ $y\geqq-\dfrac{4}{3}x$」

であり，右図網目部である（境界を含む）．
　➡注　（ア）（2）は，○16 のファクシミリの原理を使って解くのもよい．

[別解]　円の中心は $y=-\dfrac{1}{2}x$ 上にあり，円は x 軸に接する．すると左図のように θ をとると，
$\tan\theta=-\dfrac{1}{2}$ であり，

$\tan2\theta=\dfrac{2\tan\theta}{1-\tan^2\theta}=-\dfrac{4}{3}$

となり，円は常に $y=-\dfrac{4}{3}x$ と接する．図形的に考えて，求める通過範囲は，左図の網目部．

○15 演習題（解答は p.106）

t がすべての実数値をとるとき，曲線 $y=\dfrac{(t+1)^2}{t^2+1}x^2+\dfrac{2t}{t^2+1}$

が通過する領域を求め，また，それを図示しなさい．

（大阪薬大）

> 例題と同様に考えればよい．

◈ 16 通過範囲／ファクシミリの原理

O を原点とする xy 平面において，直線 $y=1$ の $|x|\geqq1$ を満たす部分を C とする.

（1） C 上に点 $A(t,\ 1)$ をとるとき，線分 OA の垂直二等分線の方程式を求めよ.

（2） 点 A が C 全体を動くとき，線分 OA の垂直二等分線が通過する範囲を求め，それを図示せよ.

（筑波大）

パラメータに制限がある場合　本問は，○15 の(ア)に似ている. t が全実数を動けば，前問と同様であるが，本問では $|t|\geqq1$ という制限がついているため，逆手流で解くと解の配置の問題になってやや面倒である. この場合は次のようにとらえるのがよいだろう.

ファクシミリの原理　$y=$「$x,\ t$ の式」のグラフの，t を動かしたときの通過範囲を考えてみよう.

x を x_0 に固定して，y を t の関数と見たとき，y の取り得る値の範囲が $y_1\leqq y\leqq y_2$ となったとしよう. これは，求める通過範囲（D とする）を y 軸に平行な直線 $x=x_0$ で切った切り口が，$y_1\leqq y\leqq y_2$ であることを意味する. x_0 を実数全体で動かせば D 全体がつかめることになる.

x を固定して，y の取り得る範囲を調べる（1 文字固定法）という方法は，とくに t の動く範囲に制限があるとき，逆手流よりも簡単に処理できることが多い.

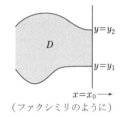

（ファクシミリのように）

▤ 解 答 ▤

（1） OA の垂直二等分線上の点を $P(x,\ y)$ とおくと，$OP^2=AP^2$ により，

$$x^2+y^2=(x-t)^2+(y-1)^2 \qquad \therefore\quad 2tx+2y=t^2+1$$

よって，OA の垂直二等分線の方程式は，$\boldsymbol{y=-tx+\dfrac{1}{2}(t^2+1)}$ ……………①

⇦OA の中点を通り，OA（傾き $1/t$）に垂直な直線として求めてもよい.

（2） t を $\underline{|t|\geqq1}$ ……② で動かすときの①の通過範囲を求めればよい.

x を X に固定し，t を②で動かすときの，①の y 範囲を求める.

①により，$y=\dfrac{1}{2}t^2-Xt+\dfrac{1}{2}=\dfrac{1}{2}(t-X)^2-\dfrac{1}{2}X^2+\dfrac{1}{2}$ …………………③

⇦$A(t,\ 1)$ が C 上にあるから，$|t|\geqq1$

⇦①に $x=X$ を代入して，t について整理した.

1° $|X|\geqq1$ のとき. ③は $t=X$ のとき最小. y の範囲は，$y\geqq-\dfrac{1}{2}X^2+\dfrac{1}{2}$

2° $0\leqq X\leqq1$ のとき. ③は $t=1$ のとき最小.
　y の範囲は，$y\geqq-X+1$（③の中辺に代入）

3° $-1\leqq X\leqq0$ のとき. ③は $t=-1$ のとき最小.
　y の範囲は，$y\geqq X+1$

求める通過範囲は，$\boldsymbol{y\geqq-\dfrac{1}{2}x^2+\dfrac{1}{2}\ (|x|\geqq1)}$,

$\boldsymbol{y\geqq-x+1\ (0\leqq x\leqq1)}$, $\boldsymbol{y\geqq x+1\ (-1\leqq x\leqq0)}$

であり，右図網目部（境界を含む）.

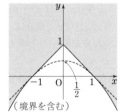

（境界を含む）

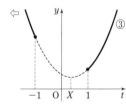

◑ 16 演習題（解答は p.106）

0 以上の実数 t に対して xy 平面上の放物線 $C:y=x^2+tx+t^2$ を考える.

（1） 実数 t が範囲 $t\geqq0$ を動くとき，放物線 C の頂点の軌跡を求め，図示せよ.

（2） 実数 t が範囲 $t\geqq0$ を動くとき，放物線 C の通過する領域を求め，図示せよ.

（青山学院大・社情）

（1）は，頂点の座標を t で表して t を消去する.

◆ **17 2変数関数への応用／線形計画法（1）**

x, y が5つの不等式 $x \geqq 0$, $y \geqq 0$, $x+2y \leqq 10$, $x+y \leqq 8$, $3x+y \leqq 15$ をすべて満たす.
（1） $2x+3y$ の最大値を求めよ.
（2） a を定数とするとき, $ax+y$ の最大値を求めよ.

（中央大・経）

線形計画法　問題文の不等式の条件は, xy 平面上の領域を表す. 点 (x, y) がある領域 D（境界線は x, y の1次式で表される直線とする）を動くとき, $ax+by$（a, b は定数）の最大値や最小値を求めさせる問題は頻出である. $ax+by$ は x, y の1次式なので, この手の問題は, 線形計画法（linear programming：linear＝1次の）と呼ばれている. 本書では領域 D の境界線が直線でない場合も $ax+by$ の最大値や最小値を求めるときは線形計画法と呼ぶことにする.

＝k とおく　$ax+by$ の値域を求めるときは, 逆手流を活用する. つまり,
「k が値域に属する $\iff ax+by=k$ となる (x, y) が D に存在する
$\iff$ 直線 $ax+by=k$ が D と共有点をもつ」
（k を切片に結びつけて, 視覚的にとらえられる！）

▥ 解 答 ▥

$x \geqq 0$, $y \geqq 0$, $x+2y \leqq 10$, $x+y \leqq 8$, $3x+y \leqq 15$
をすべて満たす xy 平面上の領域を D とする.
　$x+2y=10$ ……① と $3x+y=15$ ……②
の交点を求めると, $(4, 3)$ となる.
　領域 D は右図の網目部である（境界を含む）.
（1） $2x+3y$ が k という値を取り得る条件は, 直線 $2x+3y=k$ ……③ が D と共有点をもつことである. ③の傾きは $-\dfrac{2}{3}$, y 切片は $\dfrac{k}{3}$ である.

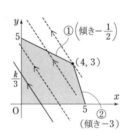

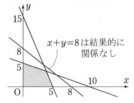

⇦ まずは, x 切片と y 切片から下図のように大ざっぱに図示する.

　①の傾きは $-\dfrac{1}{2}$ で, ②の傾きは -3 で, ③の傾きはこれらの間にある. よって③を D と共有点をもつように k を動かすとき, y 切片（$=k/3$）が最大になるのは, ③が $(4, 3)$ を通るときで, このとき $k=2 \cdot 4+3 \cdot 3=\mathbf{17}$
（2） $ax+y$ が k という値を取り得る条件は, 直線 $ax+y=k$ ………④ が D と共有点をもつことである. ④の y 切片は k, 傾きは $-a$ である.

⇦ ③は傾きが一定なので, k が変化すると, "平行" に動いていく.

⇦ a は定数である. ③と同様に, k が変化すると "平行" に動く.

　領域 D は四角形である. 傾きが一定な直線④を D と共有点をもつように動かすとき, y 切片 k が最大となるのは, D の4頂点のいずれかを通るときである. ④の傾きによって, どの頂点を通るとき k が最大になるかが変わる.

$-a \geqq -\dfrac{1}{2}\left(\iff \boldsymbol{a \leqq \dfrac{1}{2}}\right)$ のとき, $(0, 5)$ を通るとき最大で, $k=\mathbf{5}$

$-\dfrac{1}{2} \geqq -a \geqq -3\left(\iff \boldsymbol{\dfrac{1}{2} \leqq a \leqq 3}\right)$ のとき, $(4, 3)$ を通るときで, $k=\mathbf{4a+3}$

$-a \leqq -3(\iff \boldsymbol{a \geqq 3})$ のとき, $(5, 0)$ を通るときで, $k=\mathbf{5a}$

⇦ 4頂点を通る場合の4つの k の値の中で最大値を求めてもよい.

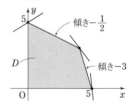

⬡ **17 演習題**（解答は p.107）

a を定数とする. 連立不等式 $x \geqq 0$, $y \geqq 0$, $y \geqq -x+6$, $y \leqq -2x+8$ の表す領域を D とする. 点 (x, y) がこの領域内を動くとき, $y+ax$ の値を V とする.
　V の最小値と最大値を求めよ.

（広島修道大／一部省略）

> 例題と同様に, a による場合分けが起こる.

96

◆ 18 2変数関数への応用／線形計画法（2）

次の連立不等式の表す領域を D とする. $\begin{cases} x^2+y^2 \leqq 25 \\ (y-2x-10)(y+x+5) \leqq 0 \end{cases}$

（1） 領域 D を図示せよ.

（2） 点 (x, y) がこの領域 D を動くとき，$x+2y$ の最大値 M と最小値 m を求めよ. また，M, m を与える D の点を求めよ.

（3） a を実数とする. 点 (x, y) が領域 D を動くとき，$ax+y$ が点 $(-3, 4)$ で最大値をとるような a の範囲を求めよ.

（北大・理，工−後）

（$(y-2x-10)(y+x+5) \leqq 0$ の表す領域） このように，積の形で表される領域を考えてみよう.
$FG \leqq 0 \iff$ 「$F \geqq 0$ かつ $G \leqq 0$」または「$F \leqq 0$ かつ $G \geqq 0$」，$y \geqq f(x)$ は $y=f(x)$ の上側であることに着目して，「$y \geqq 2x+10$ かつ $y \leqq -x-5$」または「$y \leqq 2x+10$ かつ $y \geqq -x-5$」として図示すればよい.
なお，p.109 で紹介する方法もある.

（最大値と最小値を与える点） 前問のように，領域が多角形の場合は，頂点で最大・最小になったが，本問（2）の場合は，直線 $x+2y=k$ と円が接するとき，その接点で最大となる.

▤ 解 答 ▤

（1） $(y-2x-10)(y+x+5) \leqq 0$ は，

$2x+10 \leqq y \leqq -x-5$ または $-x-5 \leqq y \leqq 2x+10$

D は右図網目部（境界を含む）.

（2） $x+2y$ が k という値を取り得る条件は，

直線 $x+2y=k$ ……① が D と共有点をもつことである. ①の y 切片は $\dfrac{k}{2}$，傾きは $-\dfrac{1}{2}$ である.

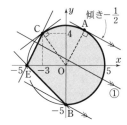
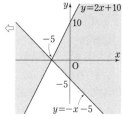

直線①を D と共有点をもつように動かすとき，k が最大となるのは，①が上図の
点 A で接するときである. OA の傾きは 2 であるから，OA の式は $y=2x$ であり， ⇦OA は，①$\left($傾き $-\dfrac{1}{2}\right)$ に垂直.
$x^2+y^2=25$ と連立させて，$5x^2=25$ ∴ $x=\sqrt{5}$ $(x>0)$
よって，A$(\sqrt{5}, 2\sqrt{5})$ のとき，**最大値** $\sqrt{5}+2 \cdot 2\sqrt{5}=\mathbf{5\sqrt{5}}$ をとる.

k が最小となるのは，①が上図の点 B を通るときである.

よって，B$(0, -5)$ のとき，**最小値** $0+2 \cdot (-5)=\mathbf{-10}$ をとる.

$\Leftarrow \overrightarrow{\mathrm{OA}}$ は大きさ 5 で $\binom{1}{2}$ と同じ向きであるから，
$\overrightarrow{\mathrm{OA}}=5 \cdot \dfrac{1}{\sqrt{5}}\binom{1}{2}=\sqrt{5}\binom{1}{2}$
として A を求めてもよい.

（3） 直線 $ax+y=n$ ……② を D と共有点をもつように動かす. このとき，直線②が上図の C$(-3, 4)$ を通るとき，y 切片 n が最大となるような a の範囲を求めればよい. 図のように点 E をとると，

（C での円の接線の傾き：$3/4$）$\leqq$（②の傾き：$-a$）$\leqq$（EC の傾き：2）

により，$\dfrac{3}{4} \leqq -a \leqq 2$ ∴ $\mathbf{-2 \leqq a \leqq -\dfrac{3}{4}}$

⇦$-a<3/4$ のときは，②が C より右側で円に接するとき最大，
$-a>2$ のときは，②が E を通るとき最大となる.

◔ 18 演習題 （解答は p.107）

連立不等式 $2x-y \geqq 0$，$y \geqq 0$，$x^2+y^2 \leqq 5$ が表す領域を D とする.

（1） 点 P(x, y) が D 内を動くとき，$2x+y$ の最大値と，最大値を与える点の座標を求めよ.

（2） 次の条件を満たす実数 a の範囲を求めよ.

条件：点 P(x, y) が D 内を動くとき，点 A$(1, 2)$ において $ax+y$ が最大値をとる.

（学習院大・理）

（2） 問題文が仰々しいが，やることは例題と同じである.

97

● 19 2変数関数への応用／＝kとおく，図形量と見る

（ア）　次の連立不等式の表す xy 平面の領域を D とする．$y \geqq x^2 - 6x + 7,\ x + y - 3 \leqq 0$

（1）　領域 D を図示せよ．

（2）　領域 D における点 (x, y) について，$x^2 + y$ の最大値，最小値を求めよ．　　　（福島大－後）

（イ）　実数 x, y が3つの不等式 $y \geqq 2x - 5,\ y \leqq x - 1,\ y \geqq 0$ を満たすとき，$x^2 + (y - 3)^2$ の最大値，最小値を求めよ．　　　（東京経大）

（＝kとおく）　○17 や○18 では，$ax + y$ など，x, y の1次式の値の取り得る範囲を求めたが，～～～が $x^2 + y$ などに変わっても，応用できる．＝k とおいた図形が，領域と共有点をもつ条件を考えればよい．

（直接，図形量と見る）　（イ）で，$x^2 + (y - 3)^2 = k$ とおくと，これは円を表す．この円が領域と共有点をもつ条件を考えてもよいが，$(x - a)^2 + (y - b)^2$ は，$A(a, b)$，$P(x, y)$ とおくと，AP^2 を表す．このように見る方がストレートでよいだろう（「平方の和は，距離^2」と見る）．

▨ 解 答 ▨

（ア）　$C : y = x^2 - 6x + 7,\ l : y = 3 - x$ とする．

（1）　領域 D は右図網目部（境界を含む）．

（2）　$x^2 + y$ が k という値を取り得る条件は，$x^2 + y = k$ を満たす点 (x, y) が D 上にあること．つまり，放物線 $y = -x^2 + k$ ……① が D と共有点をもつことである．①は軸が y 軸，頂点が $(0, k)$ である上に凸の放物線である．①は上下に動く．

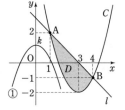

⇦ C と l の交点の x 座標は，
$$x^2 - 6x + 7 = 3 - x$$
$$\therefore \quad x^2 - 5x + 4 = 0$$
により，$x = 1,\ 4$

　k が最大になるのは，①が図の $A(1, 2)$ または $B(4, -1)$ を通るときである．それぞれの $k\,(= x^2 + y)$ の値は，3，15 となるので，k の**最大値は 15**

　k が最小となるのは，①が C と接するとき．①と C の方程式を連立して，
$$-x^2 + k = x^2 - 6x + 7 \quad \therefore \quad 2x^2 - 6x + 7 - k = 0 \quad \cdots\cdots ②$$
この判別式を D_1 とすると，$D_1/4 = 3^2 - 2(7 - k) = 0$　　$\therefore \quad k = \mathbf{5/2}$（**最小値**）

（このとき，②の重解は $x = 3/2$ で，確かに接点は D 上にある．）

（イ）　$P(x, y)$，$A(0, 3)$ とおくと，$x^2 + (y - 3)^2 = AP^2$ ……①
P が右図網目部を動くときの①の最大値・最小値を求めればよい．

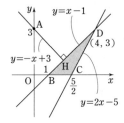

　$P = C$ のとき①$= 61/4$，$P = D$ のとき①$= 16$ であるから，**最大値は 16**

　A を通り $y = x - 1$ ……② に垂直な直線は $y = -x + 3$ ……③ であり，②と③の交点 H は，$H(2, 1)$．$P = H$ のとき，①は**最小値 8** をとる．

○ 19 演習題（解答は p.108）

（ア）　不等式 $(x - 6)^2 + (y - 4)^2 \leqq 4$ の表す領域を点 $P(x, y)$ が動くものとする．このとき，$x^2 + y^2$ の最大値は ⬚(1)⬚，$\dfrac{y}{x}$ の最小値は ⬚(2)⬚，$x + y$ の最大値は ⬚(3)⬚ である．

（早大・人科（文系））

（イ）（1）　次の連立不等式の表す多角形 D を図示し，頂点の座標をすべて求めよ．
$$D : x \geqq 0,\ y \geqq 0,\ x + 4y \leqq 10,\ 6x + y \leqq 14$$

（2）　点 (x, y) が多角形 D を動くとき，$x^2 + y^2 + 4x + 2y$ の最大値を求めよ．

（名城大・理工／一部省略）

┄┄┄┄┄┄┄┄┄┄
┊（イ）（2）はまず x, y ┊
┊について平方完成する．┊
┄┄┄┄┄┄┄┄┄┄

座標 演習題の解答

1…B***	**2**…B***	**3**…B**
4…B**	**5**…B***	**6**…B**○
7…A*A*	**8**…B**○B**	**9**…C**
10…B**○B**	**11**…B**○	**12**…B**
13…B**	**14**…B***	**15**…B**
16…B**○	**17**…B**○	**18**…B**○
19…B**○B**○		

1 （1） x 軸正方向から PQ，PR まで測った回転角を利用して $\tan\theta$ をとらえれば，傾きの正負などによる場合分けをしなくてすむ．

解 （1） 一般に，放物線 $y=x^2$ 上の 2 点 $(a,\ a^2)$，$(b,\ b^2)(a\neq b)$ を通る直線の傾きは，

$$\frac{a^2-b^2}{a-b}=\frac{(a+b)(a-b)}{a-b}=a+b$$

P, Q, R の x 座標はそれぞれ p，$p+1$，$p+2$ であるから，直線 PQ の傾き m_1 と直線 PR の傾き m_2 は，

$$\boldsymbol{m_1}=p+(p+1)=\boldsymbol{2p+1},\ \boldsymbol{m_2}=p+(p+2)=\boldsymbol{2p+2}$$

次に，x 軸正方向から，PQ，PR まで測った回転角をそれぞれ α，β とすると，

$$\begin{aligned}\boldsymbol{\tan\theta}&=\tan(\beta-\alpha)\\&=\frac{\tan\beta-\tan\alpha}{1+\tan\beta\tan\alpha}\\&=\frac{m_2-m_1}{1+m_2m_1}\\&=\frac{(2p+2)-(2p+1)}{1+(2p+2)(2p+1)}=\frac{\boldsymbol{1}}{\boldsymbol{4p^2+6p+3}}\end{aligned}$$ ……①

（2） $m_1m_2=(2p+1)(2p+2)$

$$=4p^2+6p+2=4\left(p+\frac{3}{4}\right)^2-\frac{1}{4}$$ ……②

よって，m_1m_2 は $p=-\dfrac{3}{4}$ のとき最小値 $-\dfrac{1}{4}$ をとる．

①，②により，$\tan\theta=\dfrac{1}{4\left(p+\dfrac{3}{4}\right)^2+\dfrac{3}{4}}>0$ ……③

よって，θ が最大になるのは $\tan\theta$ が最大のときで，それは③の分母（>0）が最小となる $\boldsymbol{p=-\dfrac{3}{4}}$ のとき．

2 （2） 点と直線の距離の公式を使う場合は，傾きが負の方が求めるものである．

（3） 内接円の中心は，内角の二等分線の交点なので，∠PQR の二等分線を求める方針で解いてみる．

解 （1）
$$l：3x+4y-24=0$$ ……①
$$m：5x+12y-40=0$$ ……②

①×3−②より，

$$4x=32 \quad \therefore\quad x=8$$

①に代入して，$y=0$

よって，**P(8, 0)**

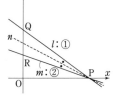

（2） n 上の点を $Z(X,\ Y)$ とおくと，
（Z と①の距離）＝（Z と②の距離）であるから，

$$\frac{|3X+4Y-24|}{\sqrt{3^2+4^2}}=\frac{|5X+12Y-40|}{\sqrt{5^2+12^2}}$$

$$\therefore\quad 13|3X+4Y-24|=5|5X+12Y-40|$$

$$\therefore\quad 13(3X+4Y-24)=\pm5(5X+12Y-40)$$

±が＋のとき，$14X-8Y=13\times24-5\times40$ ……③
±が−のとき，$64X+112Y=13\times24+5\times40$ ……④

③の傾きは $\dfrac{14}{8}>0$ で不適である．④の両辺を8で割り

$$8X+14Y=39+25=64 \quad \therefore\quad 4X+7Y=32$$

よって，n の方程式は，

$$\boldsymbol{4x+7y=32}$$ ……⑤

（3） ∠PQR の二等分線上の点を $W(X,\ Y)$ とおくと，
（W と①の距離）
＝（W と y 軸の距離）
であるから，

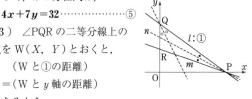

$$\frac{|3X+4Y-24|}{\sqrt{3^2+4^2}}=|X|$$

$$\therefore\quad |3X+4Y-24|=5|X|$$

$$\therefore\quad 3X+4Y-24=\pm5X$$

±が＋のとき，$-2X+4Y-24=0$ ……⑥
±が−のとき，$8X+4Y-24=0$ ……⑦

⑥の傾きは正で不適である．⑦の両辺を4で割り，
∠PQR の二等分線の式は，$y=-2x+6$ ……⑧

⑤，⑧を連立させて，$4x-14x+42=32 \quad \therefore\quad x=1$
よって，内接円の中心 I の座標は，I(1, 4)
内接円は y 軸に接するから，半径は I の x 座標に等しく，
答えは $\boldsymbol{(x-1)^2+(y-4)^2=1}$

別解 （2） ［単位ベクトルを活用］

P(8, 0), Q(0, 6), R(0, 10/3) により，

$$\overrightarrow{PQ}=2\begin{pmatrix}-4\\3\end{pmatrix},\ \overrightarrow{PR}=\frac{2}{3}\begin{pmatrix}-12\\5\end{pmatrix}$$

よって，$\overrightarrow{PQ}$，$\overrightarrow{PR}$ とそれぞれ同じ向きの単位ベクトル $\overrightarrow{u}$，$\overrightarrow{v}$ は，$\overrightarrow{u}=\dfrac{1}{5}\begin{pmatrix}-4\\3\end{pmatrix}$，$\overrightarrow{v}=\dfrac{1}{13}\begin{pmatrix}-12\\5\end{pmatrix}$

したがって，n の方向ベクトル（の1つ）は，

$$\overrightarrow{u}+\overrightarrow{v}=\dfrac{13}{65}\begin{pmatrix}-4\\3\end{pmatrix}+\dfrac{5}{65}\begin{pmatrix}-12\\5\end{pmatrix}=\dfrac{1}{65}\begin{pmatrix}-112\\64\end{pmatrix}$$

よって，直線 n（Pを通る）の方程式は，

$$y=-\dfrac{64}{112}(x-8)\quad\therefore\ \boldsymbol{y=-\dfrac{4}{7}(x-8)}\cdots\cdots⑨$$

（3）[円と直線が接する条件を ○10 のようにとらえる．円の半径を設定すると，中心の座標が表せる]

$\triangle PQR$ に内接する円 C の半径を r とする．C の中心 S の x 座標は，C が y 軸に接することから r であり，S は⑨上にあるから

$\left(r,\ -\dfrac{4}{7}(r-8)\right)$ と表せる．

S と l の距離は r なので，

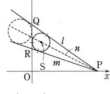

$$\dfrac{\left|3r-4\cdot\dfrac{4}{7}(r-8)-24\right|}{\sqrt{3^2+4^2}}=r$$

$$\therefore\ \dfrac{1}{5}\left|\dfrac{5}{7}r-\dfrac{40}{7}\right|=r\quad\therefore\ |r-8|=7r$$

$$\therefore\ r-8=\pm7r\quad\therefore\ r=-\dfrac{4}{3},\ 1$$

$r>0$ により $r=1$ である．よって，S$(1,\ 4)$ で，C の方程式は，$\boldsymbol{(x-1)^2+(y-4)^2=1}$

⇨注　半径を $|r|$ として，$r=-\dfrac{4}{3}$ のときは，C は上図の点線の円を表す（$\triangle PQR$ の $\angle P$ 内の傍接円）．

3 前半は k について整理する．後半はこの定点を生かすと図形的に処理できる．なお，本問の場合，素直に計算しても，大したことはない（☞注）．

解 $(3+2k)x+(4-k)y+5-3k=0$ $\cdots\cdots$①

を k について整理し，$3x+4y+5+k(2x-y-3)=0$

これが k によらず成立する条件は，

$3x+4y+5=0$ $\cdots\cdots$② かつ $2x-y-3=0$ $\cdots\cdots$③

③により $y=2x-3$ で，これを②に代入して，

$$11x-7=0\quad\therefore\ x=\dfrac{7}{11}\quad\therefore\ y=-\dfrac{19}{11}$$

よって，求める定点をBとすると，B$\left(\dfrac{7}{11},\ -\dfrac{19}{11}\right)$ である．

次に A$(1,\ -1)$ とすると
（A と直線①の距離）$\leqq$AB
等号は，①が AB と垂直のとき

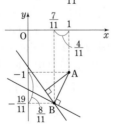

に限り成立する．

ここで，AB の傾きは 2，①の傾きは $\dfrac{2k+3}{k-4}$（$k\neq4$ のとき）により，

①$\perp$AB のとき，$\dfrac{2k+3}{k-4}\times2=-1$ $\therefore\ \boldsymbol{k=-\dfrac{2}{5}}$

求める距離の最大値は，

$$\mathrm{AB}=\sqrt{\left(\dfrac{4}{11}\right)^2+\left(\dfrac{8}{11}\right)^2}=\dfrac{4}{11}\sqrt{1^2+2^2}=\dfrac{4}{11}\sqrt{5}$$

⇨注　A$(1,\ -1)$ と直線①の距離は，

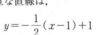

$$\dfrac{|(3+2k)-(4-k)+5-3k|}{\sqrt{(3+2k)^2+(4-k)^2}}=\dfrac{4}{\sqrt{5k^2+4k+25}}$$

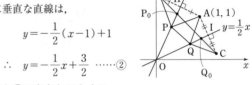

この場合は分子が定数になるが，一般には k の1次式になり，数Ⅲの微分などで処理することになる．

4 例題と同様に考えればよい．（3）は（1）（2）の対称点を使って "まっすぐ" のときに帰着させる．

解（1）A$(1,\ 1)$ を通り，直線 $y=2x$ $\cdots\cdots$①に垂直な直線は，

$$y=-\dfrac{1}{2}(x-1)+1$$

$$\therefore\ y=-\dfrac{1}{2}x+\dfrac{3}{2}\quad\cdots\cdots②$$

①と②の交点をHとする．

①，②を連立させて，$2x=-\dfrac{1}{2}x+\dfrac{3}{2}$

$$\therefore\ x=\dfrac{3}{5}\quad\therefore\ \mathrm{H}\left(\dfrac{3}{5},\ \dfrac{6}{5}\right)$$

B$(a,\ b)$ とおくと，AB の中点が H であるから，

$$\dfrac{1+a}{2}=\dfrac{3}{5},\ \dfrac{1+b}{2}=\dfrac{6}{5}\quad\therefore\ \mathbf{B}\left(\dfrac{1}{5},\ \dfrac{7}{5}\right)$$

（2）A$(1,\ 1)$ を通り，直線 $y=\dfrac{1}{2}x$ $\cdots\cdots$③に垂直な直線は，

$$y=-2(x-1)+1\quad\therefore\ y=-2x+3\quad\cdots\cdots④$$

③と④の交点をIとする．③と④を連立させて，

$$\dfrac{1}{2}x=-2x+3\quad\therefore\ x=\dfrac{6}{5}\quad\therefore\ \mathrm{I}\left(\dfrac{6}{5},\ \dfrac{3}{5}\right)$$

C$(c,\ d)$ とおくと，AC の中点が I であるから，

$$\dfrac{1+c}{2}=\dfrac{6}{5},\ \dfrac{1+d}{2}=\dfrac{3}{5}\quad\therefore\ \mathbf{C}\left(\dfrac{7}{5},\ \dfrac{1}{5}\right)$$

（3）AP=BP，QA=QC であるから，$\triangle APQ$ の周の長さについて，

$$\mathrm{AP+PQ+QA=BP+PQ+QC}$$

これが最小になるのは，線分 BC 上に P，Q があるとき，つまり，P が図の P_0，Q が図の Q_0 のとき．直線 BC は

$$x+y=\frac{8}{5} \qquad \therefore \quad y=-x+\frac{8}{5} \quad\cdots\cdots\cdots\cdots⑤$$

P_0 は①と⑤の交点で，①と⑤を連立させて

$$2x=-x+\frac{8}{5} \quad \therefore \quad x=\frac{8}{15} \qquad \therefore \quad P_0\left(\frac{8}{15},\ \frac{16}{15}\right)$$

Q_0 は③と⑤の交点で，③と⑤を連立させて

$$\frac{1}{2}x=-x+\frac{8}{5} \quad \therefore \quad x=\frac{16}{15} \qquad \therefore \quad Q_0\left(\frac{16}{15},\ \frac{8}{15}\right)$$

⇨注 $A(1,\ 1)$ は直線 $y=x$ 上にあり，$y=2x$ と $y=\frac{1}{2}x$ は直線 $y=x$ に関して対称（x と y を交換したものになっている）なので，B と C，P_0 と Q_0 は $y=x$ に関して対称である．

5 （2）があるので，まず P，Q の x 座標を p，q としたときの △PQD の面積を求め，q を動かしたときの最大値 S を p で表そう．

解 $P(p,\ 4)$，$Q(q,\ q^2)$ とおく．$D(1,\ 1)$ である．

$$\overrightarrow{DP}=\begin{pmatrix}p-1\\3\end{pmatrix}$$

$$\overrightarrow{DQ}=\begin{pmatrix}q-1\\q^2-1\end{pmatrix}$$

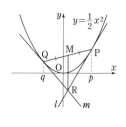
（別解）

であるから（$-2\leqq p\leqq 0,\ -2\leqq q\leqq 0 \quad\cdots\cdots\cdots①$），

$$△PQD=\frac{1}{2}\left|(p-1)(q^2-1)-3(q-1)\right| \cdots\cdots\cdots②$$

p を固定し，q を動かしたときの②の最大値が S．②の絶対値の中は q の2次関数であり $f(q)$ とおくと，

$$f(q)=(p-1)q^2-3q-p+4 \quad\cdots\cdots\cdots\cdots\cdots③$$

$$=(p-1)\left(q-\frac{3}{2(p-1)}\right)^2-\frac{9}{4(p-1)}-p+4 \quad\cdots\cdots④$$

ここで，①に注意する．$-2\leqq p\leqq 0$ により $p-1<0$ であるから，$z=f(q)$ のグラフは上に凸であり，③により，

$$f(-2)=4(p-1)+6-p+4=3p+6\geqq 0$$

$$f(0)=-p+4>0$$

よって，$-2\leqq q\leqq 0$ のとき $f(q)\geqq 0$ であるから，

$$△PQD=\frac{1}{2}f(q)$$

$z=f(q)$ の軸 $q=\dfrac{3}{2(p-1)}\cdots\cdots⑤$

について，$-2\leqq p\leqq 0$ のとき

$$-\frac{3}{2}\leqq \frac{3}{2(p-1)}\leqq -\frac{1}{2}$$

であるから，右図のようになり，$f(q)$ は⑤のとき最大になる．最大値は④により，

$$-\frac{9}{4(p-1)}-p+4=-\frac{4p^2-20p+25}{4(p-1)}=\frac{(2p-5)^2}{4(1-p)}$$

であるから，$S=\dfrac{(2p-5)^2}{8(1-p)}$

（1）$p=-1$ を代入して，$S=\dfrac{49}{16}$

（2）$\dfrac{(2p-5)^2}{8(1-p)}=3$ により，$(2p-5)^2=24(1-p)$

$$\therefore \quad 4p^2+4p+1=0 \quad \therefore \quad p=-\frac{1}{2}$$

別解 ［面積が最大となるときを図形的にとらえる］
（②までは同じ）△PQD の面積が最大になるのは，PD を底辺と見たときに高さが最大になる場合であるから，Q における $y=x^2$ の接線は PD に平行である（図から，このような Q は曲線 AO 上にある）．ここで，$y=x^2$ のとき $y'=2x$ であるから，傾きについて

$$2q=\frac{3}{p-1} \qquad \therefore \quad q=\frac{3}{2(p-1)}$$

このとき，

$$②=\frac{1}{2}\left|(q-1)\{(p-1)(q+1)-3\}\right|$$

$$=\frac{1}{2}\left|\left(\frac{3}{2(p-1)}-1\right)\left(\frac{3}{2}+(p-1)-3\right)\right|=\frac{(5-2p)^2}{8(1-p)}$$

6 （3）結局，t の最小値を求めることになる．直交条件から p，q の関係式が得られて，q を消去すると相加・相乗平均の関係が使える．

解 （1）$y=\dfrac{1}{2}x^2$ のとき $y'=x$ であるから，点 P における接線 l の式は

$$y=p(x-p)+\frac{1}{2}p^2$$

$$\therefore \quad y=px-\frac{1}{2}p^2 \cdots\cdots\cdots①$$

点 Q における接線 m の式は，$y=qx-\dfrac{1}{2}q^2 \cdots\cdots\cdots\cdots②$

①＝②により，

$$(p-q)x=\frac{1}{2}(p^2-q^2) \qquad \therefore \quad x=\frac{p+q}{2}$$

①に代入して $y=\dfrac{pq}{2}$ であるから，$R\left(\dfrac{p+q}{2},\ \dfrac{pq}{2}\right)$

また，$M\left(\dfrac{p+q}{2},\ \dfrac{p^2+q^2}{4}\right)$ であり，M と R の x 座標が等しいから，線分 MR は y 軸に平行である．

（2）　$\triangle$PMR の底辺を MR と見て，（1）の結果から，

$$S = \triangle\text{PMR} = \frac{1}{2}\text{MR} \cdot \left(p - \frac{p+q}{2} \right)$$

$$= \frac{1}{2}\left(\frac{p^2+q^2}{4} - \frac{pq}{2} \right) \cdot \frac{1}{2}(p-q)$$

$$= \frac{1}{2} \cdot \frac{1}{4}(p-q)^2 \cdot \frac{1}{2}(p-q) = \frac{1}{16}t^3$$

（3）　$l \perp m$ と①，②により $pq=-1$．これと $p>q$ により $p>0$．相加平均$\geqq$相乗平均 を使うと，

$$t = p - q = p + \frac{1}{p} \geqq 2\sqrt{p \cdot \frac{1}{p}} = 2 \quad\cdots\cdots\cdots\text{③}$$

（等号成立は $p=1$ のとき）である．

したがって，S の最小値は（2）と③より，$\dfrac{2^3}{16} = \dfrac{1}{2}$

7　（ア）　「2次関数のグラフを x 軸方向に a だけ平行移動した」として，2交点間の距離を a で表して解いてみる．

（イ）　半径を r，中心と直線との距離を d とすると，円と直線が2点で交わる条件は，$d<r$ である．

解　（ア）　$y=x^2+1$ を x 軸方向に a だけ平行移動すると，頂点 $(0,\ 1)$ が $(a,\ 1)$ に移るから，

$$y=(x-a)^2+1 \quad \therefore\quad y=x^2-2ax+a^2+1 \cdots\cdots\text{①}$$

①と $y=x+1$ の2交点を A，B，それぞれの x 座標を α，β $(\alpha<\beta)$ とすると，α，β は

$$x^2-2ax+a^2+1=x+1$$

すなわち $x^2-(2a+1)x+a^2=0$ の解であるから，

$$\frac{(2a+1)\pm\sqrt{(2a+1)^2-4a^2}}{2} = \frac{2a+1\pm\sqrt{4a+1}}{2}$$

右図の直角二等辺三角形 ABC に着目して，

$$\text{AB} = \sqrt{2}\,(\beta-\alpha) = \sqrt{2}\,\sqrt{4a+1}$$

これが $3\sqrt{2}$ のとき，

$$\sqrt{4a+1}=3 \quad\therefore\quad a=2$$

このとき①は，$\boldsymbol{y=x^2-4x+5}$

（イ）　円 $x^2+y^2=1$ の中心は原点 O，半径 r は1である．

O と直線 $2kx-y+k+1=0$ の距離を d とすると，

$$d = \frac{|k+1|}{\sqrt{4k^2+1}}$$

円と直線が異なる2点で交わる条件は，$d<r$

$$\therefore\quad \frac{|k+1|}{\sqrt{4k^2+1}}<1 \quad\therefore\quad (k+1)^2<4k^2+1$$

$$\therefore\quad 3k^2-2k>0 \quad\therefore\quad \boldsymbol{k<0,\ \dfrac{2}{3}<k}$$

図の網目部の直角三角形に着目すると，

$$\text{AB} = 2\sqrt{r^2-d^2} = 2\sqrt{1-d^2}$$

これが $\sqrt{3}$ のとき，$4(1-d^2)=3$　$\therefore$　$d^2=1/4$

$$\therefore\quad \frac{(k+1)^2}{4k^2+1} = \frac{1}{4} \quad\therefore\quad 8k+3=0 \quad\therefore\quad \boldsymbol{k=-\dfrac{3}{8}}$$

8　（ア）　2円が外接する条件は，

（2円の半径の和）＝（中心間の距離）

（イ）　AB を底辺と見たときの高さ，つまり P と直線 AB の距離の最大・最小を考えればよい．これを円の中心を補助にしてとらえる．

解　（ア）　（1）　$C_1(0,\ 0)$，$C_2(0,\ 3)$，$C_3(4,\ 0)$ とすると，

$$r_1+r_2 = C_1C_2 = 3$$
$$r_2+r_3 = C_2C_3 = 5$$
$$r_3+r_1 = C_3C_1 = 4$$

この3式を辺々加えると

$$2(r_1+r_2+r_3) = 12$$

$$\therefore\quad r_1+r_2+r_3 = 6$$

よって，$\boldsymbol{r_1=1,\ r_2=2,\ r_3=3}$

（2）　$C(a,\ b)$ とすると，

$$r+r_1 = C_1C \quad\therefore\quad (r+1)^2 = a^2+b^2 \cdots\cdots\cdots\text{①}$$
$$r+r_2 = C_2C \quad\therefore\quad (r+2)^2 = a^2+(b-3)^2 \cdots\cdots\text{②}$$
$$r+r_3 = C_3C \quad\therefore\quad (r+3)^2 = (a-4)^2+b^2 \cdots\cdots\text{③}$$

②－①から，$2r+3=-6b+9$　$\therefore$　$b=\dfrac{3-r}{3}$ $\cdots\cdots$④

③－①から，$4r+8=-8a+16$　$\therefore$　$a=\dfrac{2-r}{2}$ $\cdots\cdots$⑤

④，⑤を①に代入すると，

$$(r+1)^2 = \left(\frac{2-r}{2}\right)^2 + \left(\frac{3-r}{3}\right)^2$$

$$\therefore\quad 36(r^2+2r+1) = 9(4-4r+r^2) + 4(9-6r+r^2)$$

$$\therefore\quad 23r^2+132r-36 = 0$$

$$\therefore\quad (r+6)(23r-6) = 0 \quad\therefore\quad \boldsymbol{r=\dfrac{6}{23}}$$

これを⑤，④に代入して，

$$a=\frac{20}{23},\ b=\frac{21}{23} \quad\therefore\quad \boldsymbol{C\left(\dfrac{20}{23},\ \dfrac{21}{23}\right)}$$

（イ）　$A(3,\ 1)$，$B(1,\ 4)$

$$\text{AB} = \sqrt{2^2+3^2} = \sqrt{13}$$

P と直線 AB の距離を h とおくと，$\triangle\text{ABP} = \dfrac{1}{2}\sqrt{13}\,h$

円 $(x-1)^2+(y+2)^2=4$ の

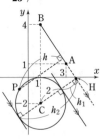

半径は 2 であり，中心を C$(1, -2)$ とおく．

C から直線 AB に垂線 CH を下ろすと，h の最小値は図の h_1，最大値は h_2 である．

ここで，直線 AB の方程式は，

$$y = -\frac{3}{2}(x-3)+1 \quad \therefore \quad 3x+2y-11=0$$

よって，$CH = \dfrac{|3 \cdot 1 + 2 \cdot (-2) - 11|}{\sqrt{3^2+2^2}} = \dfrac{12}{\sqrt{13}}$ であるから，

h_1 と h_2 と △ABP の面積の最小値と最大値は，

$$h_1 = \frac{12}{\sqrt{13}} - 2, \quad \text{最小値は} \ \frac{1}{2}\sqrt{13}\,h_1 = \mathbf{6-\sqrt{13}}$$

$$h_2 = \frac{12}{\sqrt{13}} + 2, \quad \text{最大値は} \ \frac{1}{2}\sqrt{13}\,h_2 = \mathbf{6+\sqrt{13}}$$

9 （2）$px+qy+r=0$ と $p'x+q'y+r'=0$ が表す直線が一致する条件は，

$$p:q:r = p':q':r'$$

解 （1）$(x-a)^2+(y-b)^2=4$ ……………①

（2）①と，$x^2+y^2=9$ ………………②

の 2 つの共有点を A，B とする．A，B の座標は，①と②をともに満たす x，y であるから，

②−①，つまり $2ax+2by-(a^2+b^2+5)=0$……③

も満たす．これは直線を表すから直線 AB に他ならない．これが，$6x+2y-15=0$ ………………④

と一致するための条件は，

$$2a:2b:(a^2+b^2+5) = 6:2:15$$

$2a:2b=6:2$ により，$a=3b$ ………………⑤

これと，$2b:(a^2+b^2+5)=2:15$ により，

$2b:(10b^2+5)=2:15 \quad \therefore \quad 2b^2-3b+1=0$

$\therefore \ (b-1)(2b-1)=0 \quad \therefore \ b=1, \ \dfrac{1}{2}$

これと⑤とから，$(a, b) = (3, 1), \ \left(\dfrac{3}{2}, \dfrac{1}{2}\right)$

➡**注** "2 つの共有点"は，円 $x^2+y^2=9$ と直線 $6x+2y-15=0$ の 2 交点であり，この 2 交点を通って半径が 2 である円 C は，図形的に 2 つあるから，答えは 2 つ出てくる．また C は，以下の⑥のように表せ，この半径が 2 となることから，答えを出すことも可．

（3）A，B の座標は，②と④をともに満たす x，y であるから，

$$x^2+y^2-9+k(6x+2y-15)=0 \ \cdots\cdots\text{⑥}$$

も満たす．これは円を表すから，A，B を通る円に他ならない．これが原点 $(0, 0)$ を通るとき，

$-9-15k=0 \quad \therefore \quad k=-\dfrac{3}{5}$

よって，求める円は，$\mathbf{x^2+y^2-\dfrac{18}{5}x-\dfrac{6}{5}y=0}$

➡**注** $x^2+y^2+px+qy+r=0$ ……Ⓐ のとき，$\left(x+\dfrac{p}{2}\right)^2+\left(y+\dfrac{q}{2}\right)^2 = \dfrac{p^2+q^2-4r}{4}$ なので，Ⓐは，p^2+q^2-4r の符号が正なら円，0 なら 1 点，負なら空集合を表す．よって，Ⓐの形の式が 2 点を通るなら，円を表す．したがって，⑥は円を表す．

10 （ア）（2）円と接線の式が分かっていて接点の座標を求める場合，これらを連立させて解くのは損である．円の中心と接点を通る直線⊥接線に着目しよう．

（3）C_1 の接点を設定して C_1 の接線が C_2 に接する，として処理してみる．実は，図形の特殊性を使うと計算は不要である（☞注2）．

（イ）接点の x 座標を t とおき，中心を t で表そう．

解 （ア）（1）

$C_1 : x^2+y^2=5$ 上の点 $(-1, 2)$ における接線は，

$$l : -x+2y=5$$

（2）C_2 の半径は，C_2 の中心 $O'(1, 1)$ と l の距離に等しいから，

$$\frac{|-1+2\cdot 1 - 5|}{\sqrt{(-1)^2+2^2}} = \frac{4}{\sqrt{5}}$$

次に，C_2 と l の接点を T とすると，$O'T \perp l$ により，$O'T$ の傾きは -2 で，$O'(1, 1)$ を通ることから

$O'T : y = -2(x-1)+1 \quad \therefore \quad y = -2x+3$

これと l の交点が T である．連立させて，

$$-x+2(-2x+3)=5 \quad \therefore \ 5x=1 \quad \therefore \ x = \frac{1}{5}$$

よって $y = -2 \cdot \dfrac{1}{5} + 3 = \dfrac{13}{5}$ となり，$T\left(\dfrac{1}{5}, \dfrac{13}{5}\right)$

（3）C_1 上の点 (p, q)（$p^2+q^2=5$ ……①）における C_1 の接線は，$px+qy=5$

この接線が C_2 にも接するとき，C_2 の中心 $(1, 1)$ との距離が C_2 の半径に等しいから，

$$\frac{|p+q-5|}{\sqrt{p^2+q^2}} = \frac{4}{\sqrt{5}} \quad \therefore \ |p+q-5|=4 \ (\because \ ①)$$

よって，$p+q-5 = \pm 4 \quad \therefore \ p+q=9, \ 1$

図から明らかに $p+q=9$ は不適であるから，$p+q=1$

これと①から，$p^2+(1-p)^2=5 \quad \therefore \ p^2-p-2=0$

$\therefore \ (p-2)(p+1)=0 \quad \therefore \ p=2, \ -1$

l でない接線は $p=2$（$q=-1$）の方で，$\mathbf{2x-y=5}$

➡**注1.** C_1 上の点を (p, q) とおいて，接線の公式を使うとき，(p, q) が C_1 上にある条件①を忘れ易いので，注意しよう．

➡注2.（3）　直線 OO′ は $y=x$ で，求める接線と l は直線 $y=x$ に関して対称である．したがって，$l: -x+2y=5$ の x と y を入れ替えた $-y+2x=5$ が答えである．

別解　（2）　l の法線ベクトルの1つは $\vec{n}=\begin{pmatrix} -1 \\ 2 \end{pmatrix}$ で，$\overrightarrow{O'T}=k\vec{n}$（$k$ は定数）と書ける．$\overrightarrow{O'T}$ と同じ向きの単位ベクトルは図から $\dfrac{1}{\sqrt{5}}\vec{n}$ であり，$O'T=\dfrac{4}{\sqrt{5}}$ により，

$$\overrightarrow{OT}=\overrightarrow{OO'}+\overrightarrow{O'T}=\begin{pmatrix} 1 \\ 1 \end{pmatrix}+\dfrac{4}{\sqrt{5}}\cdot\dfrac{1}{\sqrt{5}}\begin{pmatrix} -1 \\ 2 \end{pmatrix}=\dfrac{1}{5}\begin{pmatrix} 1 \\ 13 \end{pmatrix}$$

（イ）　円の中心を A とし，$P(t, t^2)$（$t>0$）とおく．
$y=x^2$ のとき $y'=2x$ であるから，P での接線 l の傾きは $2t$ である．$PA\perp l$ により，直線 PA の式は，

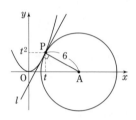

$$y=-\dfrac{1}{2t}(x-t)+t^2$$

$y=0$ として，$0=-\dfrac{1}{2t}(x-t)+t^2$　∴　$x-t=2t^3$

　　　　　∴　$x=t+2t^3$　∴　$A(t+2t^3, 0)$

よって，$AP^2=(2t^3)^2+(t^2)^2=4t^6+t^4$
これと $AP=6$ により，$4t^6+t^4=36$
　　　∴　$4(t^2)^3+(t^2)^2-36=0$
　　　∴　$(t^2-2)(4t^4+9t^2+18)=0$
よって，$t^2=2$　∴　$t=\sqrt{2}$
　　A の x 座標は，$\sqrt{2}+2(\sqrt{2})^3=\mathbf{5\sqrt{2}}$

11　（2）　円の半径は 4 で一定で，中心 $(0, a)$ が上下に動く．a が小さいときから大きくして，共有点の個数を調べていこう．
　$a=4$ の場合が右図の⑦か④かを調べておこう．2点で接することがあるかどうかが分かる．

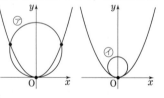

解　（1）　$x^2=y$ を $x^2+(y-16)^2=16$ に代入して，
　　$y+(y-16)^2=16$
∴　$(y-16)\{1+(y-16)\}=0$
よって，$y=16, 15$ であり，$y>0$ の解を2つ持つから，右図により，共有点は **4個**．

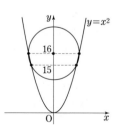

（2）　円の中心は $(0, a)$，半径は 4 である．
　a を大きくしていくと，$a=-4$ で初めて共有点を持つ．右図により，
　$a<-4$ のとき 0個．
　$a=-4$ のとき 1個．
　$-4<a<4$ のとき 2個．

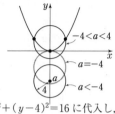

次に，$a=4$ のとき，$x^2=y$ を $x^2+(y-4)^2=16$ に代入し，
　　$y+(y-4)^2=16$
　∴　$y^2-7y=0$　∴　$y=0, 7$
$a=4$ のとき（下図により），3個
　よって，a を大きくしていくと2点で接するときがある．それは，$x^2=y$ を $x^2+(y-a)^2=16$ に代入した
　　$y+(y-a)^2=16$
すなわち，$y^2-(2a-1)y+a^2-16=0$……………①
が $y>0$ である重解を持つときである．その条件は，①の判別式を D として，

$$\begin{cases} D=(2a-1)^2-4(a^2-16)=0 \ \cdots\cdots② \quad かつ \\ （重解）=\dfrac{2a-1}{2}>0 \ \cdots\cdots\cdots\cdots③ \end{cases}$$

②を解くと $a=\dfrac{65}{4}$ であり，③を満たす．右図により，
$4<a<\dfrac{65}{4}$ のとき 4個．
$a=\dfrac{65}{4}$ のとき 2個．
$a>\dfrac{65}{4}$ のとき 0個．

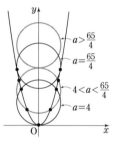

➡注　前文について：（1）の図からも，$a=4$ のとき⑦のようになっていることが分かる．

12　（1）　「円の中心と直線の距離」＜「円の半径」としてもよいが，（2）のことを考えて，円と直線の方程式を連立させて解くことにする．
（2）　中点は直線上にあることに着目して，m を消去．なお，円の中心と M を結ぶと図形的に解決（☞別解）．

解　$C:(x-2)^2+y^2=1$ ……①，$l:y=mx$ ……②とする．
（1）　②を①に代入して，$(x-2)^2+(mx)^2=1$
　　　∴　$(1+m^2)x^2-4x+3=0$ …………………③
　C と l が異なる2点で交わる条件は，③が相異なる2つの実数解を持つことで，③の判別式を D とすると，

$$\dfrac{D}{4}=2^2-3(1+m^2)>0 \quad ∴\quad -\dfrac{1}{\sqrt{3}}<m<\dfrac{1}{\sqrt{3}}\ \cdots④$$

（2）M(X, Y)とし，P, Qのx座標をα, βとおく．Mは PQ の中点であるから，$X=\dfrac{\alpha+\beta}{2}$である．$\alpha, \beta$は③の2解であるから，解と係数の関係により，

$$\alpha+\beta=\frac{4}{1+m^2} \quad \therefore \quad X=\frac{\alpha+\beta}{2}=\frac{2}{1+m^2} \cdots\cdots⑤$$

Mは②上にあるから，$Y=mX$

⑤により $X \neq 0$ であるから，$m=\dfrac{Y}{X}$ $\cdots\cdots\cdots\cdots⑥$

これを⑤，④に代入して，

$$X=\frac{2}{1+\left(\dfrac{Y}{X}\right)^2} \cdots\cdots⑦, \quad -\frac{1}{\sqrt{3}}<\frac{Y}{X}<\frac{1}{\sqrt{3}} \cdots\cdots⑧$$

⑦のとき，$X\left\{1+\left(\dfrac{Y}{X}\right)^2\right\}=2$

$\therefore \quad X^2+Y^2=2X \quad \therefore \quad (X-1)^2+Y^2=1 \cdots\cdots⑨$

⑤により $X>0$ であるから，⑧のとき

$$-\frac{1}{\sqrt{3}}X<Y<\frac{1}{\sqrt{3}}X$$

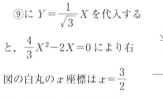

⑨に $Y=\dfrac{1}{\sqrt{3}}X$ を代入すると，$\dfrac{4}{3}X^2-2X=0$により右

図の白丸のx座標は $x=\dfrac{3}{2}$

よって，Mの軌跡は，円

$(\boldsymbol{x-1})^2+\boldsymbol{y}^2=1$ の $x>\dfrac{3}{2}$

の部分であり，右図太線部（白丸を除く）．

別解（1）（Cの中心とlの距離）＜（Cの半径）

よって，$\dfrac{|2m|}{\sqrt{m^2+1}}<1$．分母を払い2乗すると，

$4m^2<m^2+1 \quad \therefore \quad 3m^2<1 \quad \therefore \quad -\dfrac{1}{\sqrt{3}}<\boldsymbol{m}<\dfrac{1}{\sqrt{3}}$

（2）Cの中心をAとおくと，AM⊥PQ により

$\angle OMA=90°$

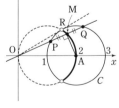

したがって，MはOAを直径する円周上で，円Cの内部を動く（右図太線部．白丸を除く）．図の OR の傾きが

（1）により $\dfrac{1}{\sqrt{3}}$ であるから，$\angle ROA=30°$であり，

△ROA は $\angle R=90°$ の30°定規の形である．

よって，$RO=OA\cos30°=\sqrt{3}$ であり，

$R(\sqrt{3}\cos30°, \sqrt{3}\sin30°) \quad \therefore \quad R\left(\dfrac{3}{2}, \dfrac{\sqrt{3}}{2}\right)$

以上により，Mの軌跡を図示すると，前図太線部（白丸を除く）である．白丸の点の座標は $\left(\dfrac{3}{2}, \pm\dfrac{\sqrt{3}}{2}\right)$である．

注（2）図の破線の円とCの半径が等しいから，対称性によりRは直線 $x=3/2$ 上にある．

---

13 $x+y=X, xy=Y$ において，x, y が実数という条件を X, Y に反映させるのを忘れないようにすること（☞本シリーズ数 I, p.46）．

解 点(X, Y)が求める軌跡上にあるための条件は

$x+y=X \cdots\cdots①, \quad xy=Y \cdots\cdots②, \quad x^2+y^2=1 \cdots\cdots③$

をすべて満たす実数 x, y が存在することである．

①，②により，x, y はtの2次方程式

$$t^2-Xt+Y=0$$

の2解であるから，x, y が実数である条件は，判別式をDとすると，$D=X^2-4Y\geqq0 \cdots\cdots\cdots\cdots④$

③を，①，②を用いて X, Y の式に直すと，

$(x+y)^2-2xy=1$ により，$X^2-2Y=1 \cdots\cdots\cdots⑤$

よって，X, Y が満たす条件は，④かつ⑤である．

⑤により，$Y=\dfrac{1}{2}(X^2-1) \cdots\cdots\cdots\cdots⑤'$

であり，④に代入して，

$$X^2-2(X^2-1)\geqq0 \quad \therefore \quad X^2\leqq2$$
$$\therefore \quad -\sqrt{2}\leqq X\leqq\sqrt{2} \cdots\cdots\cdots\cdots⑥$$

したがって，求める軌跡は，⑤'，⑥により，

放物線 $y=\dfrac{1}{2}(x^2-1)$

の $-\sqrt{2}\leqq x\leqq\sqrt{2}$ の部分であり，これを図示すると，右図太線部（端点を含む）である．

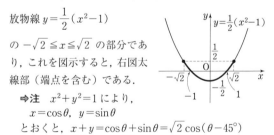

注 $x^2+y^2=1$ により，

$x=\cos\theta, y=\sin\theta$

とおくと，$x+y=\cos\theta+\sin\theta=\sqrt{2}\cos(\theta-45°)$

よって，$-\sqrt{2}\leqq X\leqq\sqrt{2}$ とすることもできる．

14（1）1つの角が共通な2つの直角三角形に着目し，それらが相似であることを使うと早い．

（2）入試では（1）のように，「P→Qの変換において，Pの座標を用いてQの座標を表せ」という誘導がついていることが多いが，軌跡を得るには回り道．例題のように Q(X, Y) として X, Y を用いて P の座標を表して処理する方が手早い．なお，（1）を使う解法は☞注2.

解 （1） M と N は OP に
関して対称であるから

$$OP \perp MN$$

よって，

$$\triangle OPN \infty \triangle ONQ$$

$$\therefore \quad \frac{OP}{ON} = \frac{ON}{OQ}$$

ON＝1 であるから

$$OP \cdot OQ = 1 \cdots\cdots\cdots\cdots\cdots\cdots\cdots① $$

よって，$OQ = \dfrac{1}{OP}$　　$\therefore$　$OP : OQ = OP^2 : 1 \cdots\cdots②$

P$(t, 2)$ であるから，$OP : OQ = (t^2+4) : 1$

Q(X, Y) とすると，O，P，Q は一直線上にあるから，

$$t : X = (t^2+4) : 1, \quad 2 : Y = (t^2+4) : 1$$

$$\therefore \quad X = \frac{t}{t^2+4}, \quad Y = \frac{2}{t^2+4} \cdots\cdots\cdots\cdots③$$

よって，$\mathbf{Q\left(\dfrac{t}{t^2+4}, \dfrac{2}{t^2+4}\right)}$

（2） ②と同様にして，$OP : OQ = 1 : OQ^2$

よって，$OP : OQ = 1 : (X^2+Y^2)$ であり，P(x, y) とすると，

$$x : X = 1 : (X^2+Y^2), \quad y : Y = 1 : (X^2+Y^2)$$

$$\therefore \quad x = \frac{X}{X^2+Y^2}, \quad y = \frac{Y}{X^2+Y^2}$$

点 P が直線 $y=2$ 上を動くとき，

$$\frac{Y}{X^2+Y^2} = 2 \quad （①により，(X, Y) \neq (0, 0)）$$

$$\therefore \quad X^2+Y^2 = \frac{1}{2}Y \quad \therefore \quad X^2+\left(Y-\frac{1}{4}\right)^2 = \frac{1}{16}$$

したがって，求める軌跡は，

円 $x^2+\left(y-\dfrac{1}{4}\right)^2 = \dfrac{1}{16}$ ，ただし原点を除く．

⇨**注1.** ベクトルを用いると，①：$OQ = \dfrac{1}{OP}$ から

$$\overrightarrow{OQ} = \frac{1}{OP} \cdot \frac{\overrightarrow{OP}}{OP} = \frac{1}{OP^2}\overrightarrow{OP} = \frac{1}{t^2+4}\binom{t}{2}$$

として③を導くことができる（（2）も同様）．ベクトルを学習した後なら，このように処理したい．

⇨**注2.** （2）を（1）を用いて解く場合について．
③から t を消去すればよい．③第2式から，$Y \neq 0$
よって，$\dfrac{X}{Y} = \dfrac{t}{2}$ であり，$t = \dfrac{2X}{Y}$

これを（③第2式の分母を払った）$Y(t^2+4) = 2$ に代入すると，

$$Y\left(\frac{4X^2}{Y^2}+4\right) = 2 \quad \therefore \quad \frac{4X^2}{Y}+4Y = 2$$

$$\therefore \quad X^2+Y^2 = \frac{1}{2}Y \quad (Y \neq 0) \quad [\text{以下省略}]$$

⑮ 例題と同様に，t の存在条件に帰着させる．t の
2次方程式にならない場合があることに注意しよう．

解 曲線が点 (X, Y) を通るとき，

$$Y = \frac{(t+1)^2}{t^2+1}X^2 + \frac{2t}{t^2+1}$$

$$\therefore \quad (t^2+1)Y = (t+1)^2X^2 + 2t$$

$$\therefore \quad (Y-X^2)t^2 - 2(X^2+1)t + (Y-X^2) = 0 \cdots①$$

点 (X, Y) が求める通過領域に属するための条件は，
①を満たす実数 t が存在することである．①の t^2 の係
数が0かどうかで場合分けする．

1° $Y-X^2=0$ のとき．①は実数解 $t=0$ を持つ．

2° $Y-X^2 \neq 0$ のとき．上の条件は，①の判別式を D と
すると，

$$D/4 = (X^2+1)^2 - (Y-X^2)^2 \geqq 0$$

$$\therefore \quad \{(X^2+1)+(Y-X^2)\}\{(X^2+1)-(Y-X^2)\} \geqq 0$$

$$\therefore \quad (1+Y)(2X^2+1-Y) \geqq 0$$

$$\therefore \quad (Y+1)(Y-2X^2-1) \leqq 0$$

$$\therefore \quad -1 \leqq Y \leqq 2X^2+1 \cdots\cdots②$$

$Y=X^2$ は②を満たすから，
求める領域は

$$-1 \leqq y \leqq 2x^2+1$$

であり，右図の網目部（境界
を含む）である．

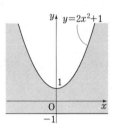

⑯ （1）は，頂点の座標を t で表して t を消去する．
（2）は，例題と同様に処理しよう．

解 $C : y = x^2+tx+t^2 \cdots\cdots\cdots①, \quad t \geqq 0$

（1） ①は，$y = \left(x+\dfrac{t}{2}\right)^2 + \dfrac{3}{4}t^2$ と変形できるから，C
の頂点を (X, Y) とすると，

$$X = -\frac{t}{2}, \quad Y = \frac{3}{4}t^2$$

$t \geqq 0$ により $X \leqq 0$ であり，
$t = -2X$ であるから，

$$Y = \frac{3}{4}(-2X)^2 = 3X^2$$

よって，頂点の軌跡は

$$y = 3x^2, \quad x \leqq 0$$

であり，右図の太線部．

（2） t を $t \geqq 0$ で動かすときの①の通過範囲を求めれ
ばよい．x を X に固定し，t を $t \geqq 0$ で動かすときの y の
範囲を求める．①により，

$$y = t^2+Xt+X^2 = \left(t+\frac{X}{2}\right)^2 + \frac{3}{4}X^2 \cdots\cdots\cdots②$$

$1°$　$-\dfrac{X}{2}\geqq0$，つまり $X\leqq0$ のとき，②は $t=-\dfrac{X}{2}$ のと

き最小．y の範囲は，$y\geqq\dfrac{3}{4}X^2$

$2°$　$-\dfrac{X}{2}\leqq0$，つまり $X\geqq0$ のとき，②は $t=0$ のとき最

小．y の範囲は，$y\geqq X^2$（②の中辺に代入）

以上により，求める通過範囲は，

$x\leqq0$ のとき $y\geqq\dfrac{3}{4}x^2$

$x\geqq0$ のとき $y\geqq x^2$

であり，右図の網目部（境界を含む）．

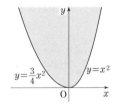

17　D（三角形）のどの頂点で最大・最小となるのか，いろいろな図を描いて考えよう．

解　$x\geqq0$，$y\geqq0$，$y\geqq-x+6$，$y\leqq-2x+8$ の表す領域 D を図示する．

$y=-x+6$ …………① と，$y=-2x+8$ …………②

の交点を求めると $(2,\ 4)$

領域 D は右図の網目部（境界を含む）である．

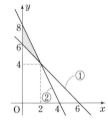

$y+ax$ が V という値を取り得る条件は，直線 $y+ax=V$ ……③ が D と共有点をもつことである．③ の y 切片は V，傾きは $-a$ である．

傾きが一定な直線③を D と共有点をもつように動かすとき，y 切片 V が最小・最大となるのは，D（三角形）の3頂点のいずれかを通るときである．

傾き $-a$ が小さい方から考えて，最小の V と最大の V を与える③を図示すると，次の3タイプになる．

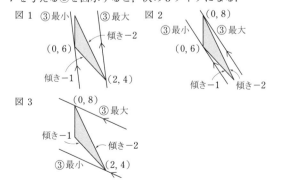

$-a\leqq-2$ のとき図1になる．

$a\geqq2$ のとき，V は③が $(0,\ 6)$ を通るとき**最小値6**をとり，$(2,\ 4)$ を通るとき**最大値 $4+2a$** をとる．

$-2\leqq-a\leqq-1$ のとき図2になる．

$1\leqq a\leqq2$ のとき，V は③が $(0,\ 6)$ を通るとき**最小値6**をとり，$(0,\ 8)$ を通るとき**最大値8**をとる．

$-1\leqq-a$ のとき図3になる．

$a\leqq1$ のとき，V は③が $(2,\ 4)$ を通るとき**最小値 $4+2a$** をとり，$(0,\ 8)$ を通るとき**最大値8**をとる．

⇨**注**　最小と最大を分けて考えてもよい．

最小となるのは，$(0,\ 6)$ か $(2,\ 4)$ を通るときで，傾き $-a$ と -1 の大小で場合が分かれる．

$-a\leqq-1(\Longleftrightarrow a\geqq1)$ の場合，$(0,\ 6)$ を通るとき最小値をとる．$a\leqq1$ の場合は，$(2,\ 4)$ を通るとき最小値をとる．

最大となるのは，$(0,\ 8)$ か $(2,\ 4)$ を通るときで，傾き $-a$ と -2 の大小で場合が分かれる（以下省略）．

18　例題と同様に処理できる．

解　$D:2x-y\geqq0$，$y\geqq0$，$x^2+y^2\leqq5$

（1）　$y=2x$ と $x^2+y^2=5$ の交点（$y\geqq0$）を求める．これらを連立し，$5x^2=5$ よって，$(1,\ 2)$ である．

領域 D は右図の網目部（境界を含む）である．

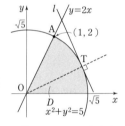

$2x+y$ が k という値を取り得る条件は，直線 $2x+y=k$ ……① が D と共有点をもつことである．① の y 切片は k，傾きは -2 である．直線①を D と共有点をもつように動かすとき，k が最大となるのは，①が D の境界線の円弧と接するときである．そのときの①を l，接点を T とする（上図）．OT は①（傾き -2）に垂直であるから，OT の傾きは $\dfrac{1}{2}$．OT の式は $y=\dfrac{1}{2}x(\Longleftrightarrow x=2y)$ であり，$x^2+y^2=5$ との交点 T は $T(2,\ 1)$ である．

よって，①が $T(2,\ 1)$ を通るとき，$k=2x+y$ は最大値 $2\cdot2+1=5$ をとる．

（2）　直線 $ax+y=n$ ……② を D と共有点をもつように動かす．このとき直線②が右図の $A(1,\ 2)$ を通るとき，y 切片 n が最大となるような a の範囲を求めればよい．

それは，②の傾き $-a$ について，

A での接線の傾き≦②の傾き≦OAの傾き（☞注）

となるときである．A での接線は OA に垂直なので

$$-\frac{1}{2} \leqq -a \leqq 2 \qquad \therefore \quad -2 \leqq a \leqq \frac{1}{2}$$

⇒注 $-a < -\frac{1}{2}$ のときは，②が A より右側で円に接するとき最大，$-a > 2$ のときは，②が O を通るとき最大となる．

㊙ （ア）（1） $x^2+y^2=\mathrm{OP}^2$ に着目する．

（2）（3） $=k$ とおいて処理する．

（イ）（2）では，

$$x^2+y^2+4x+2y=(x-\square)^2+(y-\square)^2+\square$$

の形にして，図形的な意味を考える．

解 （ア） $(x-6)^2+(y-4)^2 \leqq 4$

の表す領域を D とする．D の境界線は半径 2，中心 A$(6,4)$ の円 C である．D は右図の網目部分（境界を含む）である．

P(x,y) が D を動く．

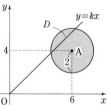

（1） $x^2+y^2=\mathrm{OP}^2$ である．

直線 OA と C との交点のうち，O から遠い方を P$_1$ とすると，OP は P＝P$_1$ のとき最大となり，

$$\mathrm{OP}_1=\mathrm{OA}+\mathrm{AP}_1=2\sqrt{13}+2=2(\sqrt{13}+1)$$

よって，$x^2+y^2=\mathrm{OP}^2$ の最大値は

$$\mathrm{OP}_1{}^2=4(\sqrt{13}+1)^2=4(14+2\sqrt{13})=\mathbf{56+8\sqrt{13}}$$

（2） $\dfrac{y}{x}$ が k という値を取り得る条件は，$\dfrac{y}{x}=k$ を満たす点 (x,y) が D 上にあることである．D 上の点は $x \neq 0$ を満たすことに注意すると，これは，

直線 $y=kx$ が D と
共有点をもつこと

と同値である．この条件は，中心 A と直線 $kx-y=0$ の距離が半径 2 以下であること．

よって，

$$\frac{|6k-4|}{\sqrt{k^2+1}} \leqq 2 \qquad \therefore \quad |3k-2| \leqq \sqrt{k^2+1}$$

両辺 0 以上であるから 2 乗しても同値で，

$$9k^2-12k+4 \leqq k^2+1$$

$$\therefore \quad 8k^2-12k+3 \leqq 0$$

$$\therefore \quad \frac{6-\sqrt{12}}{8} \leqq k \leqq \frac{6+\sqrt{12}}{8}$$

したがって，k の最小値は，$\dfrac{6-\sqrt{12}}{8}=\dfrac{\mathbf{3-\sqrt{3}}}{\mathbf{4}}$

（3） $x+y$ が n という値を取り得る条件は，

直線 $x+y=n$ が D と共有点をもつこと

と同値である．（2）と同様にして，この条件は，

$$\frac{|6+4-n|}{\sqrt{1^2+1^2}} \leqq 2 \qquad \therefore \quad |n-10| \leqq 2\sqrt{2}$$

両辺 0 以上であるから 2 乗しても同値で，

$$n^2-20n+100 \leqq 8$$

$$\therefore \quad n^2-20n+92 \leqq 0$$

$$\therefore \quad 10-\sqrt{8} \leqq n \leqq 10+\sqrt{8}$$

したがって，n の最大値は，$10+\sqrt{8}=\mathbf{10+2\sqrt{2}}$

（イ）（1）

$$D : \begin{cases} x \geqq 0, \ y \geqq 0, \\ x+4y \leqq 10, \\ 6x+y \leqq 14 \end{cases}$$

は右図網目部（境界を含む）．

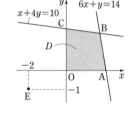

$x+4y=10$ と $6x+y=14$

の交点は［$y=14-6x$ を前者に代入すると $46-23x=0$ となるから］$(2,2)$．よって，D の頂点の座標は，

O$(\mathbf{0,0})$，A$\left(\dfrac{\mathbf{7}}{\mathbf{3}}, \mathbf{0}\right)$，B$(\mathbf{2,2})$，C$\left(\mathbf{0}, \dfrac{\mathbf{5}}{\mathbf{2}}\right)$

（2） $x^2+y^2+4x+2y=(x+2)^2+(y+1)^2-5$ ……①

P(x,y)，E$(-2,-1)$ とおくと，①＝EP^2－5

よって，①が最大となるのは，P が A，B，C のいずれかにあるときである．

P＝A のとき，①＝$\left(\dfrac{13}{3}\right)^2+1-5=\dfrac{169}{9}-4=\dfrac{133}{9}$

P＝B のとき，①＝$4^2+3^2-5=20$

P＝C のとき，①＝$2^2+\left(\dfrac{7}{2}\right)^2-5=\dfrac{49}{4}-1=\dfrac{45}{4}$

したがって，求める最大値は **20**

ミニ講座・4
正領域・負領域

例えば，$2x-y+1>0$ が表す領域 D ……………①
は，$y<2x+1$ により，直線 $y=2x+1$ の下側を表すこと
が分かりますが，以下で説明する「正領域・負領域」の
考え方を使ってとらえることもできます．

> **正領域・負領域**
>
> 曲線（直線を含む）$f(x, y)=0$ が座標平面を 2
> つの領域に分け $f(x, y)$ が正，負の値をとるとき，
> その 2 つの領域は，$f(x, y)>0$ と $f(x, y)<0$
> で表される．例えば，
>> $f(0, 0)>0$ ならば，$f(x, y)>0$ は原点 O が入
>> っている方の領域である．

これを使って，①の領域 D をとらえてみましょう．
$f(x, y)=2x-y+1$ とおくと，$f(x, y)=0$ は直線
を表します．いま，$f(0, 0)=1>0$ なので，
$f(x, y)>0$ が表す領域 D は，この直線に関して原点
O を含む方の領域と分かります．
次のような活用法があります．
[例] 直線 $l : ax+by+c=0$ に関して，2 点
A(x_1, y_1)，B(x_2, y_2) が反対側にある条件は，
$f(x, y)=ax+by+c$ とおくと，
$$f(x_1, y_1) \cdot f(x_2, y_2)<0$$

ここからがメインの話題です．

> $(y-2x-10)(y+x+5)\leqq0$ の表す領域 ………②

このように，積の形で表される領域のとらえ方を考えて
みましょう．
$f(x, y)=(y-2x-10)(y+x+5)$
とおくと，$f(x, y)=0$ は，
　直線 $y-2x-10=0$
と直線 $y+x+5=0$
の 2 直線を表し，これによっ
て座標平面は右図の 4 つの部
分 $A \sim D$ に分けられます．
　ここで，隣り合う 2 つの領
域 A，B 内の点についての

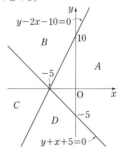

$f(x, y)$ の符号を考察してみましょう．
　A，B は，直線 $y+x+5=0$ に関して同じ側にありま
すが，直線 $y-2x-10=0$ に関しては反対側にあります．
よって，A，B について，$y+x+5$ の符号は等しいです
が，$y-2x-10$ の符号は反対で，$f(x, y)$ の符号も反
対になります．
　このように，

> 境界線を越えるごとに，
> $y-2x-10$ か $y+x+5$ のどちらか一方の
> 正負が反対になり，
> $f(x, y)$ の符号も反対になる

☆

ことが分かります（☞注）．
　いま，境界線上にない点で座標の値が簡単なもの，
　　例えば原点 O をとり，$f(x, y)$ の値を計算
すると，$f(0, 0)=-50<0$ です．
　これと☆により，$f(x, y)$ の符号は（O は領域 A に
入っていることに注意し），
　　A…負，B…正，
　　C…負，D…正
となります．
　したがって，②の表す領域
は，A と C の部分と境界の 2
直線（右図網目部）であるこ
とが分かります．

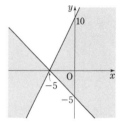

　➡**注** $x^2(x+y)>0$ のような場合は，境界線 $x=0$（y
軸）を越えても $f(x, y)$ の「正負は変わらない」ので
注意．（$x^2(x+y)>0$ が表す領域は，$y>-x$ のうち y
軸を除いた部分です．）

さて，1 つ練習しておきましょう．

> $(x-2y+1)(y-x^2)(x^2+y^2-1)<0$ …………③

が表す領域を図示してみましょう．
　境界線は，
　　直線 $x-2y+1=0$
　　放物線 $y=x^2$
　　円 $x^2+y^2=1$
です．
　③の左辺を $f(x, y)$ とお
き，境界線上にない点として
$(0, 2)$ をとると，$f(0, 2)=-3\cdot2\cdot3<0$ なので，
$(0, 2)$ が入っている領域が OK で，境界線を越えるご
とに OK とダメが入れ替わり，上図の網目部（境界を含
まない）が答えです．
　このように，答えは"市松模様"になります．

109

微分法とその応用

微分法とその応用
要点の整理

1. 極限と微分係数

1・1　関数の極限

x が a と異なる値をとりながら a に限りなく近づくにつれ，$f(x)$ の値が一定値 α に限りなく近づくとき

$$\lim_{x\to a}f(x)=\alpha \quad や \quad x\to a のとき f(x)\to\alpha$$

等と書き，α を $x\to a$ のときの $f(x)$ の極限値という.

1・2　微分係数

$\displaystyle\lim_{h\to 0}\frac{f(a+h)-f(a)}{h}$ の値が存在するとき，この極限値を $x=a$ における微分係数といい，$f'(a)$ で表す.

2. 知っておきたい微分の公式

次の（ⅰ）（ⅱ）は，本来は数Ⅲで習う公式であるが，数Ⅱの微分の問題を解くときにも有用である. なお，$f'(x)$ を，$f(x)$ の導関数という.

（ⅰ）　積の微分

$$(f(x)g(x))'=f'(x)g(x)+f(x)g'(x)$$

（ex）　$(x^2+2)(3x-1)$ の導関数は，

$$2x\cdot(3x-1)+(x^2+2)\cdot 3$$

$$(f(x)=x^2+2,\ g(x)=3x-1 とした)$$

（ⅱ）　（**1次式**）^{n} の微分（n は自然数）

$$\{(x+b)^n\}'=n(x+b)^{n-1}$$

これは，$y=x^n$ を x 軸方向に $-b$ だけ平行移動したグラフについての微分だと考えれば，感覚的にも納得がいくだろう. なお，x の係数が 1 でない一般の場合は，

$$\{(ax+b)^n\}'=n(ax+b)^{n-1}\cdot a$$

3. 増減，極大・極小

3・1　関数の増減

ある区間において，

$f'(x)>0$ ならば，$f(x)$ はその区間において増加，

$f'(x)<0$ ならば，$f(x)$ はその区間において減少

（$f'(x)\geqq 0$ であっても $f'(x)=0$ となる x が点在しているにすぎない場合は，$f(x)$ は増加. $f'(x)\leqq 0$ についても同様）

3・2　関数の極値

x の範囲を a の前後で十分近くに限定すれば

$$f(a)>f(x)\ (x\neq a)$$

が成り立つとき，$x=a$ で $f(x)$ は極大であるといい，$f(a)$ を極大値という. 極小，極小値も同様で，極大値と極小値を合わせて極値という.

たとえば，$f(x)=|x|(x-1)$ は $x=0$ で微分可能ではないが極大である.

4. 2曲線が接する条件

2曲線 $y=f(x)$，$y=g(x)$ が点 A で接するとは，

$$\left.\begin{array}{l}2曲線が点 A を通り，点 A における\\2曲線の接線が一致する\end{array}\right\}\cdots\cdots①$$

ことである.

すなわち，点 A の x 座標を α とすると，①の条件は，

$$\boldsymbol{f(\alpha)=g(\alpha)}\ \ かつ\ \ \boldsymbol{f'(\alpha)=g'(\alpha)}\cdots\cdots\cdots②$$

と書ける. 特に，$f(x)$，$g(x)$ が多項式のときは，

②$\iff f(x)-g(x)$ は $(x-\alpha)^2$ で割り切れる.

$\quad\iff f(x)-g(x)=0$ は $x=\alpha$ を重解に持つ.

と言い換えることができる. [☞ p.132]

接する2曲線が与えられた問題では，

$f(x)-g(x)=(x-\alpha)^2Q(x)$ とおくのが定石である.

特に，$g(x)=0$ のとき，すなわち $y=g(x)$ が x 軸を表すときは，

$f(x)$ が $(x-\alpha)^2$ で割り切れる.

$\iff y=f(x)$ は，$x=\alpha$ で x 軸に接する.

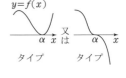

このとき，グラフは右のようになる.

5. 3次関数の描き方

3次関数のグラフの概形をつかむには，

（ⅰ）　3次の係数の正負

（ⅱ）　極値の有無

の2つを調べる.

具体的な関数 $y=ax^3+bx^2+cx+d$ について言えば，

（ⅰ）　a の正負を調べる.

（ⅱ）　$y'=3ax^2+2bx+c\cdots\cdots③$　なので，極値を持つか持たないかは，③$=0$ の判別式 $D/4=b^2-3ac$ の符号を調べると分かる.

a, D の値によって描き分けると，

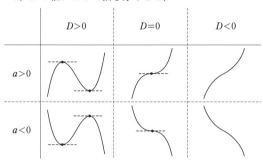

	$D>0$	$D=0$	$D<0$
$a>0$			
$a<0$			

このようにして概形をつかんだあと，必要に応じて，
（ⅲ）　極値
（ⅳ）　x 切片 …… $ax^3+bx^2+cx+d=0$ の解
（ⅴ）　y 切片 …… d
などを描き込んでいく．

　入試で扱われる 3 次関数は，$D>0$ の場合がほとんど
で，$D\leqq0$ の場合はあまり出ない．

6. 3次関数の形

$f(x)=ax^3+bx^2+cx+d$
$(a\neq0)$ とおく．$y=f(x)$ のグ
ラフは，$(\alpha,\ f(\alpha))$
$\left(\text{ここで，}\alpha=-\dfrac{b}{3a}\text{ とした}\right)$
を中心として，点対称な図形で
ある（図1）．[☞ p.130]

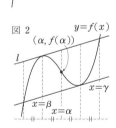

図 1

　この 3 次関数のグラフの
$(\beta,\ f(\beta))$ での接線 l を考える．
l が $y=f(x)$ と交わる点を
$(\gamma,\ f(\gamma))$ とすると，α, β, γ
には，
$(\alpha-\beta):(\gamma-\alpha)=1:2$ ……☆
という関係がある．傾き $f'(\beta)$

図 2

となる接線をもう一本引くと，図 2 のようになる．
[☆は p.131 の定理 2 と同様にして示せる]

7. 3次方程式の実数解の個数

　$f(x)$ を 3 次式とする．$y=f(x)$ が，$x=\alpha$, $x=\beta$ で
極値を持つとき，$f(x)=0$ の異なる実数解の個数は，
$y=f(x)$ のグラフと x 軸の共有点を考えて，
　　$f(\alpha)f(\beta)>0$ のとき，1 個
　　$f(\alpha)f(\beta)=0$ のとき，2 個
　　$f(\alpha)f(\beta)<0$ のとき，3 個
である．

x 軸との共有点の個数だけを知りたいので，α, β のど
ちらで極大になるか，3 次の係数が正か負か，を気にし
なくてよい．上のようにすっきりと場合分けできる．

8. 接線の式

　$y=f(x)$ の $(t,\ f(t))$ での接線は，
　　　$y=f'(t)(x-t)+f(t)$ ………………………④
と書ける．

　点 $(a,\ b)$ から，$y=f(x)$ に引いた接線の方程式を求
めるには，$y=f(x)$ の接線のうちで，$(a,\ b)$ を通るも
のを求めればよいのだから，④で $x=a$，$y=b$ を代入し
た式　　　$b=f'(t)(a-t)+f(t)$ ………………………⑤
を満たす t を求めればよい．⑤が，例えば 3 個の実数解
$t=\alpha$, β, γ を持つとすると，
　　　$y=f'(\alpha)(x-\alpha)+f(\alpha)$
などが求める接線の式で，これらが異なれば点 $(a,\ b)$
から 3 本の接線が引けることになる．

9. 接線の本数

　"$(a,\ b)$ から，$y=f(x)$ に何本の接線が引けるか？"
を考えるときは，⑤を t の方程式と見て，実数解の個数
を調べる（○9 を参照）．⑤を変形した式
　　　$f'(t)(a-t)+f(t)-b=0$
の実数解の個数を調べるには，左辺を $g(t)$ とおいて，
$y=g(t)$ のグラフと t 軸の共有点の個数を調べる．グラ
フを描くために微分して，
　　$g'(t)=f''(t)(a-t)+f'(t)(-1)+f'(t)$
　　　　　$=f''(t)(a-t)$
（ここで，$f''(t)$ は $f(t)$ を 2 回微分した関数）

　これから，$g'(t)=0$ となる t は，$f''(t)=0$ の解か，
$t=a$ である．t がこのような値をとるときの $g(t)$ の符
号を調べ，グラフを描くと，共有点の個数がわかる．

　以下，$f(x)$ が 3 次式の場合を考える．$f''(t)$ は 1 次
式で，$f''(t)=0$ の解を $t=p$ とする．3 次方程式
$g(t)=0$ の実数解の個数を調べるには，
　　　$g(p)g(a)$
　　　$=\{f'(p)(a-p)+f(p)-b\}(f(a)-b)$ …⑥
の符号を調べればよい．p は
3 次関数のグラフの対称の中
心の x 座標を表しているので，
$\underline{\qquad}=0$ は，ここでの接線の
方程式を表している．⑥の正
負を考えると，引ける接線の
本数は右図のようにまとめら
れる．

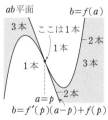

◈ 1 極限・微分係数の定義

（ア）3次関数 $f(x)=ax^3+bx^2+cx+d$ が，$\displaystyle\lim_{x\to 1}\frac{f(x)}{x^2-1}=4$，$\displaystyle\lim_{x\to -1}\frac{f(x)}{x^2-1}=2$ を満たすとき，定数 a，b，c，d の値は，$a=\boxed{}$，$b=\boxed{}$，$c=\boxed{}$，$d=\boxed{}$ である．　（同志社大・理系）

（イ）導関数の定義に従って，$f(x)=x^5$ の導関数を求めよ．　（岡山理科大・獣医）

極限があるとき $\displaystyle\lim_{x\to a}\frac{f(x)}{x-a}$ の値が存在するとき，$f(a)=0$ となる．なぜなら，x が a に近づくとき，$\dfrac{f(x)}{x-a}$ の分母が 0 に近づくが，$f(x)$ が 0 以外の値に近づくと，$\dfrac{f(x)}{x-a}$ の絶対値がいくらでも大きくなり有限の値に定まらないからである．特に $f(x)$ が多項式のとき，因数定理と合わせて，多項式 $f(x)$ は $(x-a)$ で割り切れることがわかる．

導関数の定義に従って求めよといわれたら $\displaystyle f'(x)=\lim_{h\to 0}\frac{f(x+h)-f(x)}{h}$ として計算する．

▦ 解 答 ▦

（ア）$f(x)$ は多項式なので，

$\displaystyle\lim_{x\to 1}\frac{f(x)}{(x+1)(x-1)}=4$ より，<u>$f(x)$ は $(x-1)$ で割り切れ</u>，

$\displaystyle\lim_{x\to -1}\frac{f(x)}{(x+1)(x-1)}=2$ より，$f(x)$ は $(x+1)$ で割り切れる．

⇦ $x\to 1$ のとき分母が 0 に近づくので，分子も 0 に近づかなければならない．$f(1)=0$．因数定理より，$(x-1)$ で割り切れる．

よって，多項式 $f(x)$ は $(x+1)(x-1)=x^2-1$ で割り切れる．$f(x)$ を x^2-1 で割った商を $(Ax+B)$ とすると，$f(x)=(Ax+B)(x^2-1)$ とおける．

⇦ 3次式を2次式で割るので，商は1次式

$\displaystyle\lim_{x\to 1}\frac{f(x)}{x^2-1}=\lim_{x\to 1}\frac{(Ax+B)(x^2-1)}{x^2-1}=\lim_{x\to 1}(Ax+B)=A+B$

$\displaystyle\lim_{x\to -1}\frac{f(x)}{x^2-1}=\lim_{x\to -1}\frac{(Ax+B)(x^2-1)}{x^2-1}=\lim_{x\to -1}(Ax+B)=-A+B$

条件より，$A+B=4$，$-A+B=2$　これを解いて，$A=1$，$B=3$

よって $f(x)=(x+3)(x^2-1)=x^3+3x^2-x-3$

答えは，**$a=1$，$b=3$，$c=-1$，$d=-3$**

（イ）$(x+h)^5=x^5+{}_5C_1x^4h+{}_5C_2x^3h^2+{}_5C_3x^2h^3+{}_5C_4xh^4+h^5$

であるから，$f(x)=x^5$ のとき，

$\displaystyle f'(x)=\lim_{h\to 0}\frac{f(x+h)-f(x)}{h}=\lim_{h\to 0}\frac{(x+h)^5-x^5}{h}$

$\displaystyle =\lim_{h\to 0}(5x^4+{}_5C_2x^3h+{}_5C_3x^2h^2+5xh^3+h^4)$

$=\boldsymbol{5x^4}$

⇦ 左では，$(x+h)^5$ を展開した項をすべて書いたが，h について2次以上の項は極限を計算するとその極限値が 0 になる項である．そこで，

$(x+h)^5$ を
x^5+5x^4h
　$+(h$ の2次以上の項）
と展開すれば用は足りる．

○ 1 演習題（解答は p.125）

関数 $f(x)=ax^3+bx^2+cx+d$ が $x=1$ で極値 7 をとり，$f(2)=0$ で，$\displaystyle\lim_{x\to 2}\frac{f(x)}{x^2-3x+2}=6$ を満たす．このとき，定数 a，b，c，d を求めよ．　（倉敷芸術科学大）

> $f(x)$ が $x-2$ で割り切れることを用いる．

◆ **2 極値を求める／次数下げ**

> 3 次関数 $y=-x^3+6x^2-x+1$ の区間 $-1\leqq x\leqq 3$ での最小値，最大値を求めよ.
>
> （日本女子大・家政）

無理数の代入は次数の低い式で 例えば，3 次関数 $f(x)$ の極値を求めることを考えよう.

$f'(x)=0$ を満たす x の値が，α, β のとき，$f(\alpha)$, $f(\beta)$ を求めればよいが，α, β が無理数のときには計算が煩雑になる. そこで，p.14 の例題7（ア）で扱った「次数下げ」の手法を用いる.

$f(x)$ を $f'(x)$ で割って，商が $Q(x)$，余りが $R(x)$ のとき，$f(x)=f'(x)Q(x)+R(x)$ とかける. この式に α, β を代入すると，$f'(\alpha)=f'(\beta)=0$ なので，結局 $f(\alpha)=R(\alpha)$, $f(\beta)=R(\beta)$ となる. $f(x)$ が 3 次式，$f'(x)$ が 2 次式なので，余りの $R(x)$ は 1 次（以下の）式であり，3 次式の $f(x)$ に $x=\alpha$, β を代入するより計算が楽である. 代入する式を，3 次式より低い 1 次式に置き換えているので，この手法を**次数下げ**という.

▤ 解 答 ▤

$f(x)=-x^3+6x^2-x+1$ とおく. 導関数は $f'(x)=-3x^2+12x-1$ である.

$f(x)$ が極値をとるときの x の値は，

$$f'(x)=0 \text{ を解いて，} x=\frac{6\pm\sqrt{6^2-3\cdot1}}{3}=\frac{6\pm\sqrt{33}}{3}$$

ここで，$\alpha=\dfrac{6-\sqrt{33}}{3}$, $\beta=\dfrac{6+\sqrt{33}}{3}$ とおく.

すると，$0<\alpha=\dfrac{6-\sqrt{33}}{3}<1$, $3<\beta=\dfrac{6+\sqrt{33}}{3}$ なので，

$y=f(x)$ のグラフは右図のようになる.

⇦ $5<\sqrt{33}<6$ なので

⇦ x^3 の係数が負なので，グラフは

$f(x)$ を $f'(x)$ で割ると，商は，$\dfrac{1}{3}x-\dfrac{2}{3}$,

余りは $\dfrac{22}{3}x+\dfrac{1}{3}$（右下参照）なので，

$$f(x)=\left(\frac{1}{3}x-\frac{2}{3}\right)f'(x)+\frac{22}{3}x+\frac{1}{3}$$

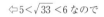

$y=f(x)$

$x=\beta$

$x=-1$ $x=\alpha$ $x=3$

となる. この式の x に α を代入すると，

$$f(\alpha)=\left(\frac{1}{3}\alpha-\frac{2}{3}\right)f'(\alpha)+\frac{22}{3}\alpha+\frac{1}{3}$$

$$=\frac{22}{3}\alpha+\frac{1}{3} \quad (\because\ f'(\alpha)=0)$$

$$=\frac{22}{3}\cdot\frac{6-\sqrt{33}}{3}+\frac{1}{3}=\frac{135-22\sqrt{33}}{9}$$

$$
\begin{array}{r}
\frac{1}{3}\ -\frac{2}{3} \\
-3\ 12\ -1\ )\overline{\ -1\ \ 6\ \ -1\ \ 1} \\
\underline{-1\ \ 4\ -\frac{1}{3}} \\
2\ -\frac{2}{3}\ \ 1 \\
\underline{2\ -8\ \ \frac{2}{3}} \\
\frac{22}{3}\ \ \frac{1}{3}
\end{array}
$$

よって，最小値は，$f(\alpha)=\dfrac{135-22\sqrt{33}}{9}$

最大値は，$f(-1)=9$ と $f(3)=25$ の大きい方で **25**

⇦ $f(x)=-x^3+6x^2-x+1$

◖ **2 演習題**（解答は p.125）

関数 $y=|x^3-6x^2-3x+8|$ が，$-2\leqq x\leqq 5$ で最大となるのは，$x=\boxed{}$ のときで，最大値は $y=\boxed{}$ である.

（慶大・商）

> $y=|f(x)|$ のグラフは，$y=f(x)$ のグラフの x 軸より下の部分を，x 軸に関して折り返してできる図形である.

115

◆ **3** 極値の条件から求める

（ア） 3次関数 $f(x)=2x^3+ax^2+bx+c$ は $x=1$ で極大値 6 をとり，$x=2$ で極小値をとるとする．
このとき，$a=\boxed{}$，$b=\boxed{}$，$c=\boxed{}$ である．また，$f(x)$ の極小値は $\boxed{}$ である．

（大阪産大）

（イ） $f(x)=x^3-3ax^2+3bx$ について，次の問いに答えよ．
（1） $f(x)$ が極値を持つ条件を a, b で表せ．
（2） $f(x)$ の極大値と極小値の差が 4 となるための条件を a, b で表せ．

（鈴鹿医療科学大）

$f'(x)$ を主役にする $f(x)$ が3次関数のとき，$f'(x)$ は2次関数になり，極値をとる x の値が 1, 2 と与えられると，$f'(1)=f'(2)=0$ となるので，$f'(x)$ はほとんど決まってしまう．
$f(x)=2x^3+ax^2+bx+c$ の未知数 a, b, c についての関係式を立てて a, b, c を求めるよりも，$f'(x)$ を求めにいった方が手際よい．

3次関数の極値の差は導関数の定積分で $f'(x)=0$ の解を α, β $(\alpha<\beta)$ とすると
$f'(x)=a(x-\alpha)(x-\beta)$ とおける．また，極値の差は，$f(\alpha)-f(\beta)=\int_{\beta}^{\alpha}f'(x)\,dx$ である．こうとらえると，定積分の公式 $\int_{\alpha}^{\beta}(x-\alpha)(x-\beta)\,dx=-\dfrac{1}{6}(\beta-\alpha)^3$ を用いることができて計算が楽になる．

▤ 解 答 ▤

（ア） $f(x)=2x^3+ax^2+bx+c$ ……① $\quad f'(x)=6x^2+2ax+b$ ……②
$f(x)$ は $x=1, 2$ で極値をとるから，$f'(x)=0$ の解が $x=1, 2$ となり，
$f'(x)$ は，(x−1)，(x−2) で割り切れる．②で2次の係数が6であることから $\quad$ ⇐因数定理
$\qquad f'(x)=6(x-1)(x-2)=6x^2-18x+12$
②より $2a=-18$，$b=12$ $\quad\therefore$ **$a=-9$，$b=12$**
$\qquad f(x)=2x^3-9x^2+12x+c$
$f(1)=6$ より，$2-9+12+c=6$ $\quad\therefore$ **$c=1$**
極小値は，$f(2)=2\cdot2^3-9\cdot2^2+12\cdot2+1=$**5**

（イ）（1） $f'(x)=3(x^2-2ax+b)$ $\quad f'(x)=0$ が相異なる2実解を持つことが条件で，判別式 $D>0$. つまり，**$a^2-b>0$**

（2） $f'(x)=0$ を解いて，$x=a\pm\sqrt{a^2-b}$. $\alpha=a-\sqrt{a^2-b}$, $\beta=a+\sqrt{a^2-b}$
とおくと，$f'(x)$ の x^2 の係数が3であるから，$f'(x)=3(x-\alpha)(x-\beta)$

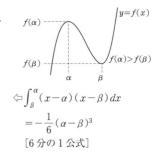

$$f(\alpha)-f(\beta)=\int_{\beta}^{\alpha}f'(x)\,dx=\int_{\beta}^{\alpha}3(x-\alpha)(x-\beta)\,dx=-\frac{3}{6}\cdot(\alpha-\beta)^3$$

⇐$\int_{\beta}^{\alpha}(x-\alpha)(x-\beta)\,dx$

$$=\frac{1}{2}(\beta-\alpha)^3=\frac{1}{2}(2\sqrt{a^2-b})^3=4(\sqrt{a^2-b})^3$$

$=-\dfrac{1}{6}(\alpha-\beta)^3$
［6分の1公式］

極値の差が4であるから，$4(\sqrt{a^2-b})^3=4$ $\quad\therefore$ **$a^2-b=1$**

◐3 演習題 （解答は p.125）

（ア） 関数 $y=x^3+ax^2+bx+c$ が $x=-3$ で極大値 30 をとり，$x=1$ で極小値をとるとき，
$a=\boxed{}$，$b=\boxed{}$，$c=\boxed{}$ であり，極小値は $\boxed{}$ である．（東京工芸大）

（イ） a, b を定数とする3次関数 $f(x)=x^3+ax^2+bx+3$ を考える．
（1） $f(x)$ が極値をもつとき，a, b の満たす条件を求めよ．
（2） （1）のとき，$x=\alpha$ と $x=\beta$ で $f(x)$ は極値をもつとする．ただし，$\alpha<\beta$ である．$\beta-\alpha$ を a と b で表せ．
（3） （1）および（2）のとき，$|f(\alpha)-f(\beta)|$ を a と b で表せ．

（南山大・外国語，経済／一部省略）

> （ア）y' から求める．
> （イ）（3） 6分の1公式以外の方法でも解いてみよう．

116

● 4 $f'(x)$ の入った方程式

等式 $x^2 f'(x) - f(x) = x^3 + ax^2 + bx$ を満たす整式 $f(x)$ は $\boxed{(1)}$ 次式であり，このとき，
$a + b = \boxed{(2)}$ である． (東洋大・理工)

まず次数を決める ここでは誘導で $f(x)$ の次数を問われているが，この誘導がなくても「次数を求められないか」を考えるところである．$f(x) = Ax^n + (n-1$ 次以下の式) とおいて，次数を決定しよう．次数が決まったあとは，各係数を未知数として方程式を立て，具体的に係数を決めていけばよい．

▒ 解 答 ▒

（1） $f(x)$ が n 次式であるとして，
$$f(x) = Ax^n + (n-1 \text{ 次以下の式}) \quad (A \neq 0)$$
とおく．これを微分して，
$$f'(x) = nAx^{n-1} + (n-2 \text{ 次以下の式})$$
となるので，与えられた等式について， ⇦ ($n-1$ 次以下の式) を微分すると，($n-2$ 次以下の式) となる．

（左辺）$= x^2 f'(x) - f(x) = x^2 \{ nAx^{n-1} + (n-2 \text{ 次以下の式}) \}$
$$- \{ Ax^n + (n-1 \text{ 次以下の式}) \}$$
$$= nAx^{n+1} + (n \text{ 次以下の式})$$
⇦ 最高次の項だけを追いかける．

これと（右辺）の $x^3 + ax^2 + bx$ を比べて，
$$n+1 = 3, \ nA = 1 \quad \therefore \quad n = 2, \ A = \frac{1}{2}$$

よって，$f(x)$ は x の **2 次式**である．

（2） $f(x) = \dfrac{1}{2}x^2 + px + q$ とおく．

（左辺）$= x^2 f'(x) - f(x) = x^2(x+p) - \left(\dfrac{1}{2}x^2 + px + q \right)$

$$= x^3 + \left(p - \frac{1}{2} \right)x^2 - px - q$$

これと（右辺）の $x^3 + ax^2 + bx$ の x^2, x の係数を比べて，
$$p - \frac{1}{2} = a, \ -p = b$$

これより p を消去して，$-b - \dfrac{1}{2} = a$ $\quad \therefore \quad \boldsymbol{a + b = -\dfrac{1}{2}}$

―――― ♂ **4 演習題**（解答は p.126）――――

$f(x)$ は定数でない多項式で表される関数とし，すべての実数 x に対して
$\{f'(x)\}^2 + xf(x) + x = 0$ を満たすとする．ただし，$f'(x)$ は $f(x)$ の導関数である．
このとき，$f(x)$ を求めよ． (類 立教大・理)

> $f(x) = ax^n + \cdots$ とおいて，まず次数を決定する．

◆ 5 最大・最小を候補で求める

$a>0$ とする. $f(x)=x(x-3a)^2$ $(0\leqq x\leqq 1)$ の最大値を a の関数とみて $g(a)$ とおく.

（1） $g(a)$ を求め，ab 平面に $b=g(a)$ のグラフの概形を描け.

（2） $g(a)$ の最小値とそれを与える a の値を求めよ.

（関大・総合情報）

最大・最小の候補を比較　閉区間（$\alpha\leqq x\leqq\beta$ の形の区間）で定義された関数 $f(x)$ の最大値・最小値は '区間の端点での値' または '極値' のいずれかである. 極値を与える x の値が定数 a の入った式である場合，式だけで最大最小を考えるよりも，先に最大値（最小値）の候補となる値（'区間の端点での値' と '極値'）のグラフを描いてしまい，それらを比べる方が見通しがよい.

≡ 解 答 ≡

（1） $f(x)=x(x-3a)^2=x^3-6ax^2+9a^2x$

$f'(x)=3x^2-12ax+9a^2=3(x-a)(x-3a)$

$f(a)=4a^3$, $f(3a)=0$ であり，$a>0$ より

$y=f(x)$ のグラフは図1のようになる.

［極大値を与える $x=a$ が $0\leqq x\leqq1$ に入っているかどうかで場合分け］

$0\leqq a\leqq1$ のとき

　最大値は $f(a)(=4a^3)$ と $f(1)(=(1-3a)^2)$ の大きい方（図2）.

$1\leqq a$ のとき

　最大値は $f(1)(=(1-3a)^2)$（図3）

ここで

　$C:b=4a^3$ $(0\leqq a\leqq1)$

　$D:b=(1-3a)^2$

のグラフを描く.

$0<a<1$ での，C，D の交点を求めると，

　$4a^3=(1-3a)^2$

∴ $4a^3-9a^2+6a-1=0$

∴ $(4a-1)(a-1)^2=0$

より，$(1/4, 1/16)$

　$b=g(a)$ のグラフは，図4の太線部であり，

$$g(a)=\begin{cases}4a^3 & 1/4\leqq a\leqq1\\(1-3a)^2 & 0<a\leqq1/4,\ 1\leqq a\end{cases}$$

（2） 図4より，$a=\dfrac{1}{4}$ のとき，最小値 $g\left(\dfrac{1}{4}\right)=\dfrac{1}{16}$ をとる.

図1 $y=f(x)$

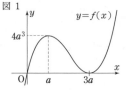

図2

図3

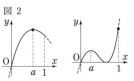

図4

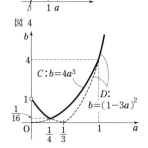

$C:b=4a^3$

$D:b=(1-3a)^2$

⇐積の微分法
　$\{g(x)h(x)\}'$
　$=g'(x)h(x)+g(x)h'(x)$
　を使うと，
　　$f'(x)$
　　$=1\cdot(x-3a)^2+x\cdot2(x-3a)$
　　$=(x-3a)\{(x-3a)+2x\}$
　　$=3(x-3a)(x-a)$

⇐この式は，$f(a)=f(1)$ を変形したものであるから $a=1$ が解であり，$(a-1)$ で割り切れる.

⇐C，D のうち，高い方をたどったものが $b=g(a)$ のグラフ.

─── ○5 演習題（解答は p.126）───

実数 x に対して，$f(x)=-\dfrac{1}{4}x^3+3x$ とおく.

（1） $y=f(x)$ のグラフをかけ.

（2） 実数 s に対して，$f(x)$ の $s-2\leqq x\leqq s$ の範囲における最小値を $h(s)$ とおく. このとき，$t=h(s)$ のグラフをかけ.

（高知大／一部省略）

最小値の候補は，$f(s)$, $f(s-2)$ と極小値.

⬡ 6 実数解の個数／文字定数を分離

（ア） x の 3 次方程式 $x^3-3x^2-9x+27-a=0$ が 3 個の異なる実数解をもつとき，定数 a の範囲は $\boxed{}<a<\boxed{}$ である． （京都産大・理系）

（イ） 実数 a が変化するとき，3 次関数 $y=x^3-4x^2+6x$ と直線 $y=x+a$ のグラフの共有点の個数はどのように変化するか．a の値によって分類せよ． （京都大・文系）

> **解はグラフの交点で** 方程式の実数解（実解）をとらえるには，グラフを利用するとよい．例えば，（ア）の例では，$x^3-3x^2-9x+27-a=0$ の解を $y=x^3-3x^2-9x+27$ ……①，$y=a$ ……② という 2 つのグラフの共有点の x 座標としてとらえる．①，②の共有点の個数が，方程式の実数解の個数になっている．このとらえ方の上手いところは a が動くとき，②は動いても，①が固定されているところにある．
> 　（イ）は，そのままの曲線と直線で考えてもよいが，直線の方を $y=$（定数）の形にすると，直線が x 軸に平行なので，曲線の方のグラフを描くときに求めた極値を用いて場合分けができ，手際がよい．このような手法を**定数分離**という．

▤ 解 答 ▤

（ア）$x^3-3x^2-9x+27-a=0$ の実数解は
$$\begin{cases} C:y=x^3-3x^2-9x+27 \\ D:y=a \end{cases}$$
という 2 つのグラフの共有点の x 座標である．

　C の式を微分すると，
$$y'=3x^2-6x-9=3(x+1)(x-3)$$
$x=-1$, 3 で極値をとり，右図のようになる．

　D が右図の網目部にあるとき，C と D のグラフは 3 つの交点を持つ．答えは **$0<a<32$**

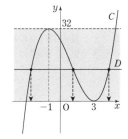

⇦$x=-1$ のとき
　　$y=-1-3+9+27=32$
　$x=3$ のとき
　　$y=27-27-27+27=0$

（イ）$y=x^3-4x^2+6x$, $y=x+a$ を連立させ，
$$x^3-4x^2+6x=x+a \iff \underline{x^3-4x^2+5x=a}$$
なので $\begin{cases} C:y=x^3-4x^2+5x \\ D:y=a \end{cases}$
の共有点の個数を考えればよい．

⇦文字定数 a を分離

　C の式を微分すると，
$$y'=3x^2-8x+5=(x-1)(3x-5)$$
$x=1$, $\dfrac{5}{3}$ で極値をとり，右図のようになる．

　右図で，C と D の共有点の個数は，
$$a<\frac{50}{27}, \ 2<a \text{ のとき，1 個}$$
$$a=\frac{50}{27}, \ 2=a \text{ のとき，2 個}$$
$$\frac{50}{27}<a<2 \text{ のとき，3 個}$$

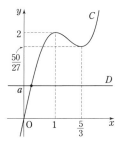

⇦$x=1$ のとき，$y=1-4+5=2$
　$x=\dfrac{5}{3}$ のとき，
$$y=\left(\frac{5}{3}\right)^3-4\left(\frac{5}{3}\right)^2+5\cdot\frac{5}{3}$$
$$=\frac{125}{27}-\frac{100}{9}+\frac{25}{3}$$
$$=\frac{125-300+225}{27}=\frac{50}{27}$$

═══ ⟳ **6 演習題**（解答は p.127）═══

k を実数の定数として，$f(x)=2x^3+x^2-5x+3$, $g(x)=x^4+x^2-(k+1)x+k$ とおく．k の値が変化するとき，曲線 $y=f(x)$ と $y=g(x)$ の共有点の個数を調べなさい．
　　　　　　　　　　　　　　　　　（聖マリアンナ医大）

> $f(x)=g(x)$ から，k が入っている項を分離する．

◆ **7** 実数解の個数／定数項以外に文字定数

> 関数 $f(x)=ax^3-(a+3)x+a+3$ について，次の問いに答えよ．ただし，a は 0 でない実数とする．
> （1） $f(x)$ の導関数を $f'(x)$ とする．x の方程式 $f'(x)=0$ が実数解をもつような a の範囲を求め，またそのときの実数解をすべて求めよ．
> （2） x の方程式 $f(x)=0$ が 3 個の異なる実数解をもつような a の範囲を求めよ．　　　（宮城教大）

$f(\alpha)f(\beta)$ の正負で解の個数がわかる　3 次関数 $y=f(x)$ が，$x=\alpha$，β で極値を持つとき，
$f(\alpha)f(\beta)$ が，正，0，負のどれであるかによって，$f(x)=0$ ……① の解の個数が分かる．
（ⅰ）　$f(\alpha)f(\beta)<0 \iff f(\alpha)$ と $f(\beta)$ は異符号　〔$f(\alpha)f(\beta)<0$ なら，$\alpha \neq \beta$〕
（ⅱ）　$f(\alpha)f(\beta)=0 \iff f(\alpha)=0$ または $f(\beta)=0$
（ⅲ）　$f(\alpha)f(\beta)>0 \iff f(\alpha)$ と $f(\beta)$ は同符号
であることに注意すれば，（ⅰ）〜（ⅲ）のグラフは，（$f(x)$ の x^3 の係数が正とする）

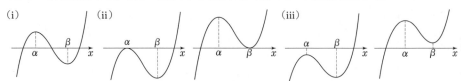

となる．実数解の個数は，グラフと x 軸の共有点の個数なので，①の実数解は，
　　（ⅰ）のとき 3 個　　（ⅱ）のとき 2 個　　（ⅲ）のとき 1 個

▤ 解 答 ▤

（1） $f'(x)=3ax^2-(a+3)$ であり，$a\neq0$，$f'(x)=0$ より，

$x^2=\dfrac{a+3}{3a}$．右辺が非負のとき，$x=\pm\sqrt{\dfrac{a+3}{3a}}\ (=\pm\gamma)$ とおく．

　左辺は，$a>0$ のとき正なので，$0>a>-3$ のときは負，$-3>a$ のときは正となる．

$\dfrac{a+3}{3a}\geqq0$．この左辺は，$a=0$，-3 の前後で符号変化し，$a\leqq-3$，$0<a$ ……① ⇦

（2） ①が成り立たなければならないから，以下①の下で考える．

　　$f(x)=0$ が 3 個の異なる実数解を持つ $\iff \underline{f(\gamma)f(-\gamma)<0}$

⇦ $f(\gamma)f(-\gamma)<0$ ならば，$\gamma\neq-\gamma$ なので，$x=\gamma$，$-\gamma$ で極値を持つ．

$f(x)$ を $f'(x)$ で割ると，商 $\dfrac{1}{3}x$，余り $-\dfrac{2}{3}(a+3)x+a+3$ となるので

$f(x)=\dfrac{1}{3}xf'(x)-\dfrac{2}{3}(a+3)x+a+3$．これに $x=\gamma$ を代入して，

⇦ p.14 で紹介した「次数下げ」

$f(\gamma)=\dfrac{1}{3}\gamma f'(\gamma)-\dfrac{2}{3}(a+3)\gamma+a+3=\left(-\dfrac{2}{3}\gamma+1\right)(a+3)$

⇦ $f'(\gamma)=0$

同様にして，$f(-\gamma)=\left(\dfrac{2}{3}\gamma+1\right)(a+3)$

$f(\gamma)f(-\gamma)=\left(-\dfrac{2}{3}\gamma+1\right)\left(\dfrac{2}{3}\gamma+1\right)(a+3)^2=\left(1-\dfrac{4}{9}\gamma^2\right)(a+3)^2$

$a=-3$ のとき $f(\gamma)f(-\gamma)=0$ で不適であり，$(a+3)^2>0$ に注意すると，

$f(\gamma)f(-\gamma)<0$

$\iff 1-\dfrac{4}{9}\gamma^2<0 \iff 1-\dfrac{4}{9}\cdot\dfrac{a+3}{3a}<0 \iff \dfrac{23a-12}{27a}<0 \iff \boldsymbol{0<a<\dfrac{12}{23}}$ ⇦

=== ⟲**7** 演習題（解答は p.127）===

a は実数とする．3 次方程式 $x^3+3ax^2+3ax+a^3=0$ の異なる実数解の個数は，定数 a の値によってどのように変わるかを調べよ．　　　（横浜市大・理系）

> 極値の積の正負を調べる．

◆ 8 3次方程式の解の範囲

関数 $f(x)=x^3-3x$ について，次の問に答えよ．

（1） x の方程式 $f(x)=a$（a は正の定数）が異なる3つの実数解をもつような a の値の範囲を求めよ．

（2） （1）のとき，異なる3つの実数解を α, β, γ（$\alpha<\beta<\gamma$）とすると，$|\alpha|+|\beta|+|\gamma|$ のとり得る値の範囲を求めよ．

(名城大)

> **解のふるまい** 文字定数が入っている3次方程式の解は，文字定数の変化に伴って変化する．3次方程式の解は，文字定数を用いて表すことは困難なので，解を捉えるにはグラフを活用する．例えば，この問題の場合では，$y=f(x)$ と $y=a$ の交点の x 座標として捉え，a の動きにつれて，解が動く様子を把握する．解の正負もグラフを読み取るとすぐに分かることが多い．

▒ 解 答 ▒

（1） $f(x)=x^3-3x$

$f'(x)=3x^2-3=3(x+1)(x-1)$

$f'(x)=0$ となる x は，$x=-1$, 1 であり，
$y=f(x)$ のグラフは右図のようになる．

$f(x)=a$ の実数解は，$y=f(x)$ のグラフと
$y=a$（$a>0$）のグラフの交点の x 座標である．

$y=f(x)$ と $y=a$ のグラフが異なる3点で交わる a の範囲は，**$0<a<2$**

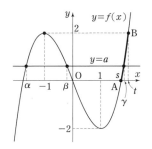

（2） 図より，$\alpha<0$, $\beta<0$, $\gamma>0$ となる．

$$|\alpha|+|\beta|+|\gamma|=-\alpha-\beta+\gamma \quad \cdots\cdots\cdots①$$

ここで，α, β, γ は，$x^3-3x-a=0$ の解なので，<u>解と係数の関係</u>より，

$$\alpha+\beta+\gamma=0 \quad \therefore \quad -\alpha-\beta=\gamma \quad \cdots\cdots②$$

①で②を用いると，

$$|\alpha|+|\beta|+|\gamma|=-\alpha-\beta+\gamma=\gamma+\gamma=2\gamma \quad \cdots\cdots③$$

ここで上図の t は，$f(x)=2$ の解である．$y=f(x)$ と $y=2$ は，$x=-1$ で接するので，$f(x)-2=0$（$x^3-3x-2=0$）の<u>3解は -1, -1, t</u>

よって，解と係数の関係より，$-1-1+t=0$ $\therefore$ $t=2$

$y=f(x)$ と x 軸との交点は，$x^3-3x=0$ $\therefore$ $x(x-\sqrt{3})(x+\sqrt{3})=0$
より $x=0$, $\pm\sqrt{3}$ であり，上図の s は，$s=\sqrt{3}$

a が0から2までを動くと，$y=f(x)$ と $y=a$ の一番右側の交点はAからBまで動くので，その交点の x 座標は，$\sqrt{3}$ から2まで動く．$\sqrt{3}<\gamma<2$

よって③より，**$2\sqrt{3}<|\alpha|+|\beta|+|\gamma|=2\gamma<4$**

⇦ $x^3+bx^2+cx+d=0$ の解が，α, β, γ のとき，
$$\begin{cases} \alpha+\beta+\gamma=-b \\ \alpha\beta+\beta\gamma+\gamma\alpha=c \\ \alpha\beta\gamma=-d \end{cases}$$

⇦ $y=f(x)$ と $y=2$ が $x=-1$ で接する．
 ⟺ $f(x)-2$ が $(x+1)^2$ で割り切れる（☞ p.132）
 ⟺ $f(x)-2=0$ が重解 $x=-1$ を持つ

○ 8 演習題 （解答は p.127）

関数 $f(x)=x^3+\dfrac{3}{2}x^2-6x$ について，

（1） 関数 $f(x)$ の極値をすべて求めよ．

（2） 方程式 $f(x)=a$ が異なる3つの実数解をもつとき，定数 a の取りうる値の範囲を求めよ．

（3） a が（2）で求めた範囲にあるとし，方程式 $f(x)=a$ の3つの実数解を α, β, γ（$\alpha<\beta<\gamma$）とする．$t=(\alpha-\gamma)^2$ とおくとき，t を α, γ, a を用いず β のみの式で表し，t の取りうる値の範囲を求めよ．

(関西学院大・文系)

> （3） $\alpha+\gamma$, $\alpha\gamma$ を β で表す．

◆ **9 接線の本数**

関数 $y = x^3 - 3x$ のグラフについて,

（1） グラフ上の点 $(p,\ p^3 - 3p)$ における接線の方程式を求めよ.

（2） グラフへの接線がちょうど2つ存在するような点を $(a,\ b)$ とする. このとき, $(a,\ b)$ が存在する範囲を図示せよ.

(中央大・商／一部変更)

接線の方程式 曲線 $y = f(x)$ 上の点 $(t,\ f(t))$ における接線の方程式は, 傾き $f'(t)$ で, $(t,\ f(t))$ を通る直線の方程式なので, $y = f'(t)(x-t) + f(t)$

定点を通る接線を求める 定点 $(a,\ b)$ から, 曲線 $y = f(x)$ に引ける接線を求めるには, 曲線 $y = f(x)$ の全ての接線を考え, その中で $(a,\ b)$ を通るものを求めるとよい. 具体的には, 曲線 $y = f(x)$ 上の点 $(t,\ f(t))$ における接線の方程式 $y = f'(t)(x-t) + f(t)$ に $(x,\ y) = (a,\ b)$ を代入して, その式を満たすような t を求める. これが, 接点の x 座標である. 実際に代入すると,

$$b = f'(t)(a-t) + f(t) \cdots\cdots \text{①}$$

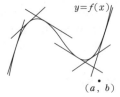

この式は t についての方程式で, 例えば実数解が2個あれば, それらを x 座標とする点において, 点 $(a,\ b)$ を通る接線が2本引ける. $f(x)$ が3次関数の場合, ①の異なる実数解の個数と, 定点 $(a,\ b)$ から曲線 $y = f(x)$ に引ける接線の本数は等しい（解答の後の注参照）.

▨ 解 答 ▨

（1） $C : y = x^3 - 3x$ について, $y' = 3x^2 - 3$ であるから, $x = p$ における接線の方程式は

$$y = (3p^2 - 3)(x - p) + p^3 - 3p \quad \therefore \quad \boldsymbol{y = (3p^2 - 3)x - 2p^3}$$

⇦ $y = f'(p)(x-p) + f(p)$

（2） （1）の接線が $(a,\ b)$ を通るとき,

$$b = (3p^2 - 3)a - 2p^3 \quad \therefore \quad 2p^3 - 3ap^2 + 3a + b = 0 \cdots\cdots\cdots\cdots\cdots \text{①}$$

点 $(a,\ b)$ を通り C への接線がちょうど2つ存在するための条件は, p の3次方程式①の解が $\alpha,\ \alpha,\ \beta$（$\alpha,\ \beta$ は実数で, $\alpha \neq \beta$）となること ……② である（☞注）.

⇦3次関数の場合, 接線と接点が1対1に対応する.

$$f(p) = 2p^3 - 3ap^2 + 3a + b \quad \text{（①の左辺）}$$

とおくと,

$$f'(p) = 6p^2 - 6ap = 6p(p - a)$$

であるから, ②となるのは, 右図より,

$a \neq 0$ かつ「$f(0) = 0$ または $f(a) = 0$」

$\therefore$ $a \neq 0$ かつ「$3a + b = 0$ または $-a^3 + 3a + b = 0$」

のとき.

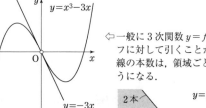

よって, 点 $(a,\ b)$ が存在する範囲は

$x \neq 0$ かつ「$y = -3x$ または $y = x^3 - 3x$」

$x = 0$ における C の接線が $y = -3x$ であることに注意して, これらを図示すると, 右図のようになる（ただし, 白丸は除く）.

➡**注** 3次関数の場合, 接線の本数は①の解の個数に等しいが, 4次関数では, 右図のように, 接線1本に対して接点が2個ある場合があるので,

（接線の本数）＝（解の個数）は一般には成り立たない.

⇦一般に3次関数 $y = f(x)$ のグラフに対して引くことができる接線の本数は, 領域ごとに下図のようになる.

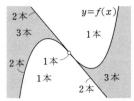

⟲9 演習題（解答は p.128）

曲線 $y = x^4 - 6x^2$ 上の4つの異なる点における接線が, いずれも点 $(\alpha,\ \beta)$ を通るとする. このとき $(\alpha,\ \beta)$ の範囲を求め, 図示せよ. ただし, $\alpha > 0$ とする. (千葉大・理－後)

$(t,\ f(t))$ での接線が $(\alpha,\ \beta)$ を通るとする.

◆ **10 接線・法線**

曲線 $C: y = x^3 - kx$ （k は実数）を考える．C 上に点 $A(a, a^3 - ka)$（$a \neq 0$）をとる．次の問い
に答えよ．
（1） 点 A における C の接線を l_1 とする．l_1 と C の A 以外の交点を B とする．B の x 座標を求
めよ．
（2） 点 B における C の接線を l_2 とする．l_1 と l_2 が直交するとき，a と k がみたす条件を求めよ．
（3） l_1 と l_2 が直交する a が存在するような k の値の範囲を求めよ． （阪大・文系）

$\boxed{\text{接線と法線}}$ 曲線 $y = f(x)$ の接線に，接点で直交する直線を法線という．2 直線 $y = mx + n$，
$y = m'x + n'$ が直交する条件は，$mm' = -1$ だったので，$(t, f(t))$ での法線の傾きは，$f'(t) \neq 0$ のと
き，$-\dfrac{1}{f'(t)}$ である．

法線は $(t, f(t))$ を通り，傾き $-\dfrac{1}{f'(t)}$ の直線なので，$y = -\dfrac{1}{f'(t)}(x - t) + f(t)$ とかける．

▨ 解 答 ▨

（1） $f(x) = x^3 - kx$ のとき，$f'(x) = 3x^2 - k$

l_1 の式は，$y = (3a^2 - k)(x - a) + a^3 - ka$

　　　∴　$y = (3a^2 - k)x - 2a^3$

C と l_1 を連立させて，$x^3 - kx = (3a^2 - k)x - 2a^3$

　　　∴　$x^3 - 3a^2x + 2a^3 = 0$　　∴　$\underline{(x-a)^2(x+2a) = 0}$

よって，$x = a, -2a$ となり，B の x 座標は，$\boldsymbol{-2a}$

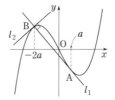

$x = a$ で接するので，この左辺は
$(x-a)^2$ を因数に持ち（p.132）
定数項を考えると，
⇦ $(x-a)^2(x+2a)$ と因数分解で
きる．

（2） l_1 と l_2 が直交 $\iff$ l_1, l_2 の傾きの積が -1 $\iff$ $f'(a)f'(-2a) = -1$

より，$(3a^2 - k)(12a^2 - k) = -1$　　∴　$\boldsymbol{36a^4 - 15ka^2 + k^2 + 1 = 0}$　………①

⇦ $y = mx + n$ と $y = m'x + n'$ が直
交する条件は，$mm' = -1$

（3） $a^2 = X$ とおくと，①は，$36X^2 - 15kX + k^2 + 1 = 0$　………②

a の 4 次方程式①も，X の 2 次方程式②も $\underline{0 \text{ を解として持たない}}$．よって

方程式①が実数解を持つ $\iff$ 方程式②が$\underline{\text{正の解}}$を持つ

⇦ $a = 0$ は①を満たさない．$X = 0$
⇦ は②を満たさない
⇦ $a \neq 0$ のとき，$X(=a^2) > 0$

②の解と係数の関係より，$(2 \text{ 解の積}) = \dfrac{k^2 + 1}{36} > 0$ であり，一方が正であれば，

もう一方の解も正となり，2 解はともに正である．

方程式②が，正の 2 解（重解も含む）を持つ条件は，

（判別式）$\geqq 0$ かつ（2 解の和）> 0

$(15k)^2 - 4 \cdot 36(k^2 + 1) \geqq 0$ かつ $\dfrac{15k}{36} > 0$

⇦ 解と係数の関係

　　　∴　$k^2 \geqq \dfrac{16}{9}$ かつ $k > 0$　　∴　$\boldsymbol{k \geqq \dfrac{4}{3}}$

⟡ **10 演習題**（解答は p.129）

$f(x) = x^3 + ax^2 + bx$（a, b は定数）とする．

（1） $f(x)$ の導関数 $f'(x)$ の最小値を求めよ．

（2） $a^2 - 3b > 0$ とするとき，任意の正の定数 k に対し，方程式 $f'(x) = k$ は実数解を持
つことを示せ．

（3） 曲線 $y = f(x)$ が直交する 2 つの接線を持つための必要十分条件は $a^2 - 3b > 0$ で
あることを示せ． （岩手大・農）

$a^2 - 3b > 0 \implies$
　　　直交 2 接線を持つ
を示すには，$f'(x) = K$
$f'(x) = -\dfrac{1}{K}$ がともに
実数解を持つ K の存在
をいう．

◆ 11 不等式への応用

$a \geqq 0$ である定数 a に対して，$f(x)=2x^3-3(a+1)x^2+6ax+a$ とする．
（1） $f'(x)$ を求めよ．
（2） $a=0$ のとき，$f(x)$ の極値を求め，関数 $y=f(x)$ のグラフをかけ．
（3） $x \geqq 0$ において $f(x) \geqq 0$ となるような a の値の範囲を求めよ． （岡山理科大）

> 常に $h(x) \geqq 0$ となる条件　$f(x) \geqq g(x)$ を示すには，まず左辺に集めて，$f(x)-g(x) \geqq 0$ とする．
> そののち，$h(x)=f(x)-g(x)$ とおいて，$h(x) \geqq 0$ を示すことを目標にする．さらにここで，
> $$h(x) \geqq 0 \iff [h(x) \text{の最小値}] \geqq 0$$
> という言い換えを用いる．これは，$h(x)$ の最小値を m とすれば，$h(x) \geqq m \geqq 0$ となるからである．
> なお，$h(x)$ が最小値を持たないときでも，$h(x) > m' \geqq 0$ となるような m' を探せばよい．

▦ 解 答 ▦

（1） $f'(x)=6x^2-6(a+1)x+6a$
（2） $a=0$ のとき，$f(x)=2x^3-3x^2$
$$f'(x)=6x^2-6x=6x(x-1)$$
なので，極値は
$$f(0)=0, \ f(1)=-1$$
グラフは右図．

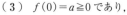

（3） $f(0)=a \geqq 0$ であり，
$$f'(x)=6\{x^2-(a+1)x+a\}=6(x-1)(x-a)$$

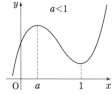 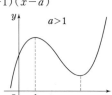

よって，$x \geqq 0$ において $f(x) \geqq 0$ となるための条件は，"$f(1) \geqq 0$ かつ $f(a) \geqq 0$"
である．

$f(1)=4a-1 \geqq 0$ より，$a \geqq \dfrac{1}{4}$ ……………………………①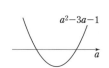

$f(a)=-a^3+3a^2+a \geqq 0$ より，$a(a^2-3a-1) \leqq 0$

これと $a \geqq 0$ より，$0 \leqq a \leqq \dfrac{3+\sqrt{13}}{2}$ ……………②

$\Leftarrow a^2-3a-1=0$ を解くと
$$a=\frac{3\pm\sqrt{3^2+4\cdot1}}{2}=\frac{3\pm\sqrt{13}}{2}$$

①かつ②より，答えは $\dfrac{1}{4} \leqq a \leqq \dfrac{3+\sqrt{13}}{2}$

➡注　例えば $a>1$ の場合，$f(a) \geqq 0$ が成り立てば $f(1) \geqq 0$ も自動的に成り立
つので $f(1) \geqq 0$ は不要だが，$f(1) \geqq 0$ があっても間違いではない．

◖11 演習題 （解答は p.129）

すべての $x \geqq 0$ に対して $x^3-3x^2 \geqq k(3x^2-12x-4)$ が成り立つ定数 k の範囲を求めよ．
（慶大・経）

> 左辺－右辺の最小値の候補がすべて 0 以上である条件を考える．

微分法とその応用
演習題の解答

1…B＊＊○　　**2**…B＊＊　　**3**…A＊B＊＊
4…B＊＊　　**5**…B＊＊　　**6**…B＊＊＊
7…B＊＊＊　　**8**…B＊＊　　**9**…B＊＊＊
10…B＊＊＊　　**11**…B＊＊＊

1 条件を捉えやすいように，$f(x)$ を設定しよう．

解 $f(2)=0$ より因数定理を用いて，$f(x)$ は $(x-2)$ で割り切れる．$f(x)$ の 3 次の係数が a なので，
$$f(x)=(x-2)(ax^2+px+q)$$
とおくことができる．
$$f(x)=a(x^3-2x^2)+p(x^2-2x)+q(x-2) \quad \cdots\cdots ①$$
により，$f'(x)=a(3x^2-4x)+p(2x-2)+q$
$f(1)=7$ より，$-a-p-q=7 \quad \cdots\cdots ②$
$f'(1)=0$ より，$-a+q=0 \quad \cdots\cdots ③$
また，
$$\lim_{x\to 2}\frac{f(x)}{x^2-3x+2}=\lim_{x\to 2}\frac{(x-2)(ax^2+px+q)}{(x-2)(x-1)}$$
$$=\lim_{x\to 2}\frac{ax^2+px+q}{x-1}=4a+2p+q$$
よって，$4a+2p+q=6 \quad \cdots\cdots ④$
③より，$q=a$　②より，$p=-a-q-7=-2a-7$
④に代入して，$4a+2(-2a-7)+a=6$　∴ $a=20$
これから $p=-47$, $q=20$　これらを①に代入して，
$$f(x)=20(x^3-2x^2)-47(x^2-2x)+20(x-2)$$
$$=20x^3-87x^2+114x-40$$
よって，$b=-87$, $c=114$, $d=-40$

2 一般に，
$y=|f(x)|$ のグラフは，
$y=f(x)$ のグラフの x
軸より下の部分を x 軸
に関して折り返したグ
ラフとなる．

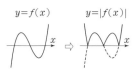

$y=f(x)$ が $x=\alpha$ で負の極小値を取る場合，
$y=|f(x)|$ は $x=\alpha$ で極大値をとる．

解 $f(x)=x^3-6x^2-3x+8$ とおく．
$f'(x)=3x^2-12x-3=3(x^2-4x-1)$
$f'(x)=0$ の解を α, β $(\alpha<\beta)$ とおく．具体的には，

$\alpha=2-\sqrt{5}$, $\beta=2+\sqrt{5}$ である．
求める最大値の候補は，区
間の両端での値 $|f(-2)|$,
$|f(5)|$ と，極値 $|f(\alpha)|$,
$|f(\beta)|$ である．

$$
\begin{array}{r}
 \frac{1}{3} \quad -\frac{2}{3} \\
3 \;\; -12 \;\; -3 \overline{)\; 1 \;\; -6 \;\; -3 \;\; 8} \\
\underline{1 \;\; -4 \;\; -1} \\
-2 \;\; -2 \;\; 8 \\
\underline{-2 \;\; -2 \;\; 8} \\
-10 \;\; 6
\end{array}
$$

ここで，$f(\alpha)$, $f(\beta)$ の値
を求めるのに，次数下げの
手法を用いて計算する．そのため「$f(x)$ 割る $f'(x)$」
を計算する（右上のようになる）．

商は $Q(x)=\dfrac{1}{3}(x-2)$，余りは $R(x)=-10x+6$
となり，　$f(x)=f'(x)Q(x)+R(x)$
x に α を代入して，
$$f(\alpha)=f'(\alpha)Q(\alpha)+R(\alpha)=R(\alpha)$$
$$=-10(2-\sqrt{5})+6=-14+10\sqrt{5}$$
同様に，$f(\beta)=-14-10\sqrt{5}$
$|f(-2)|=18$,　$|f(5)|=32$,　$|f(\alpha)|=-14+10\sqrt{5}$,
$|f(\beta)|=14+10\sqrt{5}=14+22.3\cdots=36.3\cdots$ なので，
$x=\beta=2+\sqrt{5}$ のとき，最大値は $14+10\sqrt{5}$

3 （ア）y' から求めよう．

（イ）（3）α, β を a, b で表すと汚くなるので，とりあえず α, β のままで計算を進めるなどの工夫をしよう．例題（イ）と同様に，"6 分の 1 公式" に結びつけることもできる（☞別解）．

解 （ア）$f(x)=x^3+ax^2+bx+c$ とおくと，
$$f'(x)=3x^2+2ax+b \quad \cdots\cdots\cdots ①$$
$x=-3$, $x=1$ で極値をとるから，$f'(x)=0$ の解が $x=-3$, $x=1$ となり，$f'(x)$ は $(x+3)(x-1)$ で割り切れる．2 次の係数を考え，
$$f'(x)=3(x+3)(x-1)=3x^2+6x-9$$
①より，$2a=6$, $b=-9$　∴ $a=3$, $b=-9$
$f(x)=x^3+3x^2-9x+c$　ここで，$f(-3)=30$ より，
$27+c=30$　∴ $c=3$　　$f(x)=x^3+3x^2-9x+3$
極小値は，$f(1)=-2$

（イ）（1）$f(x)=x^3+ax^2+bx+3$
より，　$f'(x)=3x^2+2ax+b \quad \cdots\cdots\cdots ①$
$f(x)$ が極値を持つための条件は，①$=0$ が異なる 2 実解を持つことなので，$a^2-3b>0$

（2）①$=0$ より，$x=\dfrac{-a\pm\sqrt{a^2-3b}}{3}$
よって，$\alpha=\dfrac{-a-\sqrt{a^2-3b}}{3}$, $\beta=\dfrac{-a+\sqrt{a^2-3b}}{3}$

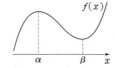

$$\therefore \quad \beta-\alpha=\frac{2\sqrt{a^2-3b}}{3}$$

（3） $f(x)$ は $x=\alpha$ で極大，
$x=\beta$ で極小なので，
$$|f(\alpha)-f(\beta)|=f(\alpha)-f(\beta)$$
$$=\alpha^3-\beta^3+a(\alpha^2-\beta^2)+b(\alpha-\beta)$$
$$=(\alpha-\beta)\{\alpha^2+\alpha\beta+\beta^2+a(\alpha+\beta)+b\}$$
$$=(\alpha-\beta)\{(\alpha+\beta)^2-\alpha\beta+a(\alpha+\beta)+b\}\cdots\cdots②$$

$\alpha+\beta=-\dfrac{2}{3}a,\ \alpha\beta=\dfrac{b}{3}$ ［解と係数］および（2）より，

$$②=-\frac{2\sqrt{a^2-3b}}{3}\left\{\frac{4}{9}a^2-\frac{b}{3}+a\cdot\left(-\frac{2}{3}a\right)+b\right\}$$
$$=-\frac{2\sqrt{a^2-3b}}{3}\cdot\frac{2(-a^2+3b)}{9}=\frac{4}{27}(a^2-3b)^{\frac{3}{2}}$$

別解 $f'(x)=3(x-\alpha)(x-\beta)$ と書けるので，
$$f(\alpha)-f(\beta)=\int_\beta^\alpha f'(x)dx=\int_\beta^\alpha 3(x-\alpha)(x-\beta)dx$$
$$\int_\beta^\alpha (x-\alpha)(x-\beta)dx=-\frac{(\alpha-\beta)^3}{6}=\frac{(\beta-\alpha)^3}{6}\ \text{より}$$
$$f(\alpha)-f(\beta)=\frac{(\beta-\alpha)^3}{2}=\frac{4}{27}(a^2-3b)^{\frac{3}{2}}$$

4 次数を決定してから，係数を決める．

解 $f(x)$ が n 次式であるとして，
$$f(x)=ax^n+(n-1\text{ 次以下})\quad(a\neq0)\text{ とおく．}$$
$$f'(x)=nax^{n-1}+(n-2\text{ 次以下})$$
$$\{f'(x)\}^2=n^2a^2x^{2(n-1)}+(2n-3\text{ 次以下})$$
$$xf(x)=ax^{n+1}+(n\text{ 次以下})$$

$f(x)$ は定数ではないので，$n\geqq1$（ただし $n=1$ のときは〜〜の部分はない）
$$\{f'(x)\}^2=-xf(x)-x\cdots\cdots\cdots\cdots\cdots\cdots①$$
となるためには，$\{f'(x)\}^2$ の次数 $2(n-1)$ と $xf(x)$ の次数 $n+1$ は同じでなければならず，
$$2(n-1)=n+1\quad\therefore\quad n=3$$

あらためて，$f(x)=ax^3+bx^2+cx+d$ とおく．
$\{f'(x)\}^2+xf(x)+x=0$ により，
$$(3ax^2+2bx+c)^2+x(ax^3+bx^2+cx+d)+x=0$$
$$\cdots\cdots②$$

$x=0$ のとき②は，$c^2=0$ $\quad\therefore\quad c=0$

このとき，②の左辺の x の係数は $d+1$ であり，
$d+1=0$ より，$d=-1$

②の左辺の x^4 の係数は $9a^2+a$ であり，
$$9a^2+a=0\quad\therefore\quad a=-\frac{1}{9}\quad(\because\ a\neq0)$$

②の左辺の x^3 の係数は $12ab+b$ であり，

$12ab+b=0\quad\therefore\quad(12a+1)b=0\quad\therefore\quad b=0$

$c=0,\ d=-1,\ a=-\dfrac{1}{9},\ b=0$ のとき，②の左辺の定数項は 0，x^2 の係数は 0 であるから，恒等的に②成立．

よって，$\boldsymbol{f(x)=-\dfrac{1}{9}x^3-1}$

➡注 $x=0$ で成り立つことと，両辺の定数項が一致することは同値である．

5 最小値の候補を挙げたら，グラフを描いて最小値を調べよう．$t=f(s-2)$ のグラフは $t=f(s)$ のグラフを s 軸方向に $+2$ だけ平行移動したものであることに注意．

解 （1） $f(x)=-\dfrac{1}{4}x^3+3x$ のとき，
$$f'(x)=-\frac{3}{4}x^2+3=-\frac{3}{4}(x-2)(x+2)$$
より，増減とグラフは下のようになる．

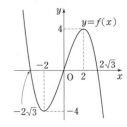

x	$\cdots$	-2	$\cdots$	2	$\cdots$
$f'(x)$	$-$	0	$+$	0	$-$
$f(x)$	$\searrow$		$\nearrow$		$\searrow$

よって，グラフの概形は右図．

（2） 極小値を取る $x=-2$ が $s-2\leqq x\leqq s$ に含まれているとき（すなわち，$s-2\leqq-2\leqq s$ つまり $-2\leqq s\leqq0$ のとき），極小値は -4

最小値の候補は，区間の端の値 $f(s-2)$，$f(s)$，
$$-2\leqq s\leqq0\text{ のときの }-4$$

これらをグラフに描いて，3つのうちの最小を太線で表すと右図のようになる．

右図の α は
$f(s-2)=f(s)$ の大きい方の解である．よって，
$$-\frac{1}{4}(s-2)^3+3(s-2)$$
$$=-\frac{1}{4}s^3+3s$$

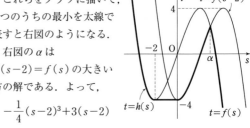

$$\therefore\quad\frac{1}{4}\{s^3-(s-2)^3\}-3\{s-(s-2)\}=0$$
$$\therefore\quad\frac{1}{4}(6s^2-12s+8)-6=0$$
$$\therefore\quad\frac{3}{2}s^2-3s-4=0\quad\therefore\quad3s^2-6s-8=0$$
$$\therefore\quad\alpha=\frac{3+\sqrt{33}}{3}$$

6 連立して作った方程式 $g(x)-f(x)=0$ を k が入っている部分と入っていない部分に定数分離して考える。k が入っている部分は $(x-1)$ を因数として持つので、入っていない部分も $(x-1)$ を持つか試してみると、$(x-1)$ を持つことが分かる。

解 $g(x)-f(x)$

$= x^4+x^2-(k+1)x+k-(2x^3+x^2-5x+3)$

$= x^4-2x^3+4x-3-k(x-1)$

$= (x-1)(x^3-x^2-x+3)-k(x-1)$

$= (x-1)(x^3-x^2-x-k+3)$

よって、$g(x)=f(x)$ のとき、

$x-1=0$ …① または $x^3-x^2-x-k+3=0$ …②

そこで②の解の個数を調べる。②の解は、グラフ $y=x^3-x^2-x+3$ と $y=k$ の交点の x 座標に等しい。$h(x)=x^3-x^2-x+3$ とおくと、

$$h'(x)=3x^2-2x-1=(x-1)(3x+1)$$

$y=h(x)$ のグラフは、右図のようになる。

もともと $x=1$ が解であることに注意すると、共有点の個数は k の範囲によって、以下のようになる。

$k<2$ のとき 2 個

$k=2$ のとき 2 個（①に 1 個、②に 2 個だが $x=1$ が重なっているので）

$2<k<\dfrac{86}{27}$ のとき 4 個、$k=\dfrac{86}{27}$ のとき 3 個、

$\dfrac{86}{27}<k$ **のとき 2 個**

---

7 左辺を $f(x)$ とおいて、初めに $f'(x)$ の符号を調べる。つねに $f'(x)\geqq 0$ のとき、$f(x)$ は増加関数であり、$f(x)$ が増加関数でないとき、$f'(x)=0$ には異なる 2 実解 α, β がある。このときは、$f(\alpha)f(\beta)$ の符号を調べよう。

解 $f(x)=x^3+3ax^2+3ax+a^3$ とおく。

$$f'(x)=3x^2+6ax+3a=3(x^2+2ax+a)$$

$x^2+2ax+a=0$ の判別式を D とおくと、

$$D/4=a^2-a=a(a-1)$$

$D\leqq 0$ $(0\leqq a\leqq 1)$ のとき、つねに $f'(x)\geqq 0$ で $f(x)$ は単調増加であるので、$f(x)=0$ の解は 1 個。

$D>0$ $(a<0, 1<a)$ のとき、$f'(x)=0$ は異なる 2 実解を持つ。これを α, β とする。解と係数の関係から、

$$\alpha+\beta=-2a, \quad \alpha\beta=a \quad\cdots\cdots\cdots\text{①}$$

$f(\alpha)f(\beta)$ を計算するために、$f(x)$ を $f'(x)$ で割り、［余りは、$(2a-2a^2)x+(a^3-a^2)$ となり］

$$f(x)=\frac{1}{3}(x+a)f'(x)+a(1-a)(2x-a)$$

よって、

$f(\alpha)=a(1-a)(2\alpha-a)$, $f(\beta)=a(1-a)(2\beta-a)$

$f(\alpha)f(\beta)=a^2(1-a)^2(2\alpha-a)(2\beta-a)$

$\quad = a^2(1-a)^2\{4\alpha\beta-2(\alpha+\beta)a+a^2\}$

$\quad = a^2(1-a)^2\{4a-2(-2a)a+a^2\}$ $(\because \text{①})$

$\quad = a^2(1-a)^2 a(5a+4)$

$a<0, 1<a$ のとき、$a^2(1-a)^2>0$ なので、$f(\alpha)f(\beta)$ の符号は、$a(5a+4)$ の符号に等しい。

$D>0$ のもとで、$f(x)=0$ の解の個数は、

$f(\alpha)f(\beta)>0$ のとき 1 個、$f(\alpha)f(\beta)=0$ のとき 2 個、$f(\alpha)f(\beta)<0$ のとき 3 個

である。

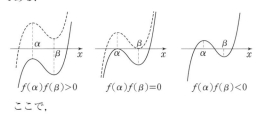

ここで、

$f(\alpha)f(\beta)>0 \iff a(5a+4)>0 \iff a<-\dfrac{4}{5}, 0<a$

$D>0$ のとき、$a<0$ または $1<a$ に注意して、

$a<-\dfrac{4}{5}$ **のとき 1 個、$a=-\dfrac{4}{5}$ のとき 2 個、**

$-\dfrac{4}{5}<a<0$ **のとき 3 個、$0\leqq a$ のとき 1 個**

---

8 （3）$\alpha+\gamma$, $\alpha\gamma$ は β で表せるから、$t=(\alpha-\gamma)^2$ も β で表すことができる。そして、β の動く範囲をグラフから求める。

解 $f(x)=x^3+\dfrac{3}{2}x^2-6x$

（1）$f'(x)=3x^2+3x-6=3(x+2)(x-1)$

より、**極大値は** $f(-2)=-8+6+12=\mathbf{10}$**、極小値は**

$f(1)=1+\dfrac{3}{2}-6=-\dfrac{7}{2}$

（2） $y=f(x)$ と $y=a$ のグラフの共有点が3個となる a の範囲を求めればよく、それは右図から

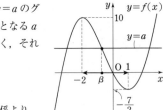

$$-\frac{7}{2}<a<10$$

（3） 解と係数の関係より、

$$\alpha+\beta+\gamma=-\frac{3}{2} \quad\cdots\cdots\cdots\cdots\cdots\text{①}$$

$$\alpha\beta+\beta\gamma+\gamma\alpha=-6 \quad\cdots\cdots\cdots\cdots\text{②}$$

①より $\alpha+\gamma=-\dfrac{3}{2}-\beta$ で、これと②より、

$$\alpha\gamma=-6-\beta(\alpha+\gamma)=-6-\beta\left(-\frac{3}{2}-\beta\right)$$

$$=-6+\frac{3}{2}\beta+\beta^2$$

これらより、

$$t=(\alpha-\gamma)^2=(\alpha+\gamma)^2-4\alpha\gamma$$

$$=\left(-\frac{3}{2}-\beta\right)^2-4\left(-6+\frac{3}{2}\beta+\beta^2\right)$$

$$=-3\beta^2-3\beta+\frac{105}{4}=-3\left(\beta+\frac{1}{2}\right)^2+27$$

グラフより $-2<\beta<1$ なので、t の範囲は、

$$-3-3+\frac{105}{4}<t\leqq27 \quad\therefore\quad \frac{81}{4}<t\leqq27$$

9 $x=t$ での接線の方程式に $(\alpha,\ \beta)$ を代入して作った t の4次方程式 $f(t)=0$ が、異なる4個の実数解を持つ条件を求める。$a>0$ より、$f'(t)=0$ の解のうち最小のものが決定する。

解 $y=x^4-6x^2$ のとき、$y'=4x^3-12x$

$(t,\ t^4-6t^2)$ における曲線の接線は

$$y=(4t^3-12t)(x-t)+t^4-6t^2$$

$$\therefore\quad y=(4t^3-12t)x-3t^4+6t^2 \quad\cdots\cdots\cdots\cdots\text{①}$$

これが $(\alpha,\ \beta)$ を通るとき、$\beta=(4t^3-12t)\alpha-3t^4+6t^2$

$$3t^4-4\alpha t^3-6t^2+12\alpha t+\beta=0 \quad\cdots\cdots\cdots\cdots\text{②}$$

②の4次方程式に異なる実数解が4個ある条件を求めればよい。

$f(t)=3t^4-4\alpha t^3-6t^2+12\alpha t+\beta$ とおくと、

$$f'(t)=12t^3-12\alpha t^2-12t+12\alpha$$

$$=12(t^3-\alpha t^2-t+\alpha)=12(t-\alpha)(t^2-1)$$

$$=12(t-\alpha)(t+1)(t-1)$$

$f(t)=0$ が4個の実数解を持つ条件は、

「$\alpha\neq\pm1$ かつ 極値 $f(\alpha)$, $f(-1)$, $f(1)$ のうち2個が負、1個が正になる」ことである。

$\alpha>0$ より、$\alpha,\ -1,\ 1$ のうち最小は -1 で、$\alpha\neq1\cdots\cdots$③

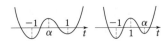

このもとで、$f(t)=0$ が4個の実数解を持つ条件は、

$$f(-1)<0 \text{ かつ } f(1)f(\alpha)<0$$

$$\therefore\quad -8\alpha-3+\beta<0 \text{ かつ}$$

$$(8\alpha-3+\beta)(-\alpha^4+6\alpha^2+\beta)<0 \quad\cdots\cdots\cdots\text{④}$$

よって、③、④より、$(\alpha,\ \beta)$ が存在する範囲は、xy 平面上で、$x>0$ のもとで、

「$x\neq1$ かつ $-8x-3+y<0$ $\quad\cdots\cdots\cdots\cdots\text{⑤}$

かつ $(8x-3+y)(-x^4+6x^2+y)<0$ $\quad\cdots\cdots\cdots\text{⑥}$」

である。

ここで、

⑤ $\iff y<8x+3$

⑥ $\iff$「$y>-8x+3$ かつ $y<x^4-6x^2$」

　　　または「$y<-8x+3$ かつ $y>x^4-6x^2$」

であり、グラフを $l:y=8x+3$, $m:y=-8x+3$, $C:y=x^4-6x^2$ と定める。

l と C の共有点の x 座標は、

$$x^4-6x^2-8x-3=0 \quad\therefore\quad (x+1)^3(x-3)=0$$

より、$x=-1$, 3で、$x=-1$ で l, C は接している。

m と C の共有点の x 座標は、

$$x^4-6x^2+8x-3=0$$

$$\therefore\quad (x-1)^3(x+3)=0$$

より、$x=1$, -3 で、$x=1$ で m, C は接している。

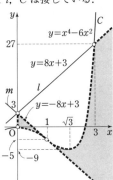

これらの状況を考えると、$x>0$, $x\neq1$, ⑤, ⑥を満たす範囲は右図の網目部のようになる。境界は含まない。

⇒**注1.** $f(-1)<0$ つまり⑤は、$y<8x+3$ と同値である。

ここで、$y=8x+3$, $y=-8x+3$ は、①の左辺でそれぞれ $t=-1$, $t=1$ とした式なので、l, m は $y=x^4-6x^2$ の $x=-1$, $x=1$ のときの接線である。

$y=x^4-6x^2$ のグラフは $x=0$ で極大、$x=\pm\sqrt{3}$ で極小を取るので、「下に凸」から「上に凸」、「上に凸」から「下に凸」と、"凹凸"が変わる点（変曲点）が2つある。これは数Ⅲの知識を用いれば、y'' が符号変化するときである。$y=x^4-6x^2$ のとき、$y''=12(x^2-1)$ なので、$x=\pm1$ のときと分かる（l, m が C の変曲点における接線であることから図示すると早い）。

⇒**注2.** 点 $(\alpha,\ \beta)$ を通る、4つの異なる点における接線を $l_1\sim l_4$ とする。本問の場合、例えば l_1 と l_2 が（接点が異なっていれば）一致していてもよい。したがっ

て，点 (α, β) を通る接線の本数は 4 本とは限らない．実際，$y=-9$ は曲線に 2 点で接するので，網目部のうち $y=-9$ 上の点からは，接線が 3 本しか引けない．

⑩ 直交する 2 接線を持つとき，$a^2-3b>0$ を示すには（1）を用いる．$a^2-3b>0$ のとき，直交する 2 接線を持つことを示すには（1）と（2）を用いる．

解　（1）　$f(x)=x^3+ax^2+bx$

$$f'(x)=3x^2+2ax+b=3\left(x+\frac{a}{3}\right)^2+b-\frac{a^2}{3}$$

より，$f'(x)$ の最小値は $\boldsymbol{b-\dfrac{a^2}{3}}$

（2）　$f'(x)=k$ より，$3x^2+2ax+b-k=0$
　この方程式の判別式を D とすると，問題の条件 $a^2-3b>0$，$k>0$ より

$$D/4=a^2-3(b-k)=a^2-3b+3k>0$$

なので，$f'(x)=k$ は実数解を持つ．

（3）　$y=f(x)$ が直交する 2 接線を持つための条件は

$$f'(\alpha)f'(\beta)=-1 \text{ となる実数 } \alpha, \beta \text{ が存在する} \cdots ①$$

ことである．

[① $\Longrightarrow a^2-3b>0$ について]

　$f'(\alpha)f'(\beta)=-1$ となる実数 α, β が存在するとき，$f'(\alpha)$，$f'(\beta)$ のどちらか一方は負なので，$f'(x)$ の最小値は負となる．$b-\dfrac{a^2}{3}<0$　∴　$a^2-3b>0$

[$a^2-3b>0 \Longrightarrow ①$ について]

　$a^2-3b>0$ のとき，$b-\dfrac{a^2}{3}<0$ なので，

$b-\dfrac{a^2}{3}\leqq K<0$ となる K（負）を取ることができ，（1）により $f'(\alpha)=K$ を満たす α が存在する．

　$-\dfrac{1}{K}>0$ なので（2）より，$f'(\beta)=-\dfrac{1}{K}$（正）を満たす β が存在する．

　よって，$f'(\alpha)f'(\beta)=K\cdot\left(-\dfrac{1}{K}\right)=-1$ より，① が成り立つ．

　よって，① $\Longleftrightarrow a^2-3b>0$　が証明された．

　➡注　$a^2-3b>0$ のとき，$f(x)$ は極大値と極小値を持ち，傾き負の接線が引け，それに対し傾きの積が -1 になるような傾き正の接線が引ける．

⑪　最小値は，候補を挙げて調べる．

解　$f(x)=x^3-3x^2-k(3x^2-12x-4)$ とおくと，

$$x^3-3x^2\geqq k(3x^2-12x-4) \Longleftrightarrow f(x)\geqq 0$$

$x\geqq 0$ のときの $f(x)$ の最小値を m とすると，

　　$x\geqq 0$ のとき，つねに $f(x)\geqq 0 \Longleftrightarrow m\geqq 0$

m を求めることを目標とする．

$k<0$ のとき，$f(0)=4k<0$ なので $m<0$ となり不適だから，以下 $k\geqq 0$ で考える．

　最小値を調べるために $f(x)$ を微分すると，

$$f'(x)=3x^2-6x-k(6x-12)$$
$$=3x(x-2)-6k(x-2)$$
$$=3(x-2)(x-2k)$$

より，$2\neq 2k$ のとき，極値は
$$f(2)=-4+16k,$$
$$f(2k)=8k^3-12k^2-k(12k^2-24k-4)$$
$$=-4k^3+12k^2+4k$$

$2k\geqq 0$ なので，$x=2k$ も定義域に入っている．$f(2k)$ も最小値の候補に入り，

　　$m=[f(0), f(2), f(2k)$ のうちの最小値$]$

したがって，
　$m\geqq 0$
$\Longleftrightarrow$　$f(0)\geqq 0$ かつ $f(2)\geqq 0$ かつ $f(2k)\geqq 0$
$\Longleftrightarrow$　$4k\geqq 0$ かつ $-4+16k\geqq 0$
　　　　　　　かつ $-4k^3+12k^2+4k\geqq 0$ ……①

ここで，
$$-4k^3+12k^2+4k$$
$$=-4k(k^2-3k-1)$$
$$=-4k\left(k-\frac{3-\sqrt{13}}{2}\right)$$
$$\times\left(k-\frac{3+\sqrt{13}}{2}\right)$$

なので，

① $\Longleftrightarrow$ $k\geqq 0$ かつ $k\geqq\dfrac{1}{4}$ かつ

$$\left(k\leqq\frac{3-\sqrt{13}}{2} \text{ または } 0\leqq k\leqq\frac{3+\sqrt{13}}{2}\right)$$

$\Longleftrightarrow$　$\boldsymbol{\dfrac{1}{4}\leqq k\leqq\dfrac{3+\sqrt{13}}{2}}$

ミニ講座・5
3次関数の性質

2次関数のグラフは軸に関して線対称な図形です。3次関数はどうでしょうか。3次関数のグラフは点対称な図形になっています。これをテーマにした次のような入試問題もあります。

> x の3次関数 $y=ax^3+bx^2+cx+d$ のグラフはある点に関して対称であることを証明せよ。ここに，a，b，c，d は定数で $a\neq0$ とする。　　（大分大・医）

なかなか難しい問題です。点対称の中心となる「ある点」とはどこのことでしょうか。結論から言うと，$x=-\dfrac{b}{3a}$ となる点です。放物線 $y=ax^2+bx+c$ の軸が，$x=-\dfrac{b}{2a}$ であることと合わせて知っておきたい事実です。

「ある点」を明かした形で定理として述べると次のようになります。

> **定理1**　$f(x)=ax^3+bx^2+cx+d$ $(a\neq0)$ とする。
> 3次関数 $y=f(x)$ のグラフは，
> $\left(-\dfrac{b}{3a},\ f\left(-\dfrac{b}{3a}\right)\right)$
> を中心とする点対称な図形である。

[証明]　$y=f(x)$ のグラフを x 軸方向に $\dfrac{b}{3a}$，y 軸方向に $-f\left(-\dfrac{b}{3a}\right)$ だけ平行移動したグラフの式は，

$$y=f\left(x-\dfrac{b}{3a}\right)-f\left(-\dfrac{b}{3a}\right) \cdots\cdots\cdots\cdots① $$

になります。右辺は，

$$\left\{a\left(x-\dfrac{b}{3a}\right)^3+b\left(x-\dfrac{b}{3a}\right)^2+c\left(x-\dfrac{b}{3a}\right)+d\right\}$$
$$-\left\{a\left(-\dfrac{b}{3a}\right)^3+b\left(-\dfrac{b}{3a}\right)^2+c\left(-\dfrac{b}{3a}\right)+d\right\}$$

となります。この式を展開すると x^2 の係数は，

$$3a\left(-\dfrac{b}{3a}\right)+b=0$$

です。また，①の右辺で $x=0$ のとき，$y=0$ となるので，定数項は0です。右辺を展開した式は，x^3 の項と x の項しか残りません。展開した式の x の係数をあらためて e とおくと，右辺は ax^3+ex となります。

$g(x)=ax^3+ex$ とおきます。すると，
$$g(-x)=a(-x)^3+e(-x)=-(ax^3+ex)=-g(x)$$
となるので，$(x,\ g(x))$ と $(-x,\ g(-x))$ は原点を中心にして対称な位置にあります（下左図）。つまり，$y=g(x)$ は原点を中心にして対称なグラフです。

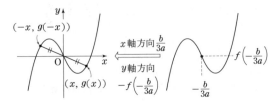

$y=f(x)$ を x 方向に $\dfrac{b}{3a}$，y 方向に $-f\left(-\dfrac{b}{3a}\right)$ だけ平行移動したグラフ $y=g(x)$ が原点を中心とした点対称なグラフなのですから，もとのグラフは，
$\left(-\dfrac{b}{3a},\ f\left(-\dfrac{b}{3a}\right)\right)$ を中心とした点対称なグラフです。

> **問題1**　3次関数のグラフ $C:y=\dfrac{x^3}{3}-x^2-x+\dfrac{8}{3}$
> 上の異なる2点 P，Q における接線が平行で，それらの接線と PQ が垂直になるとき，P の x 座標を求めよ。
> 　　　　　　　　　　　　（尾道大，誘導略）

3次関数のグラフの点対称の中心を原点に平行移動して考えます。問題の関数は，定理1の $a=\dfrac{1}{3}$，$b=-1$ のときですから，$-\dfrac{b}{3a}=1$ であり，$x=1$ のとき，関数の値は，

$$y=\dfrac{1}{3}\cdot1^3-1^2-1+\dfrac{8}{3}=1$$ となります。

3次関数のグラフの点対称の中心は $(1,\ 1)$ なので，グラフを x 軸方向に -1，y 軸方向に -1 だけ平行移動します。このグラフを D とすると，D の式は，

$$y=\dfrac{1}{3}(x+1)^3-(x+1)^2-(x+1)+\dfrac{8}{3}-1=\dfrac{1}{3}x^3-2x$$

微分して，$y'=x^2-2$

P，Q に対応する D 上の点を P'，Q' とし，その x 座標を α，β とします。P' での接線と Q' での接線が平行なので，

$$\alpha^2-2=\beta^2-2 \quad \therefore \quad \alpha=-\beta$$

これは，P′ とQ′ が原点を中心に対称な位置にあることを表しています．

つまり，Cのグラフで言えば，PとQが3次関数のグラフの中心に関して対称な位置にあることを示しています．

P′Q′ は原点を通るので，

(P′Q′ の傾き)

$$=(\text{OP}' \text{の傾き})=\frac{\frac{1}{3}\alpha^3-2\alpha}{\alpha}=\frac{1}{3}\alpha^2-2$$

P′ での接線とP′Q′ が直交するので，

$$(\alpha^2-2)\left(\frac{1}{3}\alpha^2-2\right)=-1 \quad \therefore \quad \alpha^4-8\alpha^2+15=0$$

$$\therefore \quad (\alpha^2-3)(\alpha^2-5)=0 \quad \therefore \quad \alpha^2=3,\ 5$$

$$\therefore \quad \alpha=\pm\sqrt{3},\ \pm\sqrt{5}$$

よってP′ の x 座標は $\pm\sqrt{3}$，$\pm\sqrt{5}$．Pの x 座標はこれに +1 して，**$1\pm\sqrt{3}$，$1\pm\sqrt{5}$**

3次関数のグラフを描くときは，点対称であることを意識するだけでずいぶんときれいに描けるものですが，次の定理を知っているとさらにきれいにグラフを描くことができます．

定理 2 極値を持つ3次関数 $y=f(x)$ のグラフに，極値をとる点 A，B で接線（2本）を引き，それらの接線と $y=f(x)$ の交点をそれぞれ D，C，3次関数のグラフの中心を E とする．CD を対角線に持ち，辺が座標軸に平行な長方形のよこの長さは，図のように4等分される．

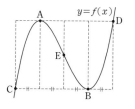

[証明] 3次関数を $f(x)=ax^3+bx^2+cx+d\ (a\neq0)$，B，C，E の x 座標をそれぞれ α，β，γ，B での接線 l の方程式を $y=n$ とします．

3次関数のグラフと l が $x=\alpha$ で接するので，$f(x)-n$ は $(x-\alpha)^2$ で割り切れ，$x=\beta$ で交わるので，$f(x)-n$ は $(x-\beta)$ で割り切れます．

$f(x)-n$ は，$(x-\alpha)^2(x-\beta)$ で割り切れます．

$f(x)$ の3次の係数が a なので，

$$f(x)-n=a(x-\alpha)^2(x-\beta)$$

を満たします．これの2次の係数を比較して，

$$b=-a(2\alpha+\beta) \qquad \therefore \quad \frac{b}{a}=-(2\alpha+\beta)$$

これと定理1より，$\gamma=-\dfrac{b}{3a}=\dfrac{2\alpha+\beta}{3}$

よって，x 軸上で考えて，γ は α と β を $1:2$ に内分しています．

極大値をとる点 A でも同様に考えると，定理のように長方形のよこの長さが4等分されることが分かります．

このように，3次関数のグラフを描くときは，長方形を4等分したフレームを補助にするとうまく描くことができます．

また，この定理は，$f(x)$ の極値が k であるとき，$f(x)=k$ となる x の値（C，D の x 座標）を求めるときにも利用できます．

この定理の感覚を用いる問題を解いてみましょう．

問題2 $a>0$ とする．$a\leq x\leq 2a$ における

$$f(x)=x^3-4x^2+4x \text{ の最大値が} \frac{32}{27} \text{となるのは，}$$

$\boxed{}\leq a\leq\boxed{}$ または $\boxed{}=a$

（上智大・経済）

$f'(x)=3x^2-8x+4=(x-2)(3x-2)$ となるので，$y=f(x)$ は，$x=\dfrac{2}{3}$，2 で極値をとります．点対称の中心は，$x=\left(\dfrac{2}{3}+2\right)\div2=\dfrac{4}{3}$ のときです．$f\left(\dfrac{2}{3}\right)=\dfrac{32}{27}$ ですから，$f(x)=\dfrac{32}{27}$ となる $x\left(\neq\dfrac{2}{3}\right)$ の値は，

$2+\dfrac{1}{2}\left(2-\dfrac{2}{3}\right)=\dfrac{8}{3}$ です．グラフは，下右図のようになります．

$x=\dfrac{2}{3}$ で最大となるのは，

$a\leq\dfrac{2}{3}\leq 2a$ かつ $2a\leq\dfrac{8}{3}$

$\therefore \quad \dfrac{1}{3}\leq a\leq\dfrac{2}{3}$ ………①

$x=\dfrac{8}{3}$ で最大となるのは，

$2a=\dfrac{8}{3} \quad \therefore \quad a=\dfrac{4}{3}$ …②

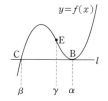

答えは，①，②を合わせて，**$\dfrac{1}{3}\leq a\leq\dfrac{2}{3}$，$a=\dfrac{4}{3}$**

ミニ講座・6 多項式関数のグラフが接するとき

2本の曲線が"接する"条件について説明します.
2本の曲線 $C : y = f(x)$,
$D : y = g(x)$ があるとします.

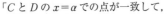

「C と D が,
  $x = \alpha$ の点で接する.」
ことは,

「C と D の $x = \alpha$ での点が一致して,
  そこでの接線が一致する.」 ‥‥‥‥‥☆

こととして定義されます. ☆の条件を数式で書くと,
$$f(\alpha) = g(\alpha), \quad f'(\alpha) = g'(\alpha) \quad \cdots\cdots①$$
です. この2本の曲線が接することの定義は,一般の関数 $f(x)$, $g(x)$ についてのものですが,$f(x)$, $g(x)$ が多項式で表される関数の場合は特に次の定理が成り立ちます. 問題を解く上では,重要な言い換えです.

定理 2本の曲線 $C : y = f(x)$, $D : y = g(x)$ がある. $f(x)$, $g(x)$ が x の多項式のとき,
  C, D が $x = \alpha$ で接する
    $\Longleftrightarrow$ $f(x) - g(x)$ が $(x - \alpha)^2$ で割り切れる

定理を証明しておきましょう.
定理で,2本の曲線が接する条件を①で置き換えた
$$\left. \begin{array}{l} f(\alpha) = g(\alpha), \ f'(\alpha) = g'(\alpha) \\ \Longleftrightarrow f(x) - g(x) \text{ が } (x - \alpha)^2 \text{ で割り切れる} \end{array} \right\} \cdots★$$
を示しましょう. $h(x) = f(x) - g(x)$ とおくと,★は,
$$h(\alpha) = 0, \ h'(\alpha) = 0 \quad \cdots\cdots②$$
$$\Longleftrightarrow h(x) \text{ が } (x - \alpha)^2 \text{ で割り切れる}$$
となりますから,これを示します.
$h(x)$ を $(x - \alpha)^2$ で割った商を $q(x)$,余りを $rx + s$ とします. すると,
$$h(x) = q(x)(x - \alpha)^2 + rx + s$$
これを微分すると [積の微分法 (p.112) を用い],
$$h'(x) = (q(x))'(x - \alpha)^2 + q(x)\{(x - \alpha)^2\}' + r$$
$$= q'(x)(x - \alpha)^2 + q(x) \cdot 2(x - \alpha) + r$$
となります. 条件②は
$$h(\alpha) = 0, \ h'(\alpha) = 0$$
$$\Longleftrightarrow r\alpha + s = 0, \ r = 0 \Longleftrightarrow r = 0, \ s = 0$$

$\Longleftrightarrow h(x)$ は $(x - \alpha)^2$ で割り切れる
と同値変形できるので題意が証明されました.

次の問題でさっそく使ってみましょう.

問題 3次関数のグラフ $C : y = x^3 - 5x^2 + 6x + 2$ の $x = 2$ での接線を l とする. 接点以外の l と C の共有点の x 座標を求めよ.

解 $f(x) = x^3 - 5x^2 + 6x + 2$ とおき,l の式を $y = mx + n$ とする.
$C : y = f(x)$ と $l : y = mx + n$ のグラフが $x = 2$ で接するので,定理により,$f(x) - (mx + n)$ は $(x - 2)^2$ で割り切れる. また,求める共有点の x 座標を α とすると,$f(x) - (mx + n)$ は,$x - \alpha$ でも割り切れる.
結局,$f(x) - (mx + n)$ は $(x - \alpha)(x - 2)^2$ で割り切れる. $f(x) - (mx + n)$ は3次式で,3次の係数が1なので, $f(x) - (mx + n) = (x - \alpha)(x - 2)^2$
両辺の2次の係数をくらべて,
$$-5 = -\alpha - 4 \quad \therefore \ \alpha = 1$$

問題 4次関数 $y = x^4 + ax^3 + bx^2 + cx + d$ のグラフと原点を通る直線 $y = mx$ とが P,Q で接している. P,Q の x 座標がそれぞれ $x = -1$,$x = 2$ で,4次関数が $x = 1$ で極大値を取るとき,その極大値と m の値を求めよ.
                  （和歌山大）

解 $f(x) = x^4 + ax^3 + bx^2 + cx + d$ とおく.
4次関数 $y = f(x)$ のグラフと直線 $y = mx$ が $x = -1$ で接するので,定理により $f(x) - mx$ は $(x + 1)^2$ で割り切れる.
また,$x = 2$ で接するので,$f(x) - mx$ は $(x - 2)^2$ で割り切れる.
よって,$f(x) - mx$ は,$(x + 1)^2(x - 2)^2$ で割り切れる. $f(x)$ は4次式で,4次の係数が1なので,
$$f(x) - mx = (x + 1)^2(x - 2)^2$$
$$\therefore \ f(x) = (x + 1)^2(x - 2)^2 + mx$$
これを微分して [積の微分法 (p.112) を用い],
$$f'(x) = 2(x + 1)(x - 2)^2 + (x + 1)^2 \cdot 2(x - 2) + m$$
$x = 1$ で極値を取るので,$f'(1) = 0$
$$f'(1) = 2 \cdot 2(-1)^2 + 2^2 \cdot 2(-1) + m = -4 + m$$
$$\therefore \ -4 + m = 0 \quad \therefore \ m = 4$$
よって,
$$f(x) = (x + 1)^2(x - 2)^2 + 4x$$
極大値は,$f(1) = 2^2(-1)^2 + 4 = 8$

積分法とその応用

積分法とその応用
要点の整理

1. 不定積分

1・1 不定積分の定義

関数 $f(x)$ に対して,

$\qquad F'(x)=f(x)$ を満たす関数 $F(x)$

つまり

$\qquad$ 微分すると $f(x)$ になるような関数 $F(x)$

を $f(x)$ の原始関数（あるいは不定積分）といい，記号 $\int f(x)\,dx$ で表す.

$F(x)$ が $f(x)$ の原始関数（の一つ）であるとき，$F(x)+C$（C は定数）で表される関数が $f(x)$ の原始関数の全体となる. この C を積分定数といい，通常,

$$\int f(x)\,dx=F(x)+C \qquad (C \text{ は積分定数})$$

と書く.

1・2 不定積分の公式

導関数について

$\qquad (kF(x))'=kF'(x) \qquad (k \text{ は定数})$

$\qquad (F(x)+G(x))'=F'(x)+G'(x)$

が成り立つから，各辺の原始関数を考え,

$$F(x)=\int f(x)\,dx, \quad G(x)=\int g(x)\,dx$$

とすると，次が成り立つことがわかる.

$[1] \quad \displaystyle\int kf(x)\,dx=k\int f(x)\,dx \qquad (k \text{ は定数})$

$[2] \quad \displaystyle\int \{f(x)+g(x)\}\,dx=\int f(x)\,dx+\int g(x)\,dx$

ただし，積分定数の差は無視する.

多項式で表される関数については，上の性質と

$\qquad (x^n)'=nx^{n-1}$

に対応する次の

$[3] \quad \displaystyle\int x^n dx=\frac{1}{n+1}x^{n+1}+C$

$\qquad\qquad (n=0,\ 1,\ 2,\ \cdots ; C \text{ は積分定数})$

を用いると原始関数が求められる. ［2］を使って次数ごとに分解し，[1] を使って係数を積分の外に出せばよく，例えば

$$\int (2x^3+4x^2+6)\,dx$$

$$=\int 2x^3 dx+\int 4x^2 dx+\int 6\,dx$$

$$=2\int x^3 dx+4\int x^2 dx+6\int dx$$

$\left[\begin{array}{l}\text{第 3 項は} \int 1\cdot dx \text{ のことで，［3］で } n=0 \text{ とした}\\ \text{式を使う}\end{array}\right]$

$$=2\times\frac{1}{4}x^4+4\times\frac{1}{3}x^3+6\times x+C$$

$$=\frac{1}{2}x^4+\frac{4}{3}x^3+6x+C \qquad (C \text{ は積分定数})$$

となる.

被積分関数［1・1 の $f(x)$ のこと］が（1次式）^{n} の形になるときは

$\qquad ((x+b)^n)'=n(x+b)^{n-1}$

$\qquad ((ax+b)^n)'=an(ax+b)^{n-1}$

に対応する

$[4] \quad \displaystyle\int (x+b)^n dx=\frac{1}{n+1}(x+b)^{n+1}+C$

$[4]' \quad \displaystyle\int (ax+b)^n dx=\frac{1}{a(n+1)}(ax+b)^{n+1}+C$

$\qquad\qquad (n=0,\ 1,\ 2,\ \cdots ; C \text{ は積分定数})$

を用いるとよい. ただし，a と b は定数である.

2. 定積分

2・1 定積分の定義

$F(x)$ が $f(x)$ の原始関数であるとき,

$\qquad F(q)-F(p)$ を $f(x)$ の p から q までの定積分

といい，記号 $\displaystyle\int_p^q f(x)\,dx$ で表す. 定積分の計算は

$$\int_p^q f(x)\,dx=\Big[F(x)\Big]_p^q=F(q)-F(p)$$

という形式で書くことが多い. この p を（定積分の）下端，q を上端，「p から q まで」を積分区間（または定積分の範囲）という.

なお，積分定数の違いは定積分に影響を与えない.

2・2 定積分の計算

$2x^3+4x^2+6$ の1から2までの定積分を計算してみよう．原始関数は既に計算してあるので

$$\int_1^2 (2x^3+4x^2+6)\,dx = \left[\frac{1}{2}x^4+\frac{4}{3}x^3+6x\right]_1^2 \quad \cdots\cdots①$$

となるが，積分の計算ではこれくらいが一気にできるように（＝＝を見たら〜〜〜がすらすらと書けるように）練習しよう．なお，〜〜〜を微分して＝＝になることを確かめるとミス防止になる．

値（積分区間の端点）の代入と計算は，

$$\left(\frac{1}{2}\cdot 2^4+\frac{4}{3}\cdot 2^3+6\cdot 2\right)-\left(\frac{1}{2}\cdot 1^4+\frac{4}{3}\cdot 1^3+6\cdot 1\right)$$

$$=\left(8+\frac{32}{3}+12\right)-\left(\frac{1}{2}+\frac{4}{3}+6\right)=\frac{137}{6}$$

とするのが普通であるが，項ごとに，つまり

$$①=\frac{1}{2}\left[x^4\right]_1^2+\frac{4}{3}\left[x^3\right]_1^2+6\left[x\right]_1^2$$

とみて

$$①=\frac{1}{2}(2^4-1^4)+\frac{4}{3}(2^3-1^3)+6(2-1)$$

としてもよい．

2・3 定積分の公式

[5] $\displaystyle\int_p^p f(x)\,dx=0$

（下端と上端が等しいときは定積分は0）

[6] $\displaystyle\int_q^p f(x)\,dx=-\int_p^q f(x)\,dx$

（下端と上端を入れかえると定積分は −1 倍）

[7] 積分区間の分割・併合

$$\int_p^q f(x)\,dx+\int_q^r f(x)\,dx=\int_p^r f(x)\,dx$$

2・4 絶対値つき関数の定積分

$\displaystyle\int_p^q |f(x)|\,dx$ は，$f(x)\geqq 0$ の区間と $f(x)\leqq 0$ の区間に分け，絶対値をはずして計算する（以下，$p<q$ とする）．

$p\leqq x\leqq r$ で $f(x)\geqq 0$，
$r\leqq x\leqq q$ で $f(x)\leqq 0$

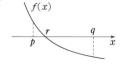

であれば，

$$\int_p^q |f(x)|\,dx=\int_p^r f(x)\,dx+\int_r^q \{-f(x)\}\,dx$$

となる．これの計算は，右辺の第2項に [6] を用いて

$$=\int_p^r f(x)\,dx+\int_q^r f(x)\,dx$$

$$=\left[F(x)\right]_p^r+\left[F(x)\right]_q^r$$

$$=2F(r)-F(p)-F(q)$$

とするのがよい．こうすると $F(r)$ の計算が1回ですむ．

2・5 偶関数・奇関数

定義： すべての t に対して $f(-t)=f(t)$ が成り立つ関数 $f(x)$ を偶関数という．また，すべての t に対して $f(-t)=-f(t)$ が成り立つ関数 $f(x)$ を奇関数という．

例： 多項式で表される関数について，

偶数次（1，x^2，x^4，$\cdots$）は偶関数
奇数次（x，x^3，x^5，$\cdots$）は奇関数

である．従って，偶数次のみのもの（$3x^2$，$1+x^2+2x^4$ など）は偶関数，奇数次のみのもの（$2x$，$2x+x^3$ など）は奇関数である．

グラフ： 偶関数のグラフは y 軸に関して対称（線対称），奇関数のグラフは原点に関して対称（点対称）．

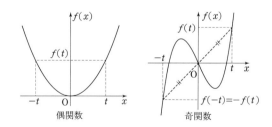

偶関数　　　　　　奇関数

定積分について： 積分区間が $-p$ から p までの場合，

[8] $f(x)$ が奇関数ならば $\displaystyle\int_{-p}^p f(x)\,dx=0$

[9] $f(x)$ が偶関数ならば

$$\int_{-p}^p f(x)\,dx=2\int_0^p f(x)\,dx$$

3. 微分と積分の関係

関数 $f(x)$ に対して，定積分

$$\int_c^x f(t)\,dt \quad (c \text{ は定数})$$

を考えよう．これは，x の値を一つ決めるごとに定積分の値が定まるから，x の関数である．

ここで，$f(t)$ は（文字定数を含んでもよいが）x によらずに定まるとする．例えば，$f(t)=t+a$（a は定数）は適するが $f(t)=t+x$ は適さない．

$f(t)$ の原始関数の一つを $F(t)$ とすると，$F'(t)=f(t)$ であり，

$$\int_c^x f(t)\,dt = F(x)-F(c)$$

となる．この式の両辺を x で微分すると

$$\frac{d}{dx}\int_c^x f(t)\,dt = \frac{d}{dx}\{F(x)-F(c)\}$$

である．$F(c)$ は定数だから $\dfrac{d}{dx}F(c)=0$ であり，[変数（文字）は何を使っても同じだから $F'(t)=f(t)$ の t を x にして] $\dfrac{d}{dx}F(x)=F'(x)=f(x)$ となることに注意すると，

$$\boldsymbol{\frac{d}{dx}\int_c^x f(t)\,dt = f(x)}$$

が得られる．積分⇨微分で元に戻るという意味である．

4. 積分の面積への応用

4・1 曲線と x 軸の間の面積

$a \leqq x \leqq b$ で $f(x) \geqq 0$ のとき，曲線 $y=f(x)$ と x 軸および直線 $x=a$, $x=b$ で囲まれた図形の面積は

$$\boldsymbol{\int_a^b f(x)\,dx}$$

である．

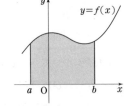

$a \leqq x \leqq b$ の範囲で，曲線 $y=f(x)$（$\geqq 0$ とは限らない）

と x 軸の間の面積は，

$$\int_a^b |f(x)|\,dx$$

である．

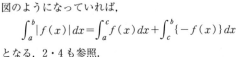

実際の計算では，$f(x)$ の符号により積分区間を分割する．図のようになっていれば，

$$\int_a^b |f(x)|\,dx = \int_a^c f(x)\,dx + \int_c^b \{-f(x)\}\,dx$$

となる．2・4 も参照．

4・2 2曲線の間の面積

$a \leqq x \leqq b$ で $f(x) \geqq g(x)$ のとき，2曲線 $y=f(x)$，$y=g(x)$ および 2 直線 $x=a$, $x=b$ で囲まれた図形の面積は

$$\boldsymbol{\int_a^b \{f(x)-g(x)\}\,dx}$$

である．

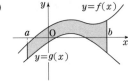

$a \leqq x \leqq b$ の範囲で，2曲線 $y=f(x)$，$y=g(x)$ の間の部分の面積は

$$\int_a^b |f(x)-g(x)|\,dx$$

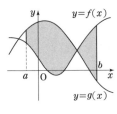

実際の計算では，4・1 の後半と同様に $f(x)-g(x)$ の符号（$f(x)$ と $g(x)$ の大小）により積分区間を分割する．

5. 放物線と面積

5・1 $(x-\alpha)(x-\beta)$ タイプ

まず，右図の網目部の面積を求めよう．4・1 より

$$S = \int_\alpha^\beta \{-(ax^2+bx+c)\}\,dx$$

であるが，この場合は α, β を主役にして計算するときれいな形になる．

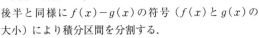

$$-(ax^2+bx+c) = -a(x-\alpha)(x-\beta)$$

に着目し，

$(x-\alpha)(x-\beta)=(x-\alpha)\{(x-\alpha)-(\beta-\alpha)\}$

と変形して

$$\int_\alpha^\beta (x-\alpha)(x-\beta)\,dx$$

$$=\int_\alpha^\beta (x-\alpha)\{(x-\alpha)-(\beta-\alpha)\}\,dx$$

$$=\int_\alpha^\beta \{(x-\alpha)^2-(\beta-\alpha)(x-\alpha)\}\,dx$$

$$=\left[\frac{1}{3}(x-\alpha)^3-\frac{1}{2}(\beta-\alpha)(x-\alpha)^2\right]_\alpha^\beta$$

$$=\frac{1}{3}(\beta-\alpha)^3-\frac{1}{2}(\beta-\alpha)^3=-\frac{1}{6}(\beta-\alpha)^3$$

とする．従って，$S=\dfrac{a}{6}(\beta-\alpha)^3$ である．本書では，

$$\int_\alpha^\beta (x-\alpha)(x-\beta)\,dx=-\frac{1}{6}(\beta-\alpha)^3 \quad\cdots\cdots\cdots ★$$

を公式とした．この公式は，放物線と x 軸が囲む部分の面積に限らず，次のような場合にも使える．下左図は ○7，下右図は ○10，それ以外の図は ○11．

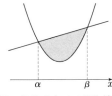 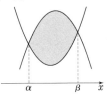

（図の曲線はすべて放物線）

5・2　放物線と接線

右図網目部の面積は，

$$\int_\alpha^\beta \{ax^2+bx+c$$
$$-(mx+n)\}\,dx$$

であるが，この計算は接点の x 座標 α を主役にするとよい．

$$ax^2+bx+c-(mx+n)$$
$$=a(x-\alpha)^2$$

と書けることから，面積は

$$\int_\alpha^\beta a(x-\alpha)^2\,dx=a\left[\frac{1}{3}(x-\alpha)^3\right]_\alpha^\beta=\frac{a}{3}(\beta-\alpha)^3$$

（1・2 の［4］を用いた）となる．

6．3次関数のグラフと面積

3次関数のグラフについては，右図のような場合（接線とで囲まれる部分の面積）が頻出である．これも，5・1 と同様の計算をするときれいな形で表されることがわかる．

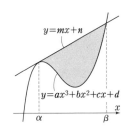

面積を表す式は

$$\int_\alpha^\beta \{mx+n-(ax^3+bx^2+cx+d)\}\,dx \cdots\cdots\cdots ②$$

である．ここで，方程式

$$mx+n=ax^3+bx^2+cx+d \cdots\cdots\cdots\cdots\cdots ③$$

の解が $x=\alpha$（重解），$x=\beta$ なので

$$mx+n-(ax^3+bx^2+cx+d)=-a(x-\alpha)^2(x-\beta)$$

となることに着目する．5・1 と同様に $x-\alpha$ のかたまりを作る変形をすると（p.163 のミニ講座も参照），

$$\int_\alpha^\beta (x-\alpha)^2(x-\beta)\,dx$$

$$=\int_\alpha^\beta (x-\alpha)^2\{(x-\alpha)-(\beta-\alpha)\}\,dx$$

$$=\int_\alpha^\beta \{(x-\alpha)^3-(\beta-\alpha)(x-\alpha)^2\}\,dx$$

$$=\left[\frac{1}{4}(x-\alpha)^4-\frac{1}{3}(\beta-\alpha)(x-\alpha)^3\right]_\alpha^\beta$$

$$=-\frac{1}{12}(\beta-\alpha)^4$$

となるから，

$$②=\frac{a}{12}(\beta-\alpha)^4$$

である．

なお，このタイプでは，α が与えられていて「β を求めよ」という設問があることが多い．これは，③の解と係数の関係（3つの解の和）を用いて

$$\alpha+\alpha+\beta=-\frac{b}{a} \qquad \therefore\ \beta=-2\alpha-\frac{b}{a}$$

とする．

◆ 1 定積分の計算／偶関数・奇関数

$\displaystyle\int_{-3}^{3}(x-1)(x+4)(x-a)\,dx=66$ の解は $a=\boxed{}$ である.

> (多項式関数の積分)　多項式関数を積分するときは $\displaystyle\int x^n dx=\dfrac{1}{n+1}x^{n+1}+C$（$n$ は 0 以上の整数，C は積分定数）を用い，次数ごとに計算するのが基本である. 例題ではまず被積分関数を展開する.
>
> ($-c$ から c までの積分)　積分区間が 0 に関して対称（$-c$ から c まで）のときは，
>
> $\displaystyle\int_{-c}^{c}x^{2n}dx=2\int_{0}^{c}x^{2n}dx,\ \int_{-c}^{c}x^{2n+1}dx=0$　［偶数次は $0\sim c$ の積分の 2 倍，奇数次は 0］
>
> を用いると労力が少なくてすむ.
>
> (偶関数・奇関数)　すべての t に対して $f(-t)=f(t)$ が成り立つ関数 $f(x)$ を偶関数
> すべての t に対して $f(-t)=-f(t)$ が成り立つ関数 $f(x)$ を奇関数

という. 偶関数のグラフは y 軸対称，奇関数のグラフは原点対称である. 一般に，$f(x)$ が偶関数のとき $\displaystyle\int_{-c}^{c}f(x)dx=2\int_{0}^{c}f(x)dx$，$f(x)$ が奇関数のとき $\displaystyle\int_{-c}^{c}f(x)dx=0$ となるが，これは定積分が面積を表している（☞ ○7）ことを考えれば納得できるだろう. なお，$f(x)=x^{2n}$ は偶関数，$f(x)=x^{2n+1}$ は奇関数である.

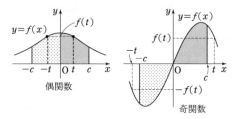

偶関数　　　　　　　　奇関数

▨ 解 答 ▨

被積分関数を展開すると，

$(x-1)(x+4)(x-a)=(x^2+3x-4)(x-a)$

$\qquad\qquad\qquad\qquad =x^3+(3-a)x^2-(3a+4)x+4a$ ……………………①

①を -3 から 3 で積分するので，偶関数・奇関数の性質から

$\displaystyle\int_{-3}^{3}①dx=2\int_{0}^{3}\{(3-a)x^2+4a\}dx=2\left[\dfrac{3-a}{3}x^3+4ax\right]_{0}^{3}$ 　　$\Leftarrow \displaystyle\int_{-3}^{3}x^3dx=0,\ \int_{-3}^{3}xdx=0,$

$\qquad\ =2\left(\dfrac{3-a}{3}\cdot 3^3+4a\cdot 3\right)=2\cdot 3\{3(3-a)+4a\}=6(9+a)$ 　　$\displaystyle\int_{-3}^{3}x^2dx=2\int_{0}^{3}x^2dx$ など

これが 66 なので，$9+a=11$ 　　∴ $\boldsymbol{a=2}$

◖1 演習題 （解答は p.152）

（ア）p, q を定数とする. 定積分 $\displaystyle\int_{-1}^{1}(x^2+px-q)^2dx$ は，$p=\boxed{}$，$q=\boxed{}$ で最小値をとる.
　　　　　　　　　　　　　　　　　　　　　　　　　（成蹊大・理工）

（イ）原点を通り，そこでの接線の傾きが -3 である 3 次関数 $f(x)$ のうちで任意の 2 次関数 $g(x)$ に対して，つねに $\displaystyle\int_{-1}^{1}f(x)g(x)dx=0$ となるものは $f(x)=\boxed{}$ である.
　　　　　　　　　　　　　　　　　　　　　　　　　（昭和薬大）

> どちらも偶関数・奇関数の性質を用いるとよい.
> （ア）は被積分関数を展開.
> （イ）は $f(x)$ の条件を処理し，
> $g(x)=px^2+qx+r$ とおいて積分値を p, q, r について整理する.

◆ **2** 定積分の計算／絶対値つき

$\int_{-1}^{2}|x^3-3x|\,dx$ を求めよ.

（学習院大・経）

（絶対値の処理のしかた） 絶対値つきの関数は，普通の（積分できる）関数をつなぎ合わせたものである．積分の中身に絶対値がついているときは，絶対値をはずし，つなぎ合わせた関数を積分する．例えば，$|x|=\begin{cases}-x & (x\leqq0)\\ x & (x\geqq0)\end{cases}$ であるから，$\int_{-1}^{1}|x|\,dx=\int_{-1}^{0}(-x)\,dx+\int_{0}^{1}x\,dx$……☆ となる．つまり，絶対値をはずす境目の値で積分区間を分け，それぞれの区間で $|x|$ を積分できる形に表す.

（誤答例） ～～を求めるとき，$\int_{-1}^{1}x\,dx=\left[\frac{1}{2}x^2\right]_{-1}^{1}$ に絶対値をつけても正答は得られない.

× $\int_{-1}^{1}|x|\,dx=\left[\left|\frac{1}{2}x^2\right|\right]_{-1}^{1}$ 　　　× $\int_{-1}^{1}|x|\,dx=\left|\left[\frac{1}{2}x^2\right]_{-1}^{1}\right|$

（計算を工夫するには） ☆で $f(x)=x$ とおくと $\int_{-1}^{0}\{-f(x)\}\,dx+\int_{0}^{1}f(x)\,dx$ となる．絶対値つきの積分の計算では，このような「区間がつながっていて被積分関数の符号だけが違う積分の和」が出てくることが多い．これは，次のようにすると少し簡単になる．第1項は，上端と下端を入れかえると $-\int_{0}^{-1}\{-f(x)\}\,dx=\int_{0}^{-1}f(x)\,dx$ となるので，$f(x)$ の原始関数の一つを $F(x)$ として，求める積分は

$$\int_{0}^{-1}f(x)\,dx+\int_{0}^{1}f(x)\,dx=\left[F(x)\right]_{0}^{-1}+\left[F(x)\right]_{0}^{1}=F(-1)+F(1)-2F(0)$$

被積分関数がそろうので符号ミスが起こりにくく，また，下端の代入計算は1回ですむ（消えないので注意）．積分が3つ以上の式になる場合でも同様の変形が有効である.

▒ 解 答 ▒

$f(x)=x^3-3x$ とおくと，$f(x)=x(x-\sqrt{3})(x+\sqrt{3})$ より，$-1\leqq x\leqq2$ で 　⇦

$$|f(x)|=\begin{cases}f(x) & (-1\leqq x\leqq0)\\ -f(x) & (0\leqq x\leqq\sqrt{3})\\ f(x) & (\sqrt{3}\leqq x\leqq2)\end{cases}$$

$\dfrac{-\sqrt{3}\quad+\quad\sqrt{3}\ +}{-\ -1\ 0\qquad 2}$

$$\int_{-1}^{2}|f(x)|\,dx=\int_{-1}^{0}f(x)\,dx+\int_{0}^{\sqrt{3}}\{-f(x)\}\,dx+\int_{\sqrt{3}}^{2}f(x)\,dx$$

$$=\int_{-1}^{0}f(x)\,dx+\int_{\sqrt{3}}^{0}f(x)\,dx+\int_{\sqrt{3}}^{2}f(x)\,dx\ \cdots\cdots\cdots\cdots①$$
⇦$-\int_{0}^{\sqrt{3}}=\int_{\sqrt{3}}^{0}$

$f(x)$ の原始関数の一つを $F(x)$ とすると，

$$①=\left[F(x)\right]_{-1}^{0}+\left[F(x)\right]_{\sqrt{3}}^{0}+\left[F(x)\right]_{\sqrt{3}}^{2}$$

$$=2F(0)+F(2)-F(-1)-2F(\sqrt{3})\ \cdots\cdots\cdots\cdots②$$
⇦上端 $F(0)$，$F(0)$，$F(2)$ はプラス，下端 $F(-1)$，$F(\sqrt{3})$，$F(\sqrt{3})$ はマイナス

$F(x)=\dfrac{1}{4}x^4-\dfrac{3}{2}x^2$ として，

$$②=2\cdot0+(4-6)-\left(\frac{1}{4}-\frac{3}{2}\right)-2\left(\frac{9}{4}-\frac{9}{2}\right)=-2+\frac{5}{4}+\frac{9}{2}=\mathbf{\frac{15}{4}}$$

━━ **◯2 演習題**（解答は p.152）━━

関数 $f(x)=\begin{cases}1-|x| & (|x|\leqq1)\\ 0 & (|x|>1)\end{cases}$ に対して，定積分 $\int_{0}^{2}f(2t^2-1)\,dt$ の値を求めよ.

（電通大－後）

> まず $|2t^2-1|$ と1の大小を考える.

◆3 定積分関数／区間固定型

0以上の実数 a に対して，$I(a)=\displaystyle\int_0^1 |x^2-a^2|\,dx$ とおく．

（1） $a\geqq 1$ のとき，$I(a)$ を求めよ．

（2） $0\leqq a\leqq 1$ のとき，$I(a)$ を求めよ．

（3） $I(a)$ の最小値を求めよ．

（神戸大・文系－後／一部変更）

【積分変数以外は定数】 積分計算において，積分変数（dx と書いてあったら x）以外は定数である．

$\displaystyle\int_0^1 |x^2-a^2|\,dx$……☆ では a は定数，つまり $\displaystyle\int_0^1 |x^2-4|\,dx$ ［$a=2$ の場合］のようなものだと思って，

○2 と同様に絶対値をはずして計算すればよい．a の値を決めるごとに☆の値が決まる，ということが
理解できれば「☆は a の関数という意味で $I(a)$ と書いてある」こともわかるだろう．

▤ 解 答 ▤

（1） $a\geqq 1$ のとき，$0\leqq x\leqq 1$ で $x^2-a^2\leqq 0$ だから

$$I(a)=\int_0^1 (a^2-x^2)\,dx=\left[a^2x-\frac{1}{3}x^3\right]_0^1$$

$$=a^2-\frac{1}{3}$$

⇦ $y=x^2-a^2$ は $x=a$ で x 軸を横切るので，$x=a$ が積分区間 $x=0\sim 1$ に含まれるかどうか（つまり，$0\leqq a\leqq 1$ かどうか）で場合わけをする．この例題では $a\geqq 1$，$0\leqq a\leqq 1$ が与えられているが，この場合わけは自力でできるようにしておきたい．

（2） $0\leqq a\leqq 1$ のとき $|x^2-a^2|=\begin{cases}a^2-x^2 & (0\leqq x\leqq a) \\ x^2-a^2 & (a\leqq x\leqq 1)\end{cases}$

だから，

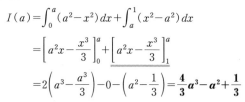

$$I(a)=\int_0^a (a^2-x^2)\,dx+\int_a^1 (x^2-a^2)\,dx$$

$$=\left[a^2x-\frac{x^3}{3}\right]_0^a+\left[a^2x-\frac{x^3}{3}\right]_1^a$$

$$=2\left(a^3-\frac{a^3}{3}\right)-0-\left(a^2-\frac{1}{3}\right)=\frac{4}{3}a^3-a^2+\frac{1}{3}$$

⇦第2項の積分区間の上端と下端を入れかえ，被積分関数を -1 倍．

（3） $a\geqq 1$ のとき，（1）より $I(a)$ は増加する．

$0\leqq a\leqq 1$ のとき，（2）より $I'(a)=4a^2-2a=2a(2a-1)$ であるから，
増減は右表のようになる．よって，求める
最小値は

$$I\left(\frac{1}{2}\right)=\frac{4}{3}\cdot\frac{1}{8}-\frac{1}{4}+\frac{1}{3}=\frac{2-3+4}{12}$$

$$=\frac{1}{4}$$

a	0	$\cdots$	1/2	$\cdots$	1
$I'(a)$		$-$	0	$+$	
$I(a)$		↘		↗	

➡注 原題は，a の範囲が「すべての実数」であった．$I(-a)=I(a)$ であるから，a が全実数を動くときの $I(a)$ の最小値は，$a\geqq 0$ の範囲での $I(a)$ の最小値と同じである．

⇦ $I(-a)=\displaystyle\int_0^1 |x^2-(-a)^2|\,dx$
$=\displaystyle\int_0^1 |x^2-a^2|\,dx=I(a)$

◐3 演習題 （解答は p.153）

a が正の値をとりながら動くとき，

$$I(a)=\int_0^1 |(x-a)(x-2a)|\,dx$$

が最小となる a の値を求めよ．

（佐賀大・文化教育）

例題と同様，$x=a$, $2a$ が積分区間に入るかどうかで場合わけして $I(a)$ を求める．

◆ **4 定積分関数**／区間変動型

関数 $f(x)$ を $f(x)=\displaystyle\int_x^{x+1}|t^2-1|\,dt$ で定める．$x\geqq 0$ の範囲で $f(x)$ の最小値を求めよ．

（滋賀大／一部変更）

積分において x は定数　例えば $\displaystyle\int_1^2|t^2-1|\,dt$ であれば計算して値を求めることができるだろう（計算方法は ○2 と同じ）．この値が $f(1)$ である．x を決めるごとに積分の値が決まり，それを $f(x)$ と表す，ということであるが，難しく考えずに x は 1 や 2 のような数だと思って積分を計算すればよい．

x の値により，絶対値をはずした積分の式は異なる．$y=t^2-1$ のグラフを描き，$t=x\sim x+1$ の区間で y の符号がどのようになるか，区間（x の値）を動かして視覚的にとらえよう．

▤ 解 答 ▤

（ⅰ）$\underline{x\leqq 1\leqq x+1}(\Longleftrightarrow 0\leqq x\leqq 1)$ のとき

$$|t^2-1|=\begin{cases}-(t^2-1) & x\leqq t\leqq 1\\ t^2-1 & 1\leqq t\leqq x+1\end{cases}$$

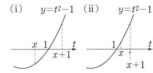

であるから，

$$f(x)=\int_x^1(-t^2+1)\,dt+\int_1^{x+1}(t^2-1)\,dt=\underline{\left[\frac{1}{3}t^3-t\right]_1^x}+\left[\frac{1}{3}t^3-t\right]_1^{x+1}$$

$$=\frac{1}{3}x^3-x+\frac{1}{3}(x+1)^3-(x+1)-2\left(\frac{1}{3}-1\right)=\frac{2}{3}x^3+x^2-x+\frac{2}{3}$$

⇦$y=t^2-1$ が t 軸を横切る $t=1$ が区間 $x\leqq t\leqq x+1$ に入るかどうか．$x\geqq 0$ なので $x+1\geqq 1$ となる．

⇦第 1 項の積分区間の上端と下端を入れかえた．$[\ \ ]$ の中身が -1 倍．

（ⅱ）$x\geqq 1$ のとき，$x\leqq t\leqq x+1$ の範囲で $|t^2-1|=t^2-1$ であるから，

$$f(x)=\int_x^{x+1}(t^2-1)\,dt=\left[\frac{1}{3}t^3-t\right]_x^{x+1}=\frac{1}{3}(x+1)^3-(x+1)-\frac{1}{3}x^3+x$$

$$=x^2+x-\frac{2}{3}$$

（ⅱ）の範囲で $f(x)$ は増加する．（ⅰ）のとき $f'(x)=2x^2+2x-1$ であり，$0\leqq x\leqq 1$ の範囲で $f'(x)=0$ となる x は $\dfrac{-1+\sqrt{3}}{2}$ である．この値を c とおくと増減は右表のようになる．よって求める最小値は $f(c)$ で，$f(x)$ を $f'(x)$ で割ると

⇦$x\geqq 1$ の範囲で x^2，x はともに増加．

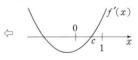

$$f(x)=\underline{(2x^2+2x-1)\left(\frac{1}{3}x+\frac{1}{6}\right)}-x+\frac{5}{6}$$

⇦次数下げ．p.14 参照．

となることから，$\underline{f(c)=-c+\dfrac{5}{6}}=-\dfrac{-1+\sqrt{3}}{2}+\dfrac{5}{6}=\boldsymbol{\dfrac{8-3\sqrt{3}}{6}}$

⇦$f'(c)=2c^2+2c-1=0$

○4 **演習題**（解答は p.154）

実数全体を定義域とする関数 $f(x)$ を

$$f(x)=3\int_{x-1}^x(t+|t|)(t+|t|-1)\,dt$$

によって定める．

（1）$f(x)$ を x の値について場合分けをして，x の多項式で表せ．

（2）座標平面上に $y=f(x)$ のグラフをかけ．

（3）x がすべての実数を動くときの $f(x)$ の最小値を求めよ．　　（慶大・経）

> （1）まず被積分関数の絶対値をはずす．$t=0$ を境に表し方が変わるから，積分区間 $x-1\sim x$ と 0 の位置関係（0 が区間の左，区間内，右）で場合わけをする．

◆ 5 積分方程式／区間固定型

（ア） 等式 $f(x)=3x^2-2x+\displaystyle\int_{-1}^{1}f(t)dt$ をみたす関数 $f(x)$ を求めよ． （酪農学園大・獣医）

（イ） $f(x)=\displaystyle\int_{-1}^{1}(x+t)f(t)dt-2$ を満たす関数 $f(x)$ を求めると，$f(x)=\boxed{}$ となる．

（明治学院大／空欄を変更）

定積分は定数 積分区間と被積分関数が決まっている定積分は定数である．（ア）の $\displaystyle\int_{-1}^{1}f(t)dt$ は定数だからこれを a とおくことから始める．すると $f(x)=3x^2-2x+a$ となるが，これを $a=\displaystyle\int_{-1}^{1}f(t)dt$ の右辺に代入するのがポイントで，a についての方程式が得られて解決する．

積分の中の x は外へ （イ）の定積分は定数ではなく x の関数だから，定積分を（x の関数の意味で）定数とおくことはできない．$\displaystyle\int_{-1}^{1}(x+t)f(t)dt=x\int_{-1}^{1}f(t)dt+\int_{-1}^{1}tf(t)dt$ と，x を積分の外に出してから（積分変数が t なので積分において x は定数扱い）「定積分は定数」とする．

▧ 解 答 ▧

（ア） $\displaystyle\int_{-1}^{1}f(t)dt=a$（定数）……① とおくと，$f(x)=3x^2-2x+a$ と書ける．

このとき，①の左辺は

$$\int_{-1}^{1}(3t^2-2t+a)dt=2\int_{0}^{1}(3t^2+a)dt=2\Big[t^3+at\Big]_{0}^{1}=2(1+a)$$

$\Leftarrow f(t)$ なので $f(x)$ の x を t に変える．また，$3t^2$ と a は偶関数，$-2t$ は奇関数

①から $2+2a=a$，すなわち $a=-2$ となり，$\boldsymbol{f(x)=3x^2-2x-2}$

（イ） $\displaystyle\int_{-1}^{1}(x+t)f(t)dt=x\int_{-1}^{1}f(t)dt+\int_{-1}^{1}tf(t)dt$ である．ここで，

$\displaystyle\int_{-1}^{1}f(t)dt=a$，$\displaystyle\int_{-1}^{1}tf(t)dt=b$（ともに定数）とおく．

このとき，$f(x)=ax+b-2$ と書けて，

$$a=\int_{-1}^{1}(at+b-2)dt=2\int_{0}^{1}(b-2)dt=2(b-2)\cdots\cdots\cdots\cdots\cdots②$$

$\Leftarrow at$ は奇関数，$b-2$ は偶関数

$$b=\int_{-1}^{1}t(at+b-2)dt=2\int_{0}^{1}at^2dt=2\Big[\frac{a}{3}t^3\Big]_{0}^{1}=\frac{2}{3}a\cdots\cdots③$$

$\Leftarrow at^2$ は偶関数，$t(b-2)$ は奇関数

③を②に代入して，$a=2\Big(\dfrac{2}{3}a-2\Big)$ $\quad\therefore\quad a=\dfrac{4}{3}a-4$ $\quad\therefore\quad a=12$

③から $b=8$ となり，$\boldsymbol{f(x)=12x+6}$

$\Leftarrow f(x)=ax+b-2$ に a，b の値を代入

⟟ 5 演習題（解答は p.154）

（ア） 等式 $f(x)=x+\displaystyle\int_{-1}^{1}(x+t)f(t)dt$ を満たす関数 $f(x)$ を求めると，

$f(x)=\boxed{}$ となる． （京都薬大／空欄を変更）

（イ） 関数 $f(x)$，$g(x)$ は

$$f(x)=3x+\frac{1}{3}\int_{0}^{2}g(t)dt,\quad g(x)=(x+1)f(x)-\int_{0}^{2}(x+t)f(t)dt$$

を満たしているとする．このとき $f(x)$，$g(x)$ を求めよ． （大阪歯大）

> （ア） 例題（イ）と同様，まず x を積分の外に出す．
> （イ） 連立型でもやることは同じ．$f(x)=3x+a$ とすると $g(x)$ は a で表せる．

142

◆ 6 積分方程式／区間変動型

（ア） すべての実数 x に対して，$\displaystyle\int_1^x f(t)\,dt = x^4 + a$ が成り立つとき，関数 $f(x)$ と定数 a の値を求めよ.　(東京電機大)

（イ） 多項式で表される関数 $f(x)$ が等式 $\displaystyle f(x) + \int_0^x tf'(t)\,dt = 2x^2 + 4x + 1$ を満たすとき，$f(3) = \boxed{}$ である.　(中部大／一部変更)

微分して中身を取り出す　◯5 では「定積分を文字でおいてその文字についての方程式を作る」という方針で解けたが，積分区間に x が入ると同じ方針では解けない（例えば積分を $g(x)$ とおいてみても進展がない）. このような問題の第一手は「与式の両辺を微分し，$\dfrac{d}{dx}\displaystyle\int_c^x f(t)\,dt = f(x)$ を用いて積分の中身を取り出す」である.

x に特殊な値を代入する　（ア）で両辺を微分すると $f(x) = 4x^3$ となる. a を決めるには，（この $f(x)$ を元の式に代入してもよいが）与式に $x = 1$ を代入すると早い. 上端と下端が同じなら積分値が 0 になることを利用する.

▦ 解 答 ▦

（ア） $\displaystyle\int_1^x f(t)\,dt = x^4 + a$ ……① の両辺を x で微分すると，$\boldsymbol{f(x) = 4x^3}$　　$\Leftarrow \dfrac{d}{dx}\displaystyle\int_1^x f(t)\,dt = f(x)$

①で $x = 1$ とすると，$0 = 1^4 + a$　　∴ $\boldsymbol{a = -1}$　　$\Leftarrow$ ①はすべての実数 x で成り立つ.

（イ） $\displaystyle f(x) + \int_0^x tf'(t)\,dt = 2x^2 + 4x + 1$ ……② の両辺を微分して，　$\Leftarrow \dfrac{d}{dx}\displaystyle\int_0^x tf'(t)\,dt = xf'(x)$

$f'(x) + xf'(x) = 4x + 4$　　∴ $(x+1)f'(x) = 4(x+1)$　　$\Leftarrow$ 両辺が多項式として等しい.

これより $f'(x) = 4$ で，$f(x) = \displaystyle\int f'(x)\,dx = \int 4\,dx$ だから $f(x) = 4x + k$

とおける. ②で $x = 0$ とすると $f(0) = 1$ なので，$k = 1$，$f(x) = 4x + 1$

従って，$\boldsymbol{f(3) = 13}$

⇨注1. $\dfrac{d}{dx}\displaystyle\int_c^x f(t)\,dt = f(x)$ において，c は定数であり，$f(t)$ は x を含まない t の関数. 積分区間下端が定数でなかったり，上端を $2x$ にしたりすると成り立たない. 誤りの例：$\dfrac{d}{dx}\displaystyle\int_{x-1}^{2x} f(t)\,dt = f(2x)$　　$\Leftarrow$ 積分して微分すると元に戻るという式.

⇨注2. （イ）$f'(x) = 4$ を得たあとは，これを②に代入してもよい.

$f(x) = 2x^2 + 4x + 1 - \displaystyle\int_0^x 4t\,dt = 2x^2 + 4x + 1 - \left[2t^2\right]_0^x = 4x + 1$

$\Leftarrow$ 注2で $x = 3$ とすれば $f(x)$ を経由せずに $f(3)$ が求められる.

$f(3) = 2\cdot3^2 + 4\cdot3 + 1 - \displaystyle\int_0^3 4t\,dt$

◯6 演習題 （解答は p.155）

（ア） 次の等式をみたす関数 $f(x)$ と定数 a をすべて求めよ.

$$\int_a^x f(t)\,dt = x^4 - 4x^3 + 5x^2 - 2x$$

(愛媛大・工－後)

（イ） 関数 $g(x)$ は，ある定数 k に対して，

$$\int_1^x (3t+1)g(t)\,dt = 4\int_k^x g(t)\,dt + 5x^3 - 3x^2 - 9x - 17$$

を満たし，$g(1) = 8$ である. このとき $g(x)$ と k の値を求めよ.　(群馬大)

> （ア）　例題と同様.
> （イ）　まず両辺を微分. 積分値が 0 になる x の値は 1 と k だが，…

143

◆ 7 面積─放物線と直線（1）

a を実数とし，放物線 $y=x^2-x$ と直線 $y=ax+4$ で囲まれた図形の面積を S とする.
（1） S を求めよ.
（2） a が実数全体を動くとき，S の最小値と，最小値を与える a の値を求めよ.

（学習院大・文）

<u>放物線と直線が囲む部分の面積</u>　右の図1の網目部の面積を積分で表すと

$\displaystyle\int_\alpha^\beta \{-(x-\alpha)(x-\beta)\}dx$ であり，これは $\dfrac{1}{6}(\beta-\alpha)^3$ と整理することができ

る（計算については，要点の整理 5・1）.本書では，

$\displaystyle\int_\alpha^\beta \{-(x-\alpha)(x-\beta)\}dx=\dfrac{1}{6}(\beta-\alpha)^3 \cdots\cdots★$　を公式にする.これを用い

て図2の網目部の面積を求めてみよう.式は $\displaystyle\int_\alpha^\beta \{(mx+n)-(ax^2+bx+c)\}dx$

となるが，交点の x 座標 $\alpha,\ \beta$ は $(mx+n)-(ax^2+bx+c)=0 \cdots\cdots①$ の解

なので，①の左辺（被積分関数）は $-a(x-\alpha)(x-\beta)$ [2次の係数に注意] と

表される.求める面積は，$\displaystyle\int_\alpha^\beta\{-a(x-\alpha)(x-\beta)\}dx=\dfrac{a}{6}(\beta-\alpha)^3$

[公式★を用いた].

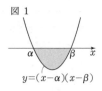
図1
$y=(x-\alpha)(x-\beta)$

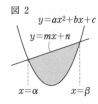
図2
$y=ax^2+bx+c$
$y=mx+n$
$x=\alpha$　$x=\beta$

▓ 解 答 ▓

（1） $y=x^2-x$ と $y=ax+4$ の2交点の x 座標を $\alpha,\ \beta$
$(\alpha<\beta)$ とすると，$\alpha,\ \beta$ は $x^2-x=ax+4$ の解だから
$x^2-(a+1)x-4 \cdots\cdots①$ は $(x-\alpha)(x-\beta)$ と書ける.

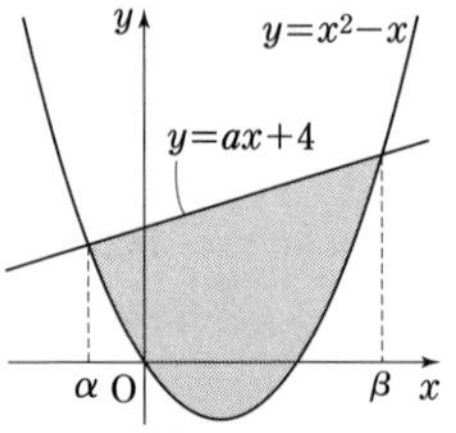

$S=\displaystyle\int_\alpha^\beta\{(ax+4)-(x^2-x)\}dx=\int_\alpha^\beta(-①)dx$

$=\displaystyle\int_\alpha^\beta\{-(x-\alpha)(x-\beta)\}dx=\dfrac{1}{6}(\beta-\alpha)^3$

①$=0$ を解くと $x=\dfrac{a+1\pm\sqrt{(a+1)^2+16}}{2}$ なので，$\underline{\beta-\alpha=\sqrt{(a+1)^2+16}}$

よって，$S=\dfrac{1}{6}(a^2+2a+17)^{\frac{3}{2}}$

（2） S が最小になるのは，$(a+1)^2+16$ が最小になるとき.

それは $\boldsymbol{a=-1}$ のときで，S の最小値は $\dfrac{1}{6}\cdot16^{\frac{3}{2}}=\dfrac{1}{6}(4^2)^{\frac{3}{2}}=\dfrac{4^3}{6}=\boldsymbol{\dfrac{32}{3}}$

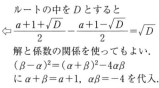

⇦交点の x 座標を設定して公式★
　を使う.

ルートの中を D とすると
⇦$\dfrac{a+1+\sqrt{D}}{2}-\dfrac{a+1-\sqrt{D}}{2}=\sqrt{D}$

解と係数の関係を使ってもよい.
$(\beta-\alpha)^2=(\alpha+\beta)^2-4\alpha\beta$
に $\alpha+\beta=a+1,\ \alpha\beta=-4$ を代入.

⏀7 演習題（解答は p.156）

（ア）放物線 $y=x^2$ 上の点 $\mathrm{P}(a,\ a^2)$ における接線を l とする.ただし，$a>0$ とする.
（1）P を通り l と直交する直線 m の式を求めよ.
（2）放物線 $y=x^2$ と直線 m とで囲まれた図形の面積を最小にする a の値を求めよ.

（津田塾大・英文）

（イ）t を定数とする.$C_1: y=-x^2,\ C_2: y=(x+2t)^2-4t$ について，
（1）C_1 と C_2 が異なる2点で交わるための t の値の範囲を求めよ.
（2）t が（1）の範囲にあるとき，C_1 と C_2 の交点の x 座標を $\alpha,\ \beta$（ただし，$\alpha<\beta$）と
する.このとき，$\beta-\alpha$ を t で表せ.
（3）C_1 と C_2 とで囲まれた部分の面積を t を用いて表せ.　　　（神奈川大）

> (ア) （2）は相加・相乗
> 平均の不等式を使う.
> (イ) （3）で★を用い
> る.2次の係数に注意.

◆ 8 面積―放物線と2接線

> 2つの放物線 $C_1: y=x^2+4$, $C_2: y=x^2$ を考える. C_1 上に点 $P(p, p^2+4)$ をとり, P における C_1 の接線を l とする. この直線 l が C_2 と交わる2点を $A(\alpha, \alpha^2)$, $B(\beta, \beta^2)$ $(\alpha<\beta)$ とする.
>
> (1) 2点 A, B における C_2 の接線をそれぞれ l_1, l_2 とし, l_1 と l_2 の交点の x 座標を q とする. p を用いた式で q を表せ.
>
> (2) (1)の l_1, l_2 と C_2 で囲まれた図形の面積を求めよ. （高知工科大・文系／一部省略）

接点の x 座標が主役 　右図網目部の面積は α と γ を用いると簡単な形に書ける. 接線 l の方程式を $y=ax+b$ とすると, 面積を表す式は

$$\int_\gamma^\alpha \{x^2-(ax+b)\}dx \cdots\cdots ☆ \quad \text{となる. ここで, } x^2-(ax+b)=0 \text{ は } x=\alpha \text{ を重解}$$

にもつから, $x^2-(ax+b)=(x-\alpha)^2$ と表すことができて,

$$☆=\int_\gamma^\alpha (x-\alpha)^2 dx=\left[\frac{1}{3}(x-\alpha)^3\right]_\gamma^\alpha=-\frac{1}{3}(\gamma-\alpha)^3=\frac{1}{3}(\alpha-\gamma)^3$$

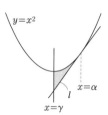

（原始関数については, ☞p.134 [4]）端点 $x=\alpha$ を代入したときに0になることに注目しよう.

▒解 答▒

$C_1: y=x^2+4$ ……………………… ①, 　$C_2: y=x^2$ ………………………②

(1) C_1 について, $y'=2x$ だから,
$P(p, p^2+4)$ における C_1 の接線 l の方程式は

$$y=2p(x-p)+p^2+4 \quad \therefore \quad y=2px-p^2+4$$

これと C_2 の交点が A, B だから, α, β は
$x^2=2px-p^2+4$ の解である. これは $(x-p)^2=2^2$

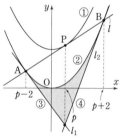

なので, $\underline{\alpha=p-2, \beta=p+2}$　　　　　　　　⇦$x-p=\pm2$, $x=p\pm2$

C_2 について $y'=2x$ だから, (t, t^2) における
接線の方程式は $\underline{y=2tx-t^2}$ である. よって,　　　　⇦$y=2t(x-t)+t^2$

$$l_1: y=2(p-2)x-(p-2)^2 \cdots\cdots③ \qquad l_2: y=2(p+2)x-(p+2)^2 \cdots\cdots④$$

③④から y を消去すると, $2(p-2)x-(p-2)^2=2(p+2)x-(p+2)^2$

この解が $x=q$ なので, $2\{(p-2)-(p+2)\}q=(p-2)^2-(p+2)^2$

$$\therefore \quad -8q=-8p \quad \therefore \quad \boldsymbol{q=p}$$

(2) $\displaystyle\int_{p-2}^p (②-③)dx+\int_p^{p+2}(②-④)dx$

$$=\int_{p-2}^p \{x-(p-2)\}^2 dx+\int_p^{p+2}\{x-(p+2)\}^2 dx$$

⇦②と③は $x=p-2$ で, ②と④は $x=p+2$ でそれぞれ接する.

$$=\left[\frac{1}{3}\{x-(p-2)\}^3\right]_{p-2}^p+\left[\frac{1}{3}\{x-(p+2)\}^3\right]_p^{p+2}=\frac{1}{3}\cdot2^3+\frac{1}{3}\cdot2^3=\boldsymbol{\frac{16}{3}}$$

♡8 演習題 （解答は p.156）

放物線 $C: y=x^2-2x+2$ に点 $P(t, 0)$ から異なる2本の接線を引き, その接点 A, B の x 座標をそれぞれ α, β $(\alpha<\beta)$ とする.

(1) α と t の関係式を求めよ.

(2) 放物線 C, 直線 PA, PB によって囲まれる図形の面積を S とする. S の最小値を求めよ. 　　　　　（立命館大・文系／一部省略）

(2) S を α, β, t で表して(1)を使う.

145

◆ 9 面積―放物線と共通接線

a を正の実数とし，2つの放物線 $C_1: y = x^2$, $C_2: y = x^2 - 4ax + 4a$ を考える．

（1）　C_1 と C_2 の両方に接する直線 l の方程式を求めよ．

（2）　2つの放物線 C_1, C_2 と直線 l で囲まれた図形の面積を求めよ．

（北大・理系）

共通接線のとらえ方　C_1 と C_2 が一般の曲線の場合，C_1 と C_2 の両方に接する直線（共通接線）は「C_1 の $x = t$ と C_2 の $x = u$ における接線が一致する条件」から求める（1次の係数と定数項がそれぞれ一致することから t と u が求められる）．放物線2つの場合もこの方法でよいが，放物線の接線は重解条件でとらえることができるため，「接線が一致」以外に

　　（A）　C_1 の $x = t$ における接線を求め，それが C_2 に接することから重解条件で t を求める

　　（B）　共通接線を $y = mx + n$ とおき，重解条件2つから m, n の連立方程式を作って求める

という方針も考えられる．（B）は2次式2つの連立になるので，未知数1個の（A）の方が見通しがよいと言えるだろう．ここでは（A）で解いてみる．

▒ 解 答 ▒

（1）　$y = x^2$ のとき $y' = 2x$ だから，$x = t$ における C_1 の接線の方程式は

$$y = 2t(x - t) + t^2 \quad \therefore \quad y = 2tx - t^2 \cdots\cdots\cdots\cdots\cdots① $$

これが C_2 に接するための条件は，連立させて得られる方程式

$$x^2 - 4ax + 4a = 2tx - t^2 \quad \text{つまり} \quad x^2 - 2(2a + t)x + (4a + t^2) = 0 \cdots② $$

が重解をもつことなので，判別式を考えて　　　　　　　　　　　　⇦ $D/4 = 0$

$$(2a + t)^2 - (4a + t^2) = 0 \quad \therefore \quad 4a^2 + 4at - 4a = 0$$　　⇦ a が定数，t が未知数

よって $4a\{t - (1 - a)\} = 0$ で，$a \neq 0$ だから $t = 1 - a$

これを①に代入して，$\boldsymbol{l : y = 2(1-a)x - (1-a)^2}$

（2）　（1）より C_1 と l は $x = 1 - a$ で接する．また，
C_2 と l の接点の x 座標は②の重解であり，②の1次の
係数は［$t = 1 - a$ を代入して］$-2(1 + a)$ であるから，
C_2 と l は $x = 1 + a$ で接する．さらに，C_1 と C_2 の交
点の x 座標は $x^2 = x^2 - 4ax + 4a$ の解なので，
$4ax = 4a$ で $x = 1$.

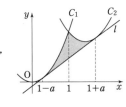

⇦ 解と係数の関係から，
$2 \times$（重解）$= -$（1次の係数）
つまり，
$$（重解）= \frac{-（1次の係数）}{2}$$

$a > 0$ より C_1, C_2, l は右図のようになり，求めるものは網目部分の面積となる．

従って，

$$\int_{1-a}^{1} \underline{\{x - (1-a)\}^2} dx + \int_{1}^{1+a} \underline{\{x - (1+a)\}^2} dx$$

⇦ 接するので，被積分関数はこのように2乗の形になる．☞ ○8

$$= \left[\frac{1}{3}\{x - (1-a)\}^3 \right]_{1-a}^{1} + \left[\frac{1}{3}\{x - (1+a)\}^3 \right]_{1}^{1+a}$$

$$= \frac{1}{3}a^3 - \frac{1}{3}(-a)^3 = \boldsymbol{\frac{2}{3}a^3}$$

♂ 9 演習題 （解答は p.157）

2つの放物線

$$C_1: y = 2x^2 + a, \; a > 0, \qquad C_2: y = -x^2 - 1$$

について，次の問に答えよ．

（1）　放物線 C_1, C_2 の2本の共通接線の方程式を求めよ．

（2）　2本の共通接線と C_1 で囲まれる部分の面積を S_1, 2本の共通接線と C_2 で囲まれる部分の面積を S_2 とする．$S_1 : S_2$ を求めよ．

（信州大・教）

> （1）　C_2 が定放物線なので（A）の方針で先に C_2 の接線を求める．
> （2）　各部分は ○8 と同じ形．

◆ 10 面積—放物線と直線（2）

関数 $f(x)=|(x+2)(x-5)|+3x-3$ とする.

（1） $y=f(x)$ のグラフの概形を描け.

（2） 曲線 $y=f(x)$ 上の点 $(2,\ f(2))$ における接線 l の方程式は $\boxed{}$ である. また, 曲線 $y=f(x)$ と接線 l とで囲まれた2つの部分の面積の和は $\boxed{}$ である.

> 放物線と直線が囲む部分を組み合わせて求める ○7で述べたように, 放物線と直線が囲む部分の面積は簡単に求めることができる. 従って, このようなものを（足したり引いたりして）組み合わせた図形についても, 面積は容易に求められる. 例題の最後の空欄は普通に積分計算しても求められるが, 放物線と直線が囲む部分に分解した方が早いし間違えにくい. 解答では
> $$\int_{\alpha}^{\beta}(x-\alpha)(x-\beta)\,dx=-\frac{1}{6}(\beta-\alpha)^3 \quad\cdots\cdots\cdots\cdots\cdots \bigstar$$
> を公式とした. なお,「放物線と直線」でなくても ★ の左辺の形になれば使える.

▤ 解 答 ▤

（1） $x\leqq-2$ または $x\geqq5$ のとき

$\quad f(x)=(x+2)(x-5)+3x-3=x^2-13$

$-2\leqq x\leqq5$ のとき

$\quad f(x)=-(x+2)(x-5)+3x-3$

$\qquad =-x^2+6x+7=-(x-3)^2+16$

よって, 右図太線.

⇦ $(x+2)(x-5)=x^2-3x-10$

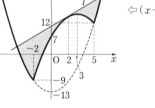

（2） $-2\leqq x\leqq5$ のとき $f'(x)=-2x+6$ だから

$f'(2)=2$ である. また, $f(2)=-4+12+7=15$ だから, l の方程式は

$\qquad y=2(x-2)+15 \qquad \therefore\ \boldsymbol{y=2x+11}$

l と $y=x^2-13$ の交点について, $x^2-13=2x+11$ すなわち $x^2-2x-24=0$

となるから, $(x+4)(x-6)=0$ で $x=-4,\ 6$

従って, 求める面積は

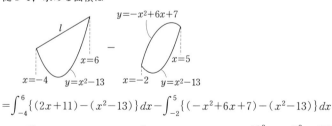

⇦（1）の図の破線部分を補って考えることがポイント.

⇦ 第2の部分は, さらに分割すれば「放物線と直線」になるがその必要はない.

$\displaystyle =\int_{-4}^{6}\{(2x+11)-(x^2-13)\}\,dx-\int_{-2}^{5}\{(-x^2+6x+7)-(x^2-13)\}\,dx$

$\displaystyle =-\int_{-4}^{6}(x+4)(x-6)\,dx+\int_{-2}^{5}2(x+2)(x-5)\,dx=\frac{10^3}{6}-2\cdot\frac{7^3}{6}=\boldsymbol{\frac{157}{3}}$

⇦ 交点の x 座標, 2次の係数に着目すると被積分関数は左のように因数分解される.

━━ ○10 演習題（解答は p.157）━━

曲線 $C:y=|x^2-5x|-2x$ と直線 $l:y=(m-7)x$ は, 原点以外に2つの共有点をもつとする.

（1） m の値の範囲を求めよ.

（2） m は（1）で求めた範囲にあるとする. このとき, C と l とで囲まれた2つの部分の面積が等しくなるような m の値を求めよ. （青山学院大・法, 国際政経）

> （1） 共有点の x 座標を計算するか, 図から判断する.
> （2） 適当な図形を補うと…

11 面積—3次関数どうし

関数 $f(x) = x^3 - 3x + 18$ について, $y = f(x)$ のグラフを C_1 とおく. C_1 を x 軸の正の方向に 2 だけ平行移動して得られる曲線を $C_2 : y = g(x)$ とおくと, $g(x) = \boxed{(1)}$ である. C_1 と C_2 の交点の x 座標は $x = \boxed{(2)}$ であり, C_1 と C_2 で囲まれた部分の面積を S とおくと, $S = \boxed{(3)}$ である.

(長浜バイオ大／一部省略)

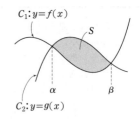

$\boxed{\text{差が 2 次式になる場合}}$ 本問の場合, 方程式 $f(x) = g(x)$ の解は 2 つあり, 右図のようになる. よって, 網目部の面積 S を表す式は
$\int_\alpha^\beta \{g(x) - f(x)\}dx$ となるが, $g(x) - f(x)$ が 2 次式で $=0$ の解が α, β であることから, $g(x) - f(x) = A(x - \alpha)(x - \beta)$ (A は 2 次の係数で定数) と書ける. これと ○7 の公式★を用いれば
$$S = \int_\alpha^\beta A(x - \alpha)(x - \beta)\,dx = -\frac{A}{6}(\beta - \alpha)^3$$

▨ 解 答 ▨

(1) $C_1 : y = f(x) = x^3 - 3x + 18$ を x 軸方向に 2 だけ平行移動したものが $C_2 : y = g(x)$ だから,

$$\underline{g(x)} = f(x - 2) = (x - 2)^3 - 3(x - 2) + 18$$
$$= \underline{x^3 - 6x^2 + 9x + 16}$$

⇦平行移動の公式 (☞ 数 I, p.32)

⇦$(x - 2)^3 = x^3 - 6x^2 + 12x - 8$

(2) (1)より

$$g(x) - f(x) = -6x^2 + 12x - 2 \cdots\cdots ①$$

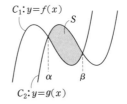

C_1 と C_2 の交点の x 座標は①$=0$ の解だから, $3x^2 - 6x + 1 = 0$ を解いて

$$x = \frac{3 \pm \sqrt{9 - 3}}{3} = \frac{3 \pm \sqrt{6}}{3}$$

(3) (2)の 2 つの解を α, β $(\alpha < \beta)$ とすると

$$① = \underline{-6(x - \alpha)(x - \beta)}$$

⇦2 次の係数に注意

であるから,

$$S = \int_\alpha^\beta ①\,dx = \int_\alpha^\beta \{-6(x - \alpha)(x - \beta)\}dx$$
$$= \frac{1}{6} \cdot 6(\beta - \alpha)^3 = \left(\frac{3 + \sqrt{6}}{3} - \frac{3 - \sqrt{6}}{3}\right)^3 = \left(\frac{2}{3}\sqrt{6}\right)^3 = \frac{16}{9}\sqrt{6}$$

◌11 演習題 (解答は p.158)

曲線 $y = x^2(x + 3)$ を C とし, C を x 軸方向に a だけ平行移動した曲線を D とする. ただし, $a > 0$ である. 以下の設問に答えよ.

(1) 曲線 D の方程式を求めよ.

(2) 2 曲線 C, D が異なる 2 点で交わるような定数 a の値の範囲を求めよ.

(3) 2 曲線 C, D で囲まれた図形の面積 S を求めよ.

(4) $t = 12 - a^2$ とおくことにより, S が最大となるような定数 a の値を求めよ.

(日本歯大)

> (1) $C : y = f(x)$ とすると $D : y = f(x - a)$
> [平行移動の公式]
> (2)(3) 例題とほとんど同じ.
> (4) S を t だけで表して t で微分する.

◆ 12 面積─ 3 次関数と直線

曲線 $C:y=-x^3+5x^2$, 直線 $l:y=ax\,(a>0)$ とする.

（1） C と l が原点を含めて 3 点で交わるのは, $0<a<\boxed{}$ のときである.

（2） C と l で囲まれた 2 つの部分のうち原点を含む側の面積を S_1, もう一方の面積を S_2 とする.

$S_1=S_2$ となるのは $a=\boxed{}$ のときである.　　　　　（関東学院大・工／一部省略, 表現を変更）

[「面積が等しい」は一つの式で書けることがある]　右図で, $S=T$（面積が等しい）という条件があるとする. この条件は一つの積分の式で書ける.

$S=T\iff S-T=0$ に注意して $S-T$ を計算すると,

$$S-T=\int_\alpha^\beta f(x)\,dx-\int_\beta^\gamma\{-f(x)\}\,dx=\int_\alpha^\beta f(x)\,dx+\int_\beta^\gamma f(x)\,dx=\int_\alpha^\gamma f(x)\,dx$$

となるから, $S=T\iff\displaystyle\int_\alpha^\gamma f(x)\,dx=0$ である.

▤ 解 答 ▤

（1）$-x^3+5x^2=ax$ は $x(x^2-5x+a)=0$ であるから, $x^2-5x+a=0$ が 0 以外の異なる 2 実解をもつ条件を求めればよい. $D=5^2-4a>0$ と $a>0$ より,

$\mathbf{0<a<\dfrac{25}{4}}$ であり, このとき 0 が解になることはない.

（2）3 交点の x 座標を 0, α, $\beta\,(\alpha<\beta)$ とする.

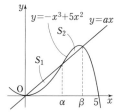

S_1-S_2

$=\displaystyle\int_0^\alpha\{ax-(-x^3+5x^2)\}\,dx$

$\qquad\qquad-\displaystyle\int_\alpha^\beta(-x^3+5x^2-ax)\,dx$

$=\displaystyle\int_0^\alpha(x^3-5x^2+ax)\,dx+\int_\alpha^\beta(x^3-5x^2+ax)\,dx$

$=\displaystyle\int_0^\beta(x^3-5x^2+ax)\,dx=\left[\frac{1}{4}x^4-\frac{5}{3}x^3+\frac{1}{2}ax^2\right]_0^\beta=\frac{1}{4}\beta^4-\frac{5}{3}\beta^3+\frac{1}{2}a\beta^2$

であり, これが 0 だから $\dfrac{1}{4}\beta^4-\dfrac{5}{3}\beta^3+\dfrac{1}{2}a\beta^2=0$ ……………………………………①

β は $x^2-5x+a=0$ の解だから $\beta^2-5\beta+a=0$, すなわち $\underline{a=-\beta^2+5\beta}$

これを①に代入して, $\dfrac{1}{4}\beta^4-\dfrac{5}{3}\beta^3+\dfrac{1}{2}(-\beta^2+5\beta)\beta^2=0$

12 倍して整理すると, $-3\beta^4+10\beta^3=0$　　∴　$\beta^3(-3\beta+10)=0$

よって, $\beta=\dfrac{10}{3}$, $a=-\beta^2+5\beta=-\left(\dfrac{10}{3}\right)^2+5\cdot\dfrac{10}{3}=\dfrac{-100+150}{9}=\mathbf{\dfrac{50}{9}}$

⇐ 0 を解にもつ $\iff$ 定数項＝0

交点を a で表すと汚いので, α, β とおいて進める. 図から
⇐ $0<\alpha<\beta$

⇐ $y=-x^3+5x^2=x^2(-x+5)$ より, この 3 次関数は原点で x 軸と接し, $(5,\ 0)$ を通る.

⇐ 解と係数の関係から $\alpha+\beta=5$, $\alpha\beta=a$ である. これを用いて a を消去してもよい.

⇐ 最終的に求めるものは a であるが, この式を見ると（①を a で表すときれいにならないから）まず β を求める方がよい, ということがわかるだろう. なお, 解と係数の関係（上の傍注）を用いて①から a と α を消去しても同じになる.

◐ 12 演習題 （解答は p.159）

定数 a, b に対して, $f(x)=x^3+ax^2+bx$ とおく. 曲線 $y=f(x)$ が x 軸と相異なる 3 点で交わっているとき, 次の問いに答えなさい.

（1）a, b の満たす条件を求めなさい.

（2）$b<0$ のとき, 曲線 $y=f(x)$ と x 軸で囲まれた 2 つの図形の面積の和を a, b を用いて表しなさい.

（3）$b>0$ のとき, 曲線 $y=f(x)$ と x 軸で囲まれた 2 つの図形の面積が等しくなるための a, b の条件を求めなさい.　　（東京理科大・理工）

（2）（3）x 軸との交点（≠0）を α, β とおく.
一度 α, β だけの式にする方が見通しがよいだろう.（3）はまず α と β の関係を求める. 実は（2）の計算が再利用できる.

13 面積—3次関数と接線

a, b を実数として $f(x)=x^3+3x^2-1$, $g(x)=2x^2+ax+b$ とする．曲線 $C_1: y=f(x)$ と曲線 $C_2: y=g(x)$ が $(1, 3)$ で共通の接線 l をもつとする．

(1) 直線 l の方程式と a, b の値を求めよ．

(2) $f(x)<g(x)$ を満たす x の範囲を求めよ．

(3) C_1 と l で囲まれた図形の面積 S_1，および C_1 と C_2 で囲まれた図形の面積 S_2 を求めよ．

(関西学院大・文系／一部変更)

接点の x 座標を主役に　　右図の網目部の面積を求めるとしよう．面積を
表す式は $\int_\beta^\alpha \{x^3-(mx+n)\}dx$ となるが，$x^3-(mx+n)=0$ の解が $x=\alpha$, β
(α が重解) であることから $x^3-(mx+n)=(x-\alpha)^2(x-\beta)$ と書ける．この
右辺を，○7 の★を導く変形と同様，$(x-\alpha)$ のかたまりを用いて
$$(x-\alpha)^2\{(x-\alpha)+(\alpha-\beta)\}=(x-\alpha)^3+(\alpha-\beta)(x-\alpha)^2$$
と表すことが計算のポイントになる．

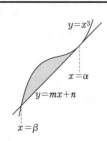

解　答

(1) $f'(x)=3x^2+6x$ より $f'(1)=9$ となるので，l の方程式は
$$y=9(x-1)+3 \quad \therefore \quad y=9x-6$$
$g'(x)=4x+a$ で $g'(1)=f'(1)=9$ より **$a=5$**
これと $g(1)=3$ より $2+5+b=3$ で **$b=-4$**

(2) $f(x)-g(x)=x^3+x^2-5x+3=\underline{(x-1)^2(x+3)}$
より $f(x)<g(x)$ を満たす x の範囲は **$x<-3$**

(3) $S_1: f(x)-(9x-6)$ は $(x-1)^2$ で割り切れるので，
$$f(x)-(9x-6)=x^3+3x^2-9x+5=(x-1)^2(x+5)$$
これより，C_1 と l は $x=-5$ で交わる．さらに変形すると，

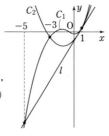

$$(x-1)^2\{(x-1)+6\}=(x-1)^3+6(x-1)^2$$
$$S_1=\int_{-5}^1 \{f(x)-(9x-6)\}dx$$
$$=\left[\frac{1}{4}(x-1)^4+2(x-1)^3\right]_{-5}^1=-\frac{1}{4}(-6)^4-2(-6)^3=\mathbf{108}$$

S_2：(2)より C_1 と C_2 は $x=1$ 以外に $x=-3$ で交わるので，
$$f(x)-g(x)=(x-1)^2\{(x-1)+4\}=(x-1)^3+4(x-1)^2$$
を用いると，
$$S_2=\int_{-3}^1 \{f(x)-g(x)\}dx=\left[\frac{1}{4}(x-1)^4+\frac{4}{3}(x-1)^3\right]_{-3}^1$$
$$=-\frac{1}{4}(-4)^4-\frac{4}{3}(-4)^3=\mathbf{\frac{64}{3}}$$

$\Leftarrow C_1: y=f(x)$, $C_2: y=g(x)$ とも l に接するので，C_1 と C_2 は $x=1$ で接する．つまり，$f(x)-g(x)$ は $(x-1)^2$ で割り切れる．残る因数は定数項から決まる．(3)も同様．

$\Leftarrow \int_{-5}^1 \{(x-1)^3+6(x-1)^2\}dx$ 上端の1を代入したときに0．

$\Leftarrow$ 3次関数に放物線が接するときもこの変形は可能．

○13 演習題 (解答は p.159)

座標平面上の曲線 $C: y=x^3-3x$ と点 $P(p, q)$ を考える．ただし，$p>0$ とする．

(1) C 上の点 (t, t^3-3t) における C の接線の方程式を t を用いて表せ．

(2) 点 P を通る C の接線がちょうど2本あるための p, q の満たす条件を求めよ．

(3) p, q が (2) の条件に加えて $q<-2$ を満たすとき，点 P を通る C の2つの接線と C とで囲まれた図形の面積を p を用いて表せ．

(東京海洋大・海洋工)

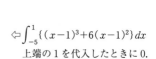

(3) 例題と同様の変形をしよう．

◆ 14 面積—4次関数と複接線

曲線 $y=f(x)=x^4-2x^3-3x^2+5x+5$ の上の異なる2点 $(\alpha,\ f(\alpha))$, $(\beta,\ f(\beta))$ $(\alpha<\beta)$ において，直線 $y=g(x)=ax+b$ がこの曲線に接するとする．このとき，

$$\alpha=\boxed{},\quad \beta=\boxed{},\quad a=\boxed{},\quad b=\boxed{}$$

である．また，曲線 $y=f(x)$ と直線 $y=g(x)$ で囲まれた図形の面積を S とすると，$S=\boxed{}$ である．

(東京理科大)

複接線のとらえ方 4次関数 $f(x)$ のグラフ $y=f(x)$ に2点で接する直線（複接線という）を求める場合は，接することを「重解」でとらえるとよい．
$y=f(x)$ に直線 $y=g(x)$ が $x=\alpha$, β で接するとすると，方程式
$f(x)=g(x)$ が $x=\alpha$, β を重解にもつことから
$$f(x)-g(x)=A(x-\alpha)^2(x-\beta)^2 \quad (A \text{ は } f(x) \text{ の4次の係数})$$
と因数分解される．このあとは各辺の係数を比較して α, β, $g(x)$ を求める．
因数分解した形は面積計算でも使える．なお，3次以下の関数のグラフには複接線は存在しない．また，4次関数のグラフの複接線は，1本か0本（グラフの形状による）である．

▤ 解 答 ▤

$y=f(x)$ と $y=g(x)$ は $x=\alpha$, β で接するから，4次方程式 $f(x)=g(x)$ は $x=\alpha$, β を重解にもつ．$f(x)$ の4次の係数は1だから，
$$f(x)-g(x)=(x-\alpha)^2(x-\beta)^2 \ \cdots\cdots\cdots\cdots\cdots\cdots\cdots☆$$
と因数分解され，☆の右辺は $\{(x-\alpha)(x-\beta)\}^2=\{x^2-(\alpha+\beta)x+\alpha\beta\}^2$ なので
$$x^4-2x^3-3x^2+(5-a)x+(5-b)$$
$$=x^4-2(\alpha+\beta)x^3+\{(\alpha+\beta)^2+2\alpha\beta\}x^2-2\alpha\beta(\alpha+\beta)x+(\alpha\beta)^2$$

⇦ x^2 の係数は整理しない．

$\therefore\ -2=-2(\alpha+\beta)$, $-3=(\alpha+\beta)^2+2\alpha\beta$, $5-a=-2\alpha\beta(\alpha+\beta)$, $5-b=(\alpha\beta)^2$

⇦ 係数比較．これから $\alpha+\beta$ と $\alpha\beta$ を求める．

第1式から $\alpha+\beta=1\cdots$①，これと第2式から $\alpha\beta=(-3-1^2)\div2=-2\cdots$②
①と②より α, β は $t^2-t-2=0$ の2解で，$\alpha=-1$, $\beta=2$

⇦ 解と係数の関係．なお，$t^2-t-2=(t+1)(t-2)$

また，①と②を残りの2式に代入して，
$$a=5+2\alpha\beta(\alpha+\beta)=5+2(-2)\cdot1=1,\quad b=5-(\alpha\beta)^2=5-4=1$$

このとき
$$f(x)-g(x)=(x+1)^2(x-2)^2$$
$$=(x+1)^2\{(x+1)-3\}^2$$
$$=(x+1)^4-6(x+1)^3+9(x+1)^2$$

⇦ $(x+1)$ のかたまりを作り出す．

となるので，求める面積は，
$$S=\int_{-1}^{2}\{f(x)-g(x)\}dx$$
$$=\left[\frac{1}{5}(x+1)^5-\frac{6}{4}(x+1)^4+\frac{9}{3}(x+1)^3\right]_{-1}^{2}=\frac{1}{5}\cdot3^5-\frac{3}{2}\cdot3^4+3\cdot3^3=\frac{81}{10}$$

⇦ $3^4\left(\dfrac{3}{5}-\dfrac{3}{2}+1\right)=3^4\cdot\dfrac{6-15+10}{10}$

◯14 演習題（解答は p.160）

$f(x)=-x^4+8x^3-18x^2+11$ について，
(1) $y=f(x)$ の増減と極値を調べ，グラフの概形をかけ．
(2) $y=f(x)$ と異なる2点で接する直線の方程式を求めよ．
(3) $y=f(x)$ と(2)で求めた直線とで囲まれた部分の面積を求めよ．

(長崎大・教，薬，工)

> 例題と同様だが，2接点の x 座標の値はきれいにならない．これを α, β とおいて計算を進めよう．

151

積分法とその応用 演習題の解答

1…A*B**	2…C**	3…B***
4…B***	5…B*○B***	6…A*B**
7…B*B***	8…B**○	9…B***
10…B***	11…B***	12…C***
13…B***	14…B***	

1 （ア） 展開して計算する．p, q の2次式になるので平方完成すればよい．

（イ） $f(x)$ の条件から $f(x)$ の1次と定数が決まり，$f(x)=ax^3+bx^2+\cdots$ となる．次に $g(x)=px^2+qx+r$ とおいて積分を計算するが，「任意の p, q, r に対して積分値が0」なので，積分値を $Ap+Bq+Cr$ の形に整理して（A, B, C は a と b の式）$A=B=C=0$ から a と b を求める．

解 （ア） $(x^2+px-q)^2$

$\qquad =x^4+2px^3+(p^2-2q)x^2-2pqx+q^2$ ……①

①を -1 から 1 まで積分する．偶数次の項は 0 から 1 までの積分の2倍で，奇数次の項は 0 となるので

$$\int_{-1}^{1}①dx=2\int_0^1\{x^4+(p^2-2q)x^2+q^2\}dx$$

$$=2\left[\frac{1}{5}x^5+\frac{1}{3}(p^2-2q)x^3+q^2x\right]_0^1 \quad\text{……}*$$

$$=2\left\{\frac{1}{5}+\frac{1}{3}(p^2-2q)+q^2\right\}$$

$$=\frac{2}{3}p^2+2q^2-\frac{4}{3}q+\frac{2}{5}$$

$$=\frac{2}{3}p^2+2\left(q-\frac{1}{3}\right)^2-\frac{2}{9}+\frac{2}{5}$$

よって，$\boldsymbol{p=0}$, $\boldsymbol{q=\dfrac{1}{3}}$ で最小値をとる．

（イ） 原点を通るから $f(0)=0$ で，

$f(x)=ax^3+bx^2+cx$ （a, b, c は定数）とおける．

このとき $f'(x)=3ax^2+2bx+c$ であるから，$f'(0)=-3$［原点における接線の傾きが -3］より $c=-3$．よって，

$$f(x)=ax^3+bx^2-3x \quad\text{……}②$$

$g(x)=px^2+qx+r$ （p, q, r は定数）とおく．

$$\int_{-1}^{1}f(x)g(x)dx$$

$$=\int_{-1}^{1}(ax^3+bx^2-3x)(px^2+qx+r)dx \quad\text{……}③$$

を計算すると偶数次の項の積分が残る．それを p, q, r について整理することを考え，被積分関数を

$px^2\times(f(x)\text{の偶数次})+qx\times(f(x)\text{の奇数次})+\cdots$

と書くと，

$$③=2\int_0^1\{px^2\cdot bx^2+qx(ax^3-3x)+r\cdot bx^2\}dx$$

$$=2p\int_0^1 bx^4dx+2q\int_0^1(ax^4-3x^2)dx+2r\int_0^1 bx^2dx$$

$$=2p\left[\frac{b}{5}x^5\right]_0^1+2q\left[\frac{a}{5}x^5-x^3\right]_0^1+2r\left[\frac{b}{3}x^3\right]_0^1 \quad\text{……}*$$

$$=2\cdot\frac{b}{5}\cdot p+2\left(\frac{a}{5}-1\right)q+2\cdot\frac{b}{3}\cdot r$$

これが p, q, r の値によらずに 0 になるのは

$$\frac{b}{5}=0, \quad \frac{a}{5}-1=0, \quad \frac{b}{3}=0$$

すなわち $a=5$, $b=0$ のときである．よって，②より

$$\boldsymbol{f(x)=5x^3-3x}$$

➡**注** 積分区間が 0〜1 の場合，

$$\int_0^1 x^n dx=\left[\frac{1}{n+1}x^{n+1}\right]_0^1=\frac{1}{n+1}$$

であるが，慣れてきたら $\int_0^1 x^n dx=\dfrac{1}{n+1}$ とテンポよく進めよう．答案では $*$ は省略してもよい．

2 $f(x)$ を表す式は $|x|\leqq1$ と $|x|>1$ で異なる．つまり，$f(2t^2-1)$ を表す式は $|2t^2-1|$ と 1 の大小で変わる．まず，$|2t^2-1|\leqq1$, $|2t^2-1|>1$ のそれぞれの t の範囲を求め，$f(2t^2-1)$ を t の具体的な式で表そう．

解 $f(x)=\begin{cases}1-|x| & (|x|\leqq1) \\ 0 & (|x|>1)\end{cases}$

積分区間が $0\leqq t\leqq2$ なので，このもとで考える．

まず，

$$|2t^2-1|\leqq1 \iff -1\leqq2t^2-1\leqq1$$

$$\iff 0\leqq t^2\leqq1$$

$$\iff 0\leqq t\leqq1 \quad(\text{☞注})$$

となるから，

$$f(2t^2-1)=\begin{cases}1-|2t^2-1| & (0\leqq t\leqq1) \\ 0 & (1<t\leqq2)\end{cases}$$

これより，

$$\int_0^2 f(2t^2-1)dt=\int_0^1\{1-|2t^2-1|\}dt$$

$$=\int_0^1 dt-\int_0^1|2t^2-1|dt$$

$$=1-\int_0^1|2t^2-1|dt$$

ここで，$0 \leqq t \leqq 1$ の範囲で

$$2t^2 - 1 \geqq 0 \iff t^2 \geqq \frac{1}{2} \iff \frac{1}{\sqrt{2}} \leqq t \leqq 1$$

であるから，

$$\int_0^1 |2t^2 - 1|\, dt$$

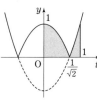

$y = 2t^2 - 1$

$$= \int_0^{\frac{1}{\sqrt{2}}} \{-(2t^2 - 1)\}\, dt$$

$$+ \int_{\frac{1}{\sqrt{2}}}^1 (2t^2 - 1)\, dt$$

$$= \int_{\frac{1}{\sqrt{2}}}^0 (2t^2 - 1)\, dt + \int_{\frac{1}{\sqrt{2}}}^1 (2t^2 - 1)\, dt$$

$$= \left[\frac{2}{3}t^3 - t\right]_{\frac{1}{\sqrt{2}}}^0 + \left[\frac{2}{3}t^3 - t\right]_{\frac{1}{\sqrt{2}}}^1$$

（下端をあとでまとめて計算）

$$= \frac{2}{3} - 1 - 2\left\{\frac{2}{3} \cdot \left(\frac{1}{\sqrt{2}}\right)^3 - \frac{1}{\sqrt{2}}\right\}$$

$$= -\frac{1}{3} - 2 \cdot \frac{1}{\sqrt{2}}\left(\frac{1}{3} - 1\right) = -\frac{1}{3} + \frac{2}{3}\sqrt{2}$$

よって，求める値は

$$1 - \left(-\frac{1}{3} + \frac{2}{3}\sqrt{2}\right) = \boldsymbol{\frac{4}{3} - \frac{2}{3}\sqrt{2}}$$

⇒注 同値変形をしているので，（$0 \leqq t \leqq 2$ で）$|2t^2 - 1| > 1 \iff 1 < t \leqq 2$ も示したことになる．

■補足 $y = |2t^2 - 1|$ のグラフは，$y = 2t^2 - 1$ の x 軸の下側の部分（右図破線）を x 軸に関して折り返したもの（x 軸の上側はそのまま）だから，右図実線のようになる．定積分の意味から，

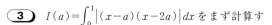

$$\int_0^1 |2t^2 - 1|\, dt \text{ は網目部の面積}$$

である．絶対値つきの定積分は，面積に翻訳して考えるのもよい．

3 $I(a) = \int_0^1 \left|(x - a)(x - 2a)\right| dx$ をまず計算する．$y = (x - a)(x - 2a)$ のグラフは右のようになるので，積分区間上端の 1 がどこにあるかを考えると

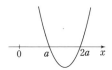

$$2a \leqq 1, \quad a \leqq 1 \leqq 2a, \quad 1 \leqq a$$

の3通りの場合わけになる（$a > 0$ に注意）．

積分計算では，例題と同様に被積分関数の符号をそろえるが，さらに $(x - a)(x - 2a)$ の不定積分を $F(x)$ として $F(a)$，$F(2a)$ などの値を計算しておくとよい．

解 $f(x) = (x - a)(x - 2a) = x^2 - 3ax + 2a^2$ とおく．

（ⅰ）$2a \leqq 1$ すなわち

$0 < a \leqq \dfrac{1}{2}$ のとき，

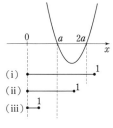

$$I(a) = \int_0^a f(x)\, dx$$

$$+ \int_a^{2a} \{-f(x)\}\, dx$$

$$+ \int_{2a}^1 f(x)\, dx$$

$$= \int_0^a f(x)\, dx + \int_{2a}^a f(x)\, dx + \int_{2a}^1 f(x)\, dx \quad \cdots\cdots \text{①}$$

$f(x)$ の不定積分の一つ $\dfrac{1}{3}x^3 - \dfrac{3}{2}ax^2 + 2a^2 x$ を $F(x)$ とおくと，

$$\text{①} = \{F(a) - F(0)\} + \{F(a) - F(2a)\}$$
$$+ \{F(1) - F(2a)\}$$
$$= 2F(a) - 2F(2a) - F(0) + F(1) \quad \cdots\cdots \text{②}$$

ここで，

$$F(2a) = \frac{1}{3} \cdot 8a^3 - \frac{3}{2} \cdot 4a^2 + 2a^2 \cdot 2a = \frac{2}{3}a^3,$$

$$F(a) = \frac{1}{3}a^3 - \frac{3}{2}a \cdot a^2 + 2a^2 \cdot a = \frac{5}{6}a^3,$$

$$F(0) = 0, \quad F(1) = 2a^2 - \frac{3}{2}a + \frac{1}{3}$$

であるから，

$$\text{②} = 2 \cdot \frac{5}{6}a^3 - 2 \cdot \frac{2}{3}a^3 + 2a^2 - \frac{3}{2}a + \frac{1}{3}$$

$$= \frac{1}{3}a^3 + 2a^2 - \frac{3}{2}a + \frac{1}{3}$$

（ⅱ）$a \leqq 1 \leqq 2a$ すなわち $\dfrac{1}{2} \leqq a \leqq 1$ のとき，

$$I(a) = \int_0^a f(x)\, dx + \int_a^1 \{-f(x)\}\, dx$$

$$= \{F(a) - F(0)\} + \{F(a) - F(1)\}$$

$$= 2F(a) - F(0) - F(1)$$

$$= \frac{5}{3}a^3 - 2a^2 + \frac{3}{2}a - \frac{1}{3}$$

（ⅲ）$1 \leqq a$ のとき，

$$I(a) = \int_0^1 f(x)\, dx = F(1) - F(0) = 2a^2 - \frac{3}{2}a + \frac{1}{3}$$

（ⅰ）のとき

$$I'(a) = a^2 + 4a - \frac{3}{2}$$

で，$I'(a) = 0$ を満たす a は

$\dfrac{-4 \pm \sqrt{22}}{2}$ だから $I'(a)$，$I(a)$ のグラフの概形は右のようになる（$4 < \sqrt{22} < 5$ に注意）．

（ⅱ）のとき

$$I'(a)=5a^2-4a+\frac{3}{2}=5\left(a-\frac{2}{5}\right)^2+\frac{7}{10}>0$$

だから $I(a)$ は増加で，（ⅲ）のとき

$$I(a)=2\left(a-\frac{3}{8}\right)^2+（定数）$$

だから $a\geqq1$ で増加である．

以上より，$I(a)$ が最小となる a の値は

$$\frac{-4+\sqrt{22}}{2}$$

⇒注1．（ⅰ）のとき，$I(a)$ は右図網目部の面積である．（ⅱ）（ⅲ）の場合も同様．この面積が最小になる a の値を求めた．

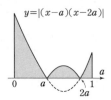

$y=|(x-a)(x-2a)|$

⇒注2．境界での値が一致すること，すなわち（ⅰ）の $I\left(\frac{1}{2}\right)$ と（ⅱ）の $I\left(\frac{1}{2}\right)$ が等しくなることなどを確認するとミス防止に役立つ．

---

④ まず被積分関数（$g(t)$ とする）の絶対値をはずす．$g(t)$ の表し方は $t=0$ を境に変わるから，積分区間 $t=x-1\sim x$ と $t=0$ の位置関係で場合わけする．

解 （1）$g(t)=(t+|t|)(t+|t|-1)$ とおく．

$$t+|t|=\begin{cases}t-t=0 & (t\leqq0)\\ t+t=2t & (t\geqq0)\end{cases}$$

より，

$$g(t)=\begin{cases}0 & (t\leqq0)\\ 2t(2t-1)=4t^2-2t & (t\geqq0)\end{cases}$$

となる．

（ⅰ）$x\leqq0$ のとき，

$$f(x)=3\int_{x-1}^{x}0\,dt=\mathbf{0}$$

（ⅱ）$x-1\leqq0\leqq x$ すなわち $\mathbf{0\leqq x\leqq1}$ のとき，

$$f(x)=3\int_{x-1}^{0}0\,dt$$
$$+3\int_{0}^{x}(4t^2-2t)\,dt$$
$$=\Bigl[4t^3-3t^2\Bigr]_{0}^{x}$$
$$=\mathbf{4x^3-3x^2}$$

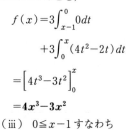

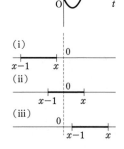

（ⅲ）$0\leqq x-1$ すなわち $\mathbf{x\geqq1}$ のとき，

$$f(x)=3\int_{x-1}^{x}(4t^2-2t)\,dt=\Bigl[4t^3-3t^2\Bigr]_{x-1}^{x}$$
$$=4\{x^3-(x-1)^3\}-3\{x^2-(x-1)^2\}$$
$$=4(3x^2-3x+1)-3(2x-1)$$
$$=\mathbf{12x^2-18x+7}$$

（2）（ⅱ）のとき $f'(x)=12x^2-6x=6x(2x-1)$

$0\leqq x\leqq1$ での増減は右表のようになり，極小値は

$$f\left(\frac{1}{2}\right)=4\cdot\frac{1}{8}-3\cdot\frac{1}{4}$$
$$=-\frac{1}{4}$$

x	0	$\cdots$	$\frac{1}{2}$	$\cdots$	1
$f'(x)$	0	$-$	0	$+$	
$f(x)$		$\searrow$		$\nearrow$	

（ⅲ）のとき，$y=f(x)$ は軸が $x=\frac{3}{4}$（<1）の放物線だから，$x\geqq1$ で増加．

以上より，$y=f(x)$ のグラフは右図太線．

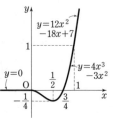

$y=12x^2-18x+7$

$y=4x^3-3x^2$

（3）（2）より，$-\dfrac{1}{4}$

⇒注 $f(x)$ は $x-1\leqq t\leqq x$ の範囲で $y=g(t)$ と t 軸の間の面積（t 軸より下は面積の -1 倍）であることを考えると，$f\left(\frac{1}{2}\right)$ が最小値になることはほとんど明らか（このときの積分区間に $g(t)<0$ となる t がすべて含まれ，$g(t)>0$ となる t が含まれないから）．

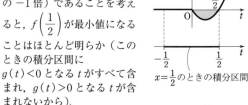

$y=g(t)$

$x=\frac{1}{2}$ のときの積分区間

---

⑤ （ア）x を積分の外に出してから定積分を一つの文字でおく．

（イ）$\int_{0}^{2}g(t)\,dt=a$ とおいてもよいが，係数の $\frac{1}{3}$ をつけたまま $\frac{1}{3}\int_{0}^{2}g(t)\,dt=a$ ……① とおくと，a が $f(x)$ の定数項になって計算がしやすい．第2式を用いると $g(x)$ が a で表せるのでそれを①に代入する．

解 （ア）$f(x)=x+x\int_{-1}^{1}f(t)\,dt+\int_{-1}^{1}tf(t)\,dt$ である．ここで，

$$\int_{-1}^{1}f(t)\,dt=a \cdots\cdots① , \quad \int_{-1}^{1}tf(t)\,dt=b \cdots\cdots②$$

（a，b は定数）とおくと，

$$f(x)=x+ax+b=(a+1)x+b \cdots\cdots③$$

このとき，①の左辺は

$$\int_{-1}^{1}\{(a+1)t+b\}dt=2\int_{0}^{1}b\,dt=2b$$

②の左辺は

$$\int_{-1}^{1}t\{(a+1)t+b\}dt=2\int_{0}^{1}(a+1)t^2dt$$
$$=2(a+1)\left[\frac{1}{3}t^3\right]_{0}^{1}=\frac{2}{3}(a+1)$$

よって，$2b=a\cdots\cdots④$，$\quad\dfrac{2}{3}(a+1)=b\cdots\cdots⑤$

⑤×3：$2a+2=3b$ と④からaを消去して，

$4b+2=3b\quad\therefore\quad b=-2$

これと④から$a=-4$で，③より$f(x)=-3x-2$

(イ) $\dfrac{1}{3}\displaystyle\int_{0}^{2}g(t)dt=a$（定数）……①　とおくと，

$f(x)=3x+a\cdots\cdots②$　となるので，第2式から

$$g(x)=(x+1)(3x+a)\underset{③}{\underline{-\int_{0}^{2}(x+t)(3t+a)dt}}$$

$$③=x\int_{0}^{2}(3t+a)dt+\int_{0}^{2}t(3t+a)dt$$
$$=x\left[\frac{3}{2}t^2+at\right]_{0}^{2}+\left[t^3+\frac{1}{2}at^2\right]_{0}^{2}$$
$$=(6+2a)x+(8+2a)$$

より，

$$g(x)=3x^2+(3+a)x+a-\{(6+2a)x+(8+2a)\}$$
$$=3x^2-(a+3)x-(a+8)\cdots\cdots\cdots\cdots④$$

このとき，①において

$$\int_{0}^{2}g(t)dt=\int_{0}^{2}\{3t^2-(a+3)t-(a+8)\}dt$$
$$=\left[t^3-\frac{1}{2}(a+3)t^2-(a+8)t\right]_{0}^{2}$$
$$=8-2(a+3)-2(a+8)$$
$$=-4a-14$$

よって，①より　$\dfrac{-4a-14}{3}=a$

$\therefore\quad-4a-14=3a\qquad\therefore\quad a=-2$

これと②，④から

$$f(x)=3x-2,\quad g(x)=3x^2-x-6$$

---

6 (ア) 両辺を微分して$f(x)$を求め，$x=a$を
代入してaを求める．

(イ) これも両辺を微分すると$g(x)$が求められる．k
を求めるには，元の式のxに具体的な値を代入した式を
使うとよい．xの値の候補は，積分値が0になる1かk
だが，被積分関数の複雑な方が消えるように$x=1$とし

てみる．

解 (ア) $\displaystyle\int_{a}^{x}f(t)dt=x^4-4x^3+5x^2-2x\cdots\cdots①$

①の両辺をxで微分すると，

$$f(x)=4x^3-12x^2+10x-2$$

①のxにaを代入すると，

$$0=a^4-4a^3+5a^2-2a$$
$$\therefore\quad a(a^3-4a^2+5a-2)=0$$
$$\therefore\quad a(a-1)(a^2-3a+2)=0$$
$$\therefore\quad a(a-1)^2(a-2)=0$$

よって，　$a=0,\ 1,\ 2$

(イ) $\displaystyle\int_{1}^{x}(3t+1)g(t)dt$

$\quad=4\displaystyle\int_{k}^{x}g(t)dt+5x^3-3x^2-9x-17\cdots\cdots\cdots\cdots①$

①の両辺をxで微分すると，

$$(3x+1)g(x)=4g(x)+15x^2-6x-9$$
$$\therefore\quad(3x-3)g(x)=3(5x^2-2x-3)$$
$$\therefore\quad3(x-1)g(x)=3(x-1)(5x+3)$$

よって$x\ne1$のとき$g(x)=5x+3$で，$g(1)=8$だか
ら$x=1$のときもこれでよい．

次に，①のxに1を代入すると，

$$0=4\int_{k}^{1}g(t)dt+5-3-9-17$$
$$\therefore\quad4\int_{k}^{1}(5t+3)dt=24$$

よって，

$$\left[\frac{5}{2}t^2+3t\right]_{k}^{1}=6$$
$$\therefore\quad\frac{5}{2}+3-\left(\frac{5}{2}k^2+3k\right)=6$$
$$\therefore\quad-\frac{5}{2}k^2-3k-\frac{1}{2}=0$$
$$\therefore\quad5k^2+6k+1=0$$
$$\therefore\quad(5k+1)(k+1)=0$$

よって，$k=-\dfrac{1}{5},\ -1$

⇨**注** (ア) 解答のように$f(x)$とaを決めると，①
から導かれるものをとりあえず求めた，という感じが
するだろう．これらが元の式を満たしていることは確
かめなくてよいのだろうか．

　一般に，微分可能な2つの関数$p(x)$，$q(x)$につい
て，次のことが成り立つ．

$$p(x)=q(x)$$
$$\Longleftrightarrow\begin{cases}p'(x)=q'(x)\quad\text{かつ}\\\text{ある定数}c\text{について}p(c)=q(c)\end{cases}$$
$$\left[\begin{array}{l}\Longrightarrow\text{は明らか，}\Longleftarrow\text{は}\\\int_{c}^{x}p'(t)dt=\int_{c}^{x}q'(t)dt\text{から言える}\end{array}\right]$$

①の左辺を $p(x)$, 右辺を $q(x)$ としてみると, 解答では $p'(x)=q'(x)$, $p(a)=q(a)$ の 2 つの条件を考えているので, 上の事実から, この 2 つの条件を満たすように定められた $f(x)$ と a は $p(x)=q(x)$ を満たすことが言える. 答案は, 解答程度でよい.

（イ）も同様である. ①の両辺を微分した式と①に $x=1$ を代入した式を考えているから, それらから決まる $g(x)$ と k は元の式を満たす.

なお, $p'(x)=q'(x)$ だけから $p(x)=q(x)$ を導くことはできない [反例: $p(x)=x$, $q(x)=x+1$].

---

7 （ア） 直線 m と放物線の交点の x 座標を求め, 例題前文の公式★を用いて面積を計算する. 最小値を求めるところで相加・相乗平均の不等式を用いる.

（イ） 放物線どうしが囲む部分の面積を求める場合にも公式★が使える. 2 交点の x 座標を α, β とおいて被積分関数を α, β で書いてみよう.

解 （ア）（1） $y=x^2$ のとき $y'=2x$ だから, $\mathrm{P}(a, a^2)$ における接線 l の傾きは $2a$（>0）. 従って, P を通り l と直交する直線 m の方程式は

$$y=-\frac{1}{2a}(x-a)+a^2 \quad \therefore \quad \boldsymbol{y=-\frac{1}{2a}x+a^2+\frac{1}{2}}$$

（2） $y=x^2$ と直線 m の交点の x 座標は

$$x^2=-\frac{1}{2a}x+a^2+\frac{1}{2}$$

$$\therefore \quad x^2+\frac{1}{2a}x-a^2-\frac{1}{2}=0$$

の解で, 一方は a である. 他方の解を b とすると, 解と係数の関係より

$$a+b=-\frac{1}{2a} \quad \therefore \quad b=-a-\frac{1}{2a}$$

題意の図形（網目部）の面積を S とすると, $b<a$ より

$$S=\int_b^a\left(-\frac{1}{2a}x+a^2+\frac{1}{2}-x^2\right)dx \quad \cdots\cdots \ast$$

$$=-\int_b^a(x-a)(x-b)\,dx=\frac{1}{6}(a-b)^3$$

$$=\frac{1}{6}\left(2a+\frac{1}{2a}\right)^3$$

S が最小になるのは $2a+\dfrac{1}{2a}$（$a>0$）が最小になるときであり, 相加・相乗平均の不等式より

$$2a+\frac{1}{2a}\geqq 2\sqrt{2a\cdot\frac{1}{2a}}=2$$

等号は $2a=\dfrac{1}{2a}$ すなわち $a=\dfrac{1}{2}$ のときに成立するから, S は $\boldsymbol{a=\dfrac{1}{2}}$ のときに最小になる.

⇒注 ＊は省略してもかまわない.

（イ） $C_1: y=-x^2$ ・・・・・・・・・・・・・・・①

$C_2: y=(x+2t)^2-4t$ ・・・・・・・・②

（1） ①と②の交点の x 座標は,

$$-x^2=(x+2t)^2-4t$$

すなわち $-2x^2-4tx-4t^2+4t=0$ ・・・・・③

の解. ③は $x^2+2tx+2t^2-2t=0$ ・・・④ なので, C_1 と C_2 が異なる 2 交点をもつための条件は, ④の判別式 D が $D>0$ を満たすこと.

$$\frac{D}{4}=t^2-(2t^2-2t)=-t^2+2t$$

より, 求める条件は

$$-t^2+2t>0 \quad \therefore \quad t(t-2)<0$$

$$\therefore \quad \boldsymbol{0<t<2}$$

（2） ④の 2 解は

$$\alpha=-t-\sqrt{D/4},$$

$$\beta=-t+\sqrt{D/4}$$

なので,

$$\beta-\alpha=2\sqrt{D/4}$$

$$=2\sqrt{-t^2+2t}$$

（3） 図より C_1 と C_2 で囲まれた部分の面積は

$$\int_\alpha^\beta(①-②)\,dx=\int_\alpha^\beta(③\text{の左辺})\,dx \quad \cdots\cdots⑤$$

③の解が α, β なので, 2 次の係数に注意すると

$$(③\text{の左辺})=-2(x-\alpha)(x-\beta)$$

よって,

$$⑤=2\int_\alpha^\beta\{-(x-\alpha)(x-\beta)\}\,dx$$

$$=2\cdot\frac{1}{6}(\beta-\alpha)^3=\frac{1}{3}(2\sqrt{-t^2+2t})^3$$

$$=\frac{8}{3}(-t^2+2t)^{\frac{3}{2}}$$

---

8 （1） A における接線が P を通る.

（2） （1）により α, β を t で表すことはできるが, きれいな形ではないので, まず, S を α, β, t の式で書いてみる.

解 （1） $C: y=x^2-2x+2$ について, $y'=2x-2$ であるから, C の $x=\alpha$ における接線の方程式は

$$y=(2\alpha-2)(x-\alpha)+\alpha^2-2\alpha+2$$

$$\therefore \quad y=(2\alpha-2)x-\alpha^2+2 \quad \cdots\cdots①$$

これが $\mathrm{P}(t, 0)$ を通るとき,

$$0=(2\alpha-2)t-\alpha^2+2$$

$$\therefore \quad \boldsymbol{\alpha^2-2t\alpha+2t-2=0} \quad \cdots\cdots②$$

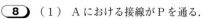

（2）①の α を β にしたものも成り立つから，

$$S=\int_{\alpha}^{t}\{x^2-2x+2-((2\alpha-2)x-\alpha^2+2)\}dx$$
$$+\int_{t}^{\beta}\{x^2-2x+2-((2\beta-2)x-\beta^2+2)\}dx$$
$$=\int_{\alpha}^{t}(x-\alpha)^2dx$$
$$+\int_{t}^{\beta}(x-\beta)^2dx$$
$$=\left[\frac{1}{3}(x-\alpha)^3\right]_{\alpha}^{t}$$
$$+\left[\frac{1}{3}(x-\beta)^3\right]_{t}^{\beta}$$
$$=\frac{1}{3}(t-\alpha)^3-\frac{1}{3}(t-\beta)^3$$

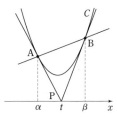

②の α を β にしたものも成り立つから，α，β は x の方程式 $x^2-2tx+2t-2=0$ の解であり，$\alpha<\beta$ より

$$\alpha=t-\sqrt{t^2-(2t-2)}, \quad \beta=t+\sqrt{t^2-(2t-2)}$$

よって，

$$t-\alpha=\sqrt{t^2-2t+2}, \quad t-\beta=-\sqrt{t^2-2t+2}$$
$$\therefore \quad S=\frac{1}{3}(t^2-2t+2)^{\frac{3}{2}}\times 2$$

S が最小になるのは t^2-2t+2 が最小になるときで，

$$t^2-2t+2=(t-1)^2+1$$

よりそれは $t=1$ のとき．

S の最小値は，$\frac{1}{3}\cdot 1^{\frac{3}{2}}\times 2=\boldsymbol{\frac{2}{3}}$

---

9 （1）例題と同様，C_2 の $x=t$ における接線が C_1 に接することから t を求める．

（2）S_1，S_2 を a で表すと汚い．接点の x 座標を用いて表そう．

解 （1）$C_2：y=-x^2-1$ について $y'=-2x$ だから，C_2 上の点 $(t, -t^2-1)$ における接線の方程式は，

$$y=-2t(x-t)-t^2-1=-2tx+t^2-1 \cdots\cdots ①$$

①が $C_1：y=2x^2+a$ に接するための条件は

$$-2tx+t^2-1=2x^2+a$$

すなわち $2x^2+2tx-t^2+a+1=0 \cdots\cdots\cdots\cdots ②$

が重解をもつことだから，

$$\frac{(判別式)}{4}=t^2-2(-t^2+a+1)=0$$

$$\therefore \quad 3t^2=2(a+1) \qquad \therefore \quad t=\pm\sqrt{\frac{2(a+1)}{3}}\cdots ③$$

これを①に代入して，共通接線の方程式は

$$y=\pm\left(2\sqrt{\frac{2(a+1)}{3}}\right)x+\frac{2(a+1)}{3}-1$$
$$=\pm\left(2\sqrt{\frac{2(a+1)}{3}}\right)x+\frac{2a-1}{3}$$

（2）$p=\sqrt{\frac{2(a+1)}{3}}$ とおくと，③は $t=\pm p$ である．

このとき②の重解は $-\frac{t}{2}$ つまり $\mp\frac{p}{2}$ となる．共通接線

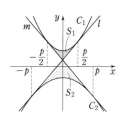

（l，m とする）と C_1，C_2 の接点の x 座標がこれらの値だから右図のようになる．

S_1 について，C_1 は y 軸に関して対称である．また，C_1 と l は $x=\frac{p}{2}$ で接し，C_1 の方程式の x^2 の係数は 2 であるから，$(C_1 の式)-(l の式)=2\left(x-\frac{p}{2}\right)^2$ と表せ，

$$S_1=2\int_{0}^{\frac{p}{2}}2\left(x-\frac{p}{2}\right)^2dx$$
$$=4\left[\frac{1}{3}\left(x-\frac{p}{2}\right)^3\right]_{0}^{\frac{p}{2}}=\frac{4}{3}\cdot\left(\frac{p}{2}\right)^3=\frac{1}{6}p^3$$

同様に，

$$S_2=2\int_{0}^{p}(x-p)^2dx$$
$$=2\left[\frac{1}{3}(x-p)^3\right]_{0}^{p}=\frac{2}{3}p^3$$

よって，

$$S_1：S_2=\frac{1}{6}p^3：\frac{2}{3}p^3=\boldsymbol{1：4}$$

⇨注 2 本の共通接線の交点を P とすると，P を中心にして C_1 を -2 倍に相似拡大したものが C_2 になっている．網目部と打点部も相似で，相似比は $1：2$ だから面積比は $1^2：2^2=1：4$ である．詳しくは，☞「入試数学の基礎徹底」補遺

---

10 （1）図形的に考えてもよいが，式で（交点を求めて）解いてみる．

（2）うまく図形を補うと公式★だけですむ．

解 （1）$C：y=|x^2-5x|-2x$ は，

① $x\leq 0$，$x\geq 5$ のとき $x^2-5x-2x=x^2-7x$

② $0\leq x\leq 5$ のとき $-(x^2-5x)-2x=-x^2+3x$

である．

①と $l：y=(m-7)x$ が原点以外に共有点をもつ場合．

その x 座標は $x^2-7x=(m-7)x$ より $x=m$ で，

$x<0$ または $x\geq 5$ にあることから $m<0$ または $m\geq 5$

②と l が原点以外に共有点をもつ場合．その x 座標は
$-x^2+3x=(m-7)x$ より $x=10-m$ で，$0<10-m\leqq5$
から $5\leqq m<10$

　C と l が原点以外に2つの共有点をもつのは，①，②
と原点以外に1つずつ共有点をもち，それらが異なる場
合だから，$m<0$ または $m\geqq5$，$5\leqq m<10$，$m\neq10-m$
がすべて成り立つときである．$m\neq10-m$ は $m\neq5$ だ
から，答えは $\boldsymbol{5<m<10}$

（2）C と l とで囲まれた2
つの部分（網目部）の面積を
図のように S_1，S_2 とおき，打
点部の面積を S_3 とする．

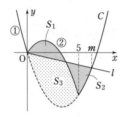

$$S_1=S_2$$
$$\Longleftrightarrow S_1+S_3=S_2+S_3$$

より，m の条件は

$$\int_0^5\{(-x^2+3x)-(x^2-7x)\}dx$$
$$=\int_0^m\{(m-7)x-(x^2-7x)\}dx$$
$$\therefore\ -2\int_0^5 x(x-5)dx=-\int_0^m x(x-m)dx$$

よって，$\dfrac{2}{6}\cdot5^3=\dfrac{1}{6}\cdot m^3$　　$\therefore\ m^3=2\cdot5^3$

従って，$\boldsymbol{m=5\cdot\sqrt[3]{2}}$

⇨注（1）図から答えを
出してもよい．題意を満た
すのは，l が図の ⌒ の範
囲のとき．l が $\mathrm{P}(5,-10)$
を通る場合，$m-7=-2$ よ
り $m=5$，l が②と原点で
接する場合，②について
$y'=-2x+3$ なので
$m-7=3$ となって $m=10$.
この間（両端は含まない）が答えだから $5<m<10$

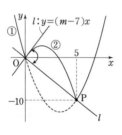

（11）（1）平行移動の公式より $D:y=f(x-a)$
（3）2次関数の積分で区間が"交点から交点"になっ
て，公式★が使える．
（4）S を t だけで表して t で微分する．

解（1）$C:y=x^3+3x^2$ ……………………①
だから，これを x 軸方向に a だけ平行移動した D の式
は

$$y=(x-a)^3+3(x-a)^2$$
$$\therefore\ y=x^3-3ax^2+3a^2x-a^3+3(x^2-2ax+a^2)$$
$$\therefore\ \boldsymbol{y=x^3+(-3a+3)x^2+(3a^2-6a)x-a^3+3a^2}$$
$$\cdots\cdots②$$

（2）（②の右辺）－（①の右辺）
$$=-3ax^2+(3a^2-6a)x-a^3+3a^2$$
$$=-a\{3x^2-3(a-2)x+a^2-3a\}\ \cdots\cdots\cdots\cdots③$$

③$=0$ が異なる2実解をもつための条件が求めるもの
だから，$\{\ \}=0$ の判別式 D' を考えて

$$D'=\{3(a-2)\}^2-4\cdot3(a^2-3a)>0$$
$$\therefore\ 9(a^2-4a+4)-12(a^2-3a)>0$$
$$\therefore\ -3a^2+36>0\qquad\therefore\ a^2-12<0$$

$a>0$ に注意して，$\boldsymbol{0<a<2\sqrt{3}}$

（3）$3x^2-3(a-2)x+a^2-3a=0$ の2解を α，β
（$\alpha<\beta$）とおく．右図より

$$S=\int_\alpha^\beta③dx$$

であり，

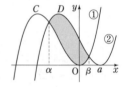

$$③=-3a(x-\alpha)(x-\beta)$$

であるから，

$$S=-3a\int_\alpha^\beta(x-\alpha)(x-\beta)dx=\frac{3a}{6}(\beta-\alpha)^3$$

α，β は $\dfrac{3(a-2)\pm\sqrt{D'}}{2\cdot3}$（$D'=-3a^2+36$）であるから

$$\beta-\alpha=2\cdot\frac{\sqrt{D'}}{2\cdot3}=\frac{1}{3}\sqrt{36-3a^2}=\frac{1}{\sqrt{3}}\sqrt{12-a^2}$$

$$\therefore\ S=\frac{a}{2}\left(\frac{1}{\sqrt{3}}\sqrt{12-a^2}\right)^3=\underline{\frac{\sqrt{3}}{18}a(12-a^2)^{\frac{3}{2}}}$$

（4）〜〜 の2乗は $a^2(12-a^2)^3$ で，$t=12-a^2$ より
$$a^2(12-a^2)^3=(12-t)t^3=12t^3-t^4$$

これを $f(t)$ とおくと，
$$f'(t)=36t^2-4t^3=4t^2(9-t)$$

$t=12-a^2$，$0<a<2\sqrt{3}$
より $0<t<12$ だから増減
は右のようになる．

t	0	$\cdots$	9	$\cdots$	12
$f'(t)$		$+$	0	$-$	
$f(t)$		↗		↘	

S が最大となるのは，$9=12-a^2$ より $\boldsymbol{a=\sqrt{3}}$

（12）（2）（3）$y=f(x)$ と x 軸の交点を a，b で表
すと汚いので0以外の2つを α，β とおく．a，b，α，β が
混在したままでもよいが，ここでは一度 α，β だけの式
にしてみる．（3）はまず α と β の関係を求める．

解（1）$f(x)=x(x^2+ax+b)$ であるから，
$x^2+ax+b=0$ が0以外の異なる2実解をもつことが条
件である．解が0でない $\Longleftrightarrow b\neq0$ だから，答えは
$$\boldsymbol{a^2-4b>0,\ b\neq0}$$

（2） $x^2+ax+b=0$ ……① の2解を $\alpha,\ \beta\ (\alpha<\beta)$ と
おく．$b<0\ (\Longleftrightarrow\ \alpha\beta<0)$
のとき α と β は異符号だか
ら $\alpha<0<\beta$ である．このと
き，図の2か所の網目部の面
積の和は，

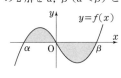

$$\int_\alpha^0 f(x)\,dx+\int_0^\beta\{-f(x)\}\,dx$$

$$=-\int_0^\alpha f(x)\,dx-\int_0^\beta f(x)\,dx\quad\cdots\cdots\cdots\cdots②$$

3次方程式 $f(x)=0$ の3解が $0,\ \alpha,\ \beta$ だから

$$f(x)=x(x-\alpha)(x-\beta)=x^3-(\alpha+\beta)x^2+\alpha\beta x$$

と書け，

$$\int_0^\alpha f(x)\,dx=\int_0^\alpha\{x^3-(\alpha+\beta)x^2+\alpha\beta x\}\,dx$$

$$=\frac{1}{4}\alpha^4-\frac{1}{3}(\alpha+\beta)\alpha^3+\frac{1}{2}\alpha\beta\cdot\alpha^2$$

$$=-\frac{1}{12}\alpha^4+\frac{1}{6}\alpha^3\beta$$

α を β にかえて，$\displaystyle\int_0^\beta f(x)\,dx=-\frac{1}{12}\beta^4+\frac{1}{6}\beta^3\alpha$

よって，$②=\dfrac{1}{12}(\alpha^4+\beta^4)-\dfrac{1}{6}\alpha\beta(\alpha^2+\beta^2)\ \cdots\cdots\cdots③$

①の解と係数の関係より $\alpha+\beta=-a,\ \alpha\beta=b\ \cdots\cdots\cdots④$

$$\therefore\quad \alpha^2+\beta^2=(\alpha+\beta)^2-2\alpha\beta=a^2-2b$$

$$\alpha^4+\beta^4=(\alpha^2+\beta^2)^2-2\alpha^2\beta^2=(a^2-2b)^2-2b^2$$

$$=a^4-4a^2b+2b^2$$

以上より

$$③=\frac{1}{12}(a^4-4a^2b+2b^2)-\frac{1}{6}b(a^2-2b)$$

$$=\frac{1}{12}a^4-\frac{1}{2}a^2b+\frac{1}{2}b^2$$

（3） $b>0$ のとき，$\alpha\beta>0$ だから α と β は同符号である．
まず $\alpha,\ \beta$ とも正の場合
$(0<\alpha<\beta)$ を考える．

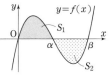

このとき，題意の条件は右図
で $S_1=S_2$ となることであり，

S_1-S_2

$$=\int_0^\alpha f(x)\,dx-\int_\alpha^\beta\{-f(x)\}\,dx$$

$$=\int_0^\alpha f(x)\,dx+\int_\alpha^\beta f(x)\,dx=\int_0^\beta f(x)\,dx$$

$$=-\frac{1}{12}\beta^4+\frac{1}{6}\beta^3\alpha\quad[（2）の過程から]\ \cdots\cdots\cdots⑤$$

$⑤=0$ より $-\dfrac{1}{12}\beta^4+\dfrac{1}{6}\beta^3\alpha=0\quad\therefore\quad -\dfrac{\beta}{12}+\dfrac{\alpha}{6}=0$

よって $\beta=2\alpha$．これを④に代入して

$$3\alpha=-a,\ 2\alpha^2=b$$

この2式から α を消去すると，$\boldsymbol{2a^2=9b}\ \cdots\cdots\cdots⑥$

$\alpha,\ \beta$ とも負のときは

$$S_1-S_2=\int_\alpha^0 f(x)\,dx$$

となるので，上と同様に（α
と β が入れかわる）⑥が得ら
れる．⑥は（1）で求めた条件
を満たすから，⑥が答えとなる．

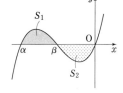

⇒注 3次関数のグラフは点
対称であることが知られてい
る．対称の中心を P としよ
う．

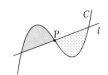

　3次関数のグラフ C と直線
l が3点で交わるとすると，l
が P を通るとき（またそのと
きに限り）C と l で囲まれる2つの部分の面積は等し
くなる．

　例題では $\mathrm{P}\left(\dfrac{5}{3},\ \dfrac{250}{27}\right)$ であり，（2）は $y=ax$ が

この点を通ること $\left(a=\dfrac{50}{9}\right)$ が条件である．

　演習題（3）では P が $(\alpha,\ 0)$ になることが条件で，
このとき $(0,\ 0)$ と $(\beta,\ 0)$ の中点が $(\alpha,\ 0)$ になっ
て $\beta=2\alpha$ となる．

---

⑬ （2）（1）の接線が $\mathrm{P}(p,\ q)$ を通るとき
$(x,\ y)=(p,\ q)$ を代入したものが成り立ち，この t の
方程式の解に対応する接線が P を通る．つまり，P を通
る接線がちょうど2本であることは，「t の方程式の解が
ちょうど2個」と言いかえられる．ここでは，これをグ
ラフでとらえる．

（3） $x=p$ で左右に分けて求める．右側は，例題と同
様の式変形をしよう．

解 （1）$C:y=x^3-3x$ について，$y'=3x^2-3$ であ
るから，$x=t$ における C の接線の方程式は

$$y=(3t^2-3)(x-t)+t^3-3t$$

$$\therefore\quad \boldsymbol{y=(3t^2-3)x-2t^3}\ \cdots\cdots\cdots\cdots\cdots①$$

（2）①が $\mathrm{P}(p,\ q)$ を通るとき，

$$q=(3t^2-3)p-2t^3$$

$$\therefore\quad 2t^3-3pt^2+3p+q=0\ \cdots\cdots\cdots\cdots\cdots②$$

となるから，P を通る接線がちょうど2本あるための条
件は，②を満たす（異なる）t がちょうど2個あることで
ある．これは，$f(t)=2t^3-3pt^2+3p+q$ とおくと，
$y=f(t)$ と t 軸の共有点がちょうど2個，と言いかえら
れる．

$f'(t)=6t^2-6pt=6t(t-p)$
と $p>0$ より，$f(t)$ は $t=0$ で
極大，$t=p$ で極小になるから，
条件を満たすのは，t 軸が右図
のいずれかの位置にあるとき．

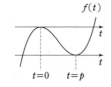

すなわち，$f(0)=0$ または $f(p)=0$
$f(p)=-p^3+3p+q$ より，答えは

$$3p+q=0 \quad または \quad q=p^3-3p$$

（3）（2）で $q=p^3-3p$ のとき，P は C 上にある．
$x>0$ の範囲で，x^3-3x は $x=1$ において最小値 -2 を
とるから，$q<-2$ ならば $3p+q=0$ である．

このとき，②は $2t^3-3pt^2=0$ で $t=0,\ \dfrac{3}{2}p$

従って，題意の図形は右図
網目部となる．①が $x=t$ で
C に接することから，
$x^3-3x-\{(3t^2-3)x-2t^3\}$
……③ は $(x-t)^2$ で割り切
れ，残りの因数は定数項を見
て $(x+2t)$ となる．つまり，
③$=(x-t)^2(x+2t)$

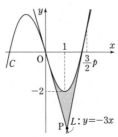

求める面積は，

$$\int_0^p (③で\,t=0\,としたもの)dx$$
$$+\int_p^{\frac{3}{2}p} (③で\,t=\frac{3}{2}p\,としたもの)dx$$
$$=\underbrace{\int_0^p x^3 dx}_{④}+\underbrace{\int_p^{\frac{3}{2}p}\left(x-\frac{3}{2}p\right)^2(x+3p)dx}_{⑤}$$

④$=\left[\dfrac{1}{4}x^4\right]_0^p=\dfrac{1}{4}p^4$

⑤で

$\left(x-\dfrac{3}{2}p\right)^2(x+3p)=\left(x-\dfrac{3}{2}p\right)^2\left(x-\dfrac{3}{2}p+\dfrac{9}{2}p\right)$
$=\left(x-\dfrac{3}{2}p\right)^3+\dfrac{9}{2}p\left(x-\dfrac{3}{2}p\right)^2$

となることを用いると，

⑤$=\left[\dfrac{1}{4}\left(x-\dfrac{3}{2}p\right)^4\right]_p^{\frac{3}{2}p}+\dfrac{3}{2}p\left[\left(x-\dfrac{3}{2}p\right)^3\right]_p^{\frac{3}{2}p}$
$=-\dfrac{1}{4}\left(-\dfrac{1}{2}p\right)^4+\dfrac{3}{2}p\left\{-\left(-\dfrac{1}{2}p\right)^3\right\}$
$=\left(-\dfrac{1}{64}+\dfrac{3}{16}\right)p^4=\dfrac{11}{64}p^4$

答えは，

④$+$⑤$=\left(\dfrac{1}{4}+\dfrac{11}{64}\right)p^4=\dfrac{27}{64}\boldsymbol{p^4}$

---

⑭ 2接点の x 座標の値はきれいにならない．これ
を $\alpha,\ \beta$ とおいて計算を進めるが，積分計算では例題の
ように，$x-\alpha$ のかたまりを作る工夫をしよう．

解 $f(x)=-x^4+8x^3-18x^2+11$

（1）$f'(x)=-4x^3+24x^2-36x$
$=-4x(x^2-6x+9)=-4x(x-3)^2$

増減は右のようになり，
極値は $f(0)=\boldsymbol{11}$ であるか
ら，グラフは右図の
太線のようになる．

x	$\cdots$	0	$\cdots$	3	$\cdots$
$f'(x)$	$+$	0	$-$	0	$-$
$f(x)$	$\nearrow$		$\searrow$		$\searrow$

（2）求める直線を
$y=mx+n$，2接点の x 座標
を $\alpha,\ \beta\ (\alpha<\beta)$ とおくと，
$mx+n-f(x)$
$=mx+n$
$-(-x^4+8x^3-18x^2+11)$
……①

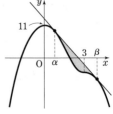

は $(x-\alpha)^2(x-\beta)^2$ と表される．ここで，
$(x-\alpha)^2(x-\beta)^2=\{(x-\alpha)(x-\beta)\}^2$
$=\{x^2-(\alpha+\beta)x+\alpha\beta\}^2$
$=x^4-2(\alpha+\beta)x^3+\{(\alpha+\beta)^2+2\alpha\beta\}x^2$
$\quad -2\alpha\beta(\alpha+\beta)x+(\alpha\beta)^2$

だから，①と係数を比べて，
$8=2(\alpha+\beta)$……②，$18=(\alpha+\beta)^2+2\alpha\beta$……③
$m=-2\alpha\beta(\alpha+\beta)$……④，$n-11=(\alpha\beta)^2$……⑤
②より $\alpha+\beta=4$……⑥ で，これを③に代入して
$2\alpha\beta=18-4^2$ $\qquad \therefore\ \alpha\beta=1$……⑦
⑥，⑦を④と⑤に代入して
$m=-2\cdot1\cdot4=-8,\qquad n=11+1^2=12$
求める直線の方程式は $\boldsymbol{y=-8x+12}$

（3）求める面積は，
$$\int_\alpha^\beta ①\,dx=\int_\alpha^\beta (x-\alpha)^2(x-\beta)^2 dx \cdots\cdots⑧$$
であり，
$(x-\alpha)^2(x-\beta)^2$
$=(x-\alpha)^2\{(x-\alpha)-(\beta-\alpha)\}^2$
$=(x-\alpha)^4-2(\beta-\alpha)(x-\alpha)^3+(\beta-\alpha)^2(x-\alpha)^2$
となるから，
⑧$=\left[\dfrac{1}{5}(x-\alpha)^5-\dfrac{2}{4}(\beta-\alpha)(x-\alpha)^4\right.$
$\left.+\dfrac{1}{3}(\beta-\alpha)^2(x-\alpha)^3\right]_\alpha^\beta$
$=\left(\dfrac{1}{5}-\dfrac{1}{2}+\dfrac{1}{3}\right)(\beta-\alpha)^5=\dfrac{1}{30}(\beta-\alpha)^5$

⑥，⑦より

$$(\beta-\alpha)^2=(\beta+\alpha)^2-4\alpha\beta=4^2-4\cdot1=12$$

なので，

$$\frac{1}{30}(\beta-\alpha)^5=\frac{1}{30}\cdot12\cdot12\cdot\sqrt{12}=\boldsymbol{\frac{48}{5}\sqrt{3}}$$

○5, ○6の積分方程式では、与えられた式やそれを微分したものから求めたい関数 $f(x)$ がほとんど決まる問題をとりあげました。

ここでは、少し難度の高い（上の方法だけでは解けない）問題を解くことにします。まず、○6の例題（イ）を少し変えて、次のようにしてみましょう。

> **例題** 多項式で表される関数 $f(x)$ と定数 k が
> $$f(x)+\int_0^x tf(t)\,dt=x^4+2x^3+5x^2+6x+k\cdots\cdots☆$$
> を満たすとする。$f(x)$ と k を求めよ。

条件式を微分すると
$$f'(x)+xf(x)=4x^3+6x^2+10x+6\cdots\cdots\cdots①$$
となります。この例題では、$f(x)$ が多項式で表されることを利用して $f(x)$ を求めます。多項式なので
$$f(x)=ax^n+\cdots\quad(a\neq0)$$
とおけますが、このように……と書いたのでは代入できません。そこで、次数 n を先に求め、例えば $n=3$ なら
$$f(x)=ax^3+bx^2+cx+d$$
とおいて①に代入します。次数が決まるとこのように具体的に書けるので、係数比較して解決です。

①を満たす $f(x)$ が n 次の多項式であるとしましょう。すると、$f'(x)$ は $n-1$ 次、$xf(x)$ は $n+1$ 次ですから、①の左辺は $n+1$ 次式です。右辺は3次なので、
$$n+1=3\qquad\therefore\quad n=2$$
となります。これより
$$f(x)=ax^2+bx+c$$
とおけるので、①に代入して
$$(2ax+b)+x(ax^2+bx+c)=4x^3+6x^2+10x+6$$
$$\therefore\quad ax^3+bx^2+(2a+c)x+b=4x^3+6x^2+10x+6$$
係数を比較すると
$$a=4,\ b=6,\ 2a+c=10,\ b=6$$
なので、$c=2$ となって
$$\boldsymbol{f(x)=4x^2+6x+2}$$
が得られます。さらに☆で $x=0$ とすると
$$f(0)=k$$
なので、$\boldsymbol{k=2}$ となります。

ここで、次数の考察に関する注意を少し述べておきましょう。$f(x)$ を n 次の多項式、$g(x)$ を m 次の多項式とするとき、

- $n\neq m$ であれば、$f(x)+g(x)$ の次数は、n と m のうちの大きい方。$f(x)-g(x)$ も同様。
- $n\geqq1$ のとき、$f'(x)$ の次数は $n-1$

となることはすぐにわかるでしょう。$n=m$ のとき、$f(x)+g(x)$ の次数は n 以下ですが、ちょうど n になるとは限りません（最高次がキャンセルされることがあるから）。積分については、$f(x)$ の原始関数の一つを $F(x)$ とすると、定数 c に対して
$$\int_c^x f(t)\,dt=\Big[F(t)\Big]_c^x=F(x)-F(c)$$
となります。これは $n+1$ 次の多項式です（☞注）。

➡**注** 正確には、$f(x)=0$ のときは別扱い。なお、積分区間が定数 c から x となっていることに注意して下さい。$-x$ から x の積分では、$F(x)-F(-x)$ となるので次数は決まりません（$n+1$ 以下）。

それでは、1題練習してみましょう。

> **問題** 多項式で表される関数 $f(x)$ と定数 k が
> $$\int_0^x f(t)\,dt=\frac13 x^3+2xf'(x)+\int_{-1}^1 f(t)\,dt+k$$
> を満たすとき、$f(x)$ と k を求めよ。
> （神奈川工科大／形式など変更）

解 $f(x)$ の次数を n とすると、与式の次数について
$$(n+1\text{次式})=(3\text{次式})+(n\text{次式})+(\text{定数})$$
となる。$n\geqq3$ のとき左辺が $n+1$ 次で右辺が n 次以下。$n\leqq1$ のとき左辺が2次以下で右辺が3次。これらはいずれも不適だから $n=2$ で、$f(x)=ax^2+bx+c$ とおける。これを与式に代入して、
$$\left[\frac13 at^3+\frac12 bt^2+ct\right]_0^x$$
$$=\frac13 x^3+2x(2ax+b)+\left[\frac13 at^3+\frac12 bt^2+ct\right]_{-1}^1+k$$
$$\therefore\quad \frac13 ax^3+\frac12 bx^2+cx$$
$$=\frac13 x^3+4ax^2+2bx+\frac23 a+2c+k$$
よって、$a=1$, $\frac12 b=4a$, $c=2b$, $\frac23 a+2c+k=0$
これより
$$a=1,\ b=8,\ c=16,\ k=-\frac23 a-2c=-\frac{98}{3}$$
で、$\boldsymbol{f(x)=x^2+8x+16}$

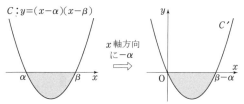

ミニ講座・8
面積の公式

○7，○10，○11で，公式

$$\int_{\alpha}^{\beta}(x-\alpha)(x-\beta)\,dx=-\frac{1}{6}(\beta-\alpha)^3\ \cdots\cdots\cdots\cdots\bigstar$$

を使う問題をとりあげました．ここでは，上式の積分計算について考えてみることにしましょう．

★の左辺は多項式関数の定積分ですから，○1で述べたように被積分関数を展開し，

$$(\bigstar\text{の左辺})=\int_{\alpha}^{\beta}\{x^2-(\alpha+\beta)x+\alpha\beta\}\,dx$$

$$=\left[\frac{1}{3}x^3-\frac{1}{2}(\alpha+\beta)x^2+\alpha\beta x\right]_{\alpha}^{\beta}=\cdots$$

とすればよいのですか，このあとの計算（$x=\beta$，$x=\alpha$ を代入して整理）が面倒です．

そこで，被積分関数を［上のように展開するのではなく，$x-\alpha$ のかたまりが出てくるように］

$$(x-\alpha)(x-\beta)=(x-\alpha)\{(x-\alpha)-(\beta-\alpha)\}$$
$$=(x-\alpha)^2-(\beta-\alpha)(x-\alpha)\ \cdots\text{※}$$

と変形します．そうすると，

$$(\bigstar\text{の左辺})=\left[\frac{1}{3}(x-\alpha)^3-\frac{1}{2}(\beta-\alpha)(x-\alpha)^2\right]_{\alpha}^{\beta}\ \cdots\text{①}$$

となるので，代入計算がとても簡単です（$x=\alpha$ のときが0）．

巧妙な式変形をしている，という感じがしますが，この変形の裏には「平行移動」があります．少し詳しく説明しましょう．

ポイントになるのは，

・多項式関数の積分では，積分区間の一方の端が0になっていると計算がラク

・面積は平行移動しても変わらない

の2点です．

$\alpha<\beta$ のとき，★は放物線 $C:y=(x-\alpha)(x-\beta)$ と x 軸が囲む面積の -1 倍ですから，C と x 軸の交点［これは，積分区間の両端点］のうちの一つが原点にくるように，平行移動してみましょう（右上図）．ここでは，x 軸方向に $-\alpha$ だけ平行移動して，x 軸との交点を

$$\alpha\Rightarrow0,\qquad\beta\Rightarrow\beta-\alpha$$

とします．このことから，移動後の放物線 C' の式は $C':y=x\{x-(\beta-\alpha)\}$ となります．

網目部の面積の -1 倍を C' の式を用いて書けば

$$\int_{0}^{\beta-\alpha}x\{x-(\beta-\alpha)\}\,dx=\int_{0}^{\beta-\alpha}\{x^2-(\beta-\alpha)x\}\,dx$$

$$=\left[\frac{1}{3}x^3-\frac{1}{2}(\beta-\alpha)x^2\right]_{0}^{\beta-\alpha}\ \cdots\cdots\cdots\cdots\cdots\text{②}$$

です．②で $x=\beta-\alpha$，$x=0$ を代入した値は

$$\frac{1}{3}(\beta-\alpha)^3-\frac{1}{2}(\beta-\alpha)\cdot(\beta-\alpha)^2,\ 0$$

となり，①で $x=\beta$，$x=\alpha$ を代入したものと同じであることが見てとれるでしょう．①は，平行移動に相当することを被積分関数の変形でおこなったというわけです．

$$*\qquad\qquad*$$

○13の「3次関数の接線」の場合も同様です．下図のように x 軸と $x=\alpha$ で接して $x=\beta$ で交わっているとき，網目部の面積の -1 倍を求めてみましょう．

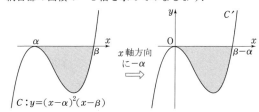

この場合は，接点（$x=\alpha$）が原点にくるように平行移動する方がラクです．※と同様，$x-\alpha$ のかたまりが出てくるように変形すると，

$$(x-\alpha)^2(x-\beta)=(x-\alpha)^2\{(x-\alpha)-(\beta-\alpha)\}$$
$$=(x-\alpha)^3-(\beta-\alpha)(x-\alpha)^2$$

となるので，網目部の面積の -1 倍は，

$$\int_{\alpha}^{\beta}(x-\alpha)^2(x-\beta)\,dx\qquad\text{［左側の図で計算］}$$

$$=\left[\frac{1}{4}(x-\alpha)^4-\frac{1}{3}(\beta-\alpha)(x-\alpha)^3\right]_{\alpha}^{\beta}=-\frac{1}{12}(\beta-\alpha)^4$$

x 軸方向に $-\alpha$ だけ平行移動すると，x 軸との接点が $x=0$，交点が $x=\beta-\alpha$ となることから，C' の式は $y=x^2\{x-(\beta-\alpha)\}$ となり，右側の図で計算すると

$$\int_{0}^{\beta-\alpha}x^2\{x-(\beta-\alpha)\}\,dx=\int_{0}^{\beta-\alpha}\{x^3-(\beta-\alpha)x^2\}\,dx$$

$$=\left[\frac{1}{4}x^4-\frac{1}{3}(\beta-\alpha)x^3\right]_{0}^{\beta-\alpha}=-\frac{1}{12}(\beta-\alpha)^4$$

となります．

あとがき

　本書をはじめとする『1対1対応の演習』シリーズでは，スローガン風にいえば，

　　志望校へと続く

　バイパスの整備された幹線道路を目指しました．この目標に対して一応の正解のようなものが出せたとは思っていますが，100点満点だと言い切る自信はありません．まだまだ改善の余地があるかもしれません．お気づきの点があれば，どしどしご質問・ご指摘をしてください．

　本書の質問や「こんな別解を見つけたがどうだろう」というものがあれば，“東京出版・大学への数学・1対1係宛（住所は下記）”にお寄せください．

　質問は原則として封書（宛名を書いた，切手付の返信用封筒を同封のこと）を使用し，1通につき1件でお送りください（電話番号，学年を明記して，できたら在学（出身）校・志望校も書いてください）．

　なお，ただ漠然と‘この解説が分かりません’という質問では適切な回答ができませんので，‘この部分が分かりません’とか‘私はこう考えたがこれでよいのか’というように具体的にポイントをしぼって質問するようにしてください（以上の約束を守られないものにはお答えできないことがありますので注意してください）．

　毎月の「大学への数学」や増刊号と同様に，読者のみなさんのご意見を反映させることによって，100点満点の内容になるよう充実させていきたいと思っています．

（坪田）

大学への数学

1対1対応の演習／数学II［三訂版］

令和5年3月29日　第1刷発行
令和6年9月1日　第3刷発行

編　者　東京出版編集部
発行者　黒木憲太郎
発行所　株式会社　東京出版
　　　　〒150-0012　東京都渋谷区広尾 3-12-7
　　　　電話 03-3407-3387　振替 00160-7-5286
　　　　https://www.tokyo-s.jp/

製版所　日本フィニッシュ
印刷所　光陽メディア
製本所　技秀堂

©Tokyo shuppan 2023 Printed in Japan
ISBN978-4-88742-272-8　（定価はカバーに表示してあります）